日式拉麵、沾麵、涼麵 技術教本

進階版

瑞昇文化

日式拉麵、沾麵、涼麵技術教本 進階版

目錄

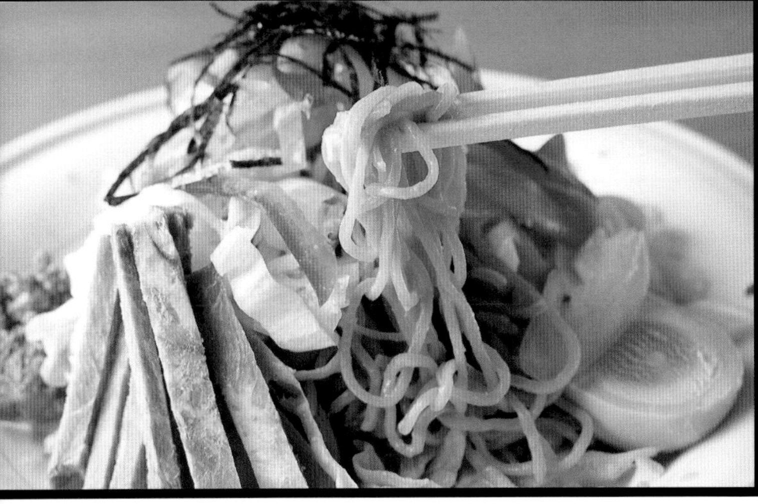

閱讀本書前的附注

◆為使有興趣的讀者方便前往日本品嚐各店的拉麵，文中所有店名和地址皆以日文表示。

◆本書中各店的相關資訊、拉麵內容以及食材名稱，都是各店當時的情況。

目錄

地址●北海道札幌市中央区南6条西3丁目仲通り
電話●011-552-4601
營業時間●〔平日〕10時30分～隔天4時
〔週日・國定假日〕10時30分～隔天3時
全年無休

北海道・札幌

味噌ラーメン専門店 けやき

濃郁的味噌風味清爽無比 讓人齒頰留香魅力非凡

在味噌拉麵的發源地札幌，以往一直沒有開發新口味的味噌拉麵，也沒有每天都大排長龍的名店。直到『味噌ラーメン専門店けやき』的出現，才引領新的風潮。2004年之後，該店還在新橫濱拉麵博物館中開設分店。

該店的店主似鳥榮喜先生，過去在日式和法式料理界工作，累積四十年的烹調經驗。在開設拉麵店之前，他是經營以當季海鮮為主要食材的創意日式料理店，不過當時來店的觀光客經常會問他：「請問哪裡有好吃的拉麵店？」。似鳥先生覺得，其實他所吃過的札幌味噌拉麵，味噌味都太濃重了，吃完後讓人感覺不清爽。於是他心想，何不自己開一家值得推薦給顧客，符合大眾口味的拉麵店。

似鳥先生以做出「天下第一」拉麵為目標，希望研發出既有濃郁味噌風味，又有足以讓顧客喝到一滴不剩的爽口湯頭。此外，他也考慮到札幌「Susukino」這條熱鬧大街的特性，他希望拉麵能讓顧客酒後用來填飽肚子，但隔天也不會殘留不好的餘味。他看到札幌觀光客對味噌拉麵強烈的喜好，因而決定另外開設分店。該店配合味噌調味醬特製的湯頭和麵條，專門只供味噌拉麵使用，完全不會用在其他料理中。

該店菜單中除了基本的「味噌拉麵」外，另外根據配菜的不同，變化出多種風味，例如「辣味拉麵」、「玉米奶油拉麵」、「叉燒拉麵」等，共計有六種口味。該店一天大約有600名顧客光臨。

辣味味噌拉麵
850日圓

這是在「味噌拉麵」中，加入有大量韭菜的自製「豆瓣醬」及辣油。味噌和辣味融合的美味，吸引了許多死忠的老顧客，是店內最具人氣的拉麵。

味噌拉麵　800日圓

這是即使每天吃也不會膩，具有既濃郁又清爽的味噌美味。上面還有色彩豐富的各式蔬菜，讓人在視覺上也獲得充分的享受。

材料

水、豬大腿骨、豬背骨、豬腳、叉燒用豬肩裡脊肉、洋蔥、大蒜、胡蘿蔔、包心菜心、白菜、蔥青、全雞、生薑、大泥六線魚（Fat cod）、山椒、牛蒡、鷹爪辣椒、豬脖子、乾香菇、海帶、高湯包、柴魚片

1

該店使用豬大腿骨、背骨和豬腳等豬骨熬製湯頭。先將豬骨放入75℃的熱水中浸泡2次解凍，再用沸水汆燙去除浮沫雜質。

2
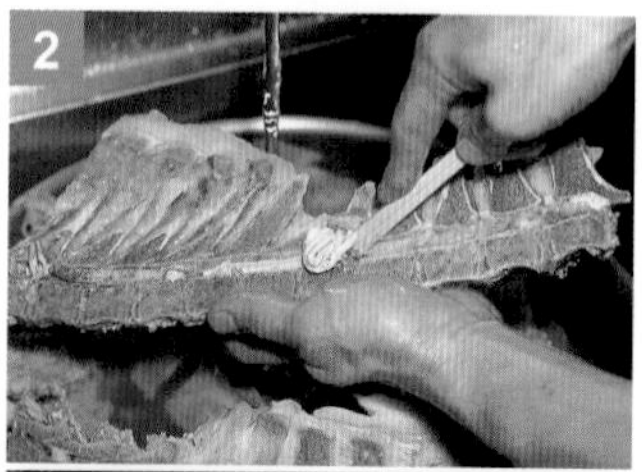

去除浮沫雜質後，先刮除背骨內的脊髓，接著搓洗豬腳，再用力擠壓沖洗豬大腿骨，以徹底清除白濁的雜質。然後將豬骨全部浸泡在水中，將鮮味鎖在骨頭中。

3

熬煮時為了讓湯汁能夠循環流動，排入骨頭時，桶鍋中央要保留空間。依序放入豬大腿骨、豬腳和背骨。

4
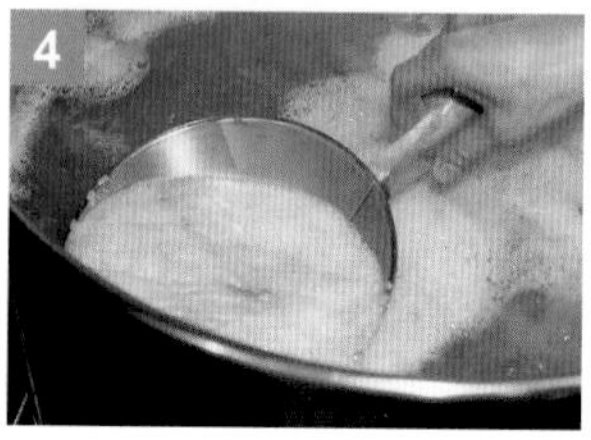
加足水，讓骨頭全沒入水中後加熱。使用能提引出骨頭鮮味的清水熬煮。煮沸後撈除浮沫雜質。

5
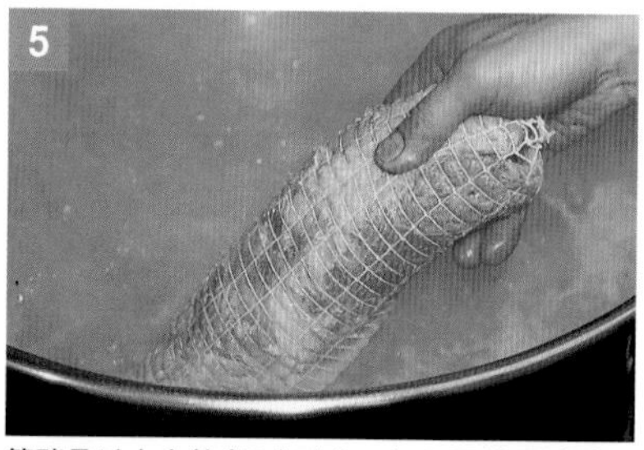
等豬骨以大火熬煮1小時後，加入叉燒用豬肩裡脊肉和蔬菜。

6

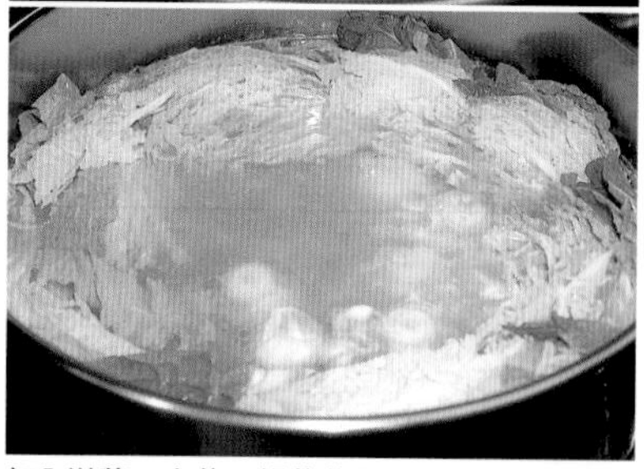
加入洋蔥、大蒜、胡蘿蔔和包心菜心，白菜縱切成8等份，沿著桶鍋邊緣放入，中央需保留空間。

7

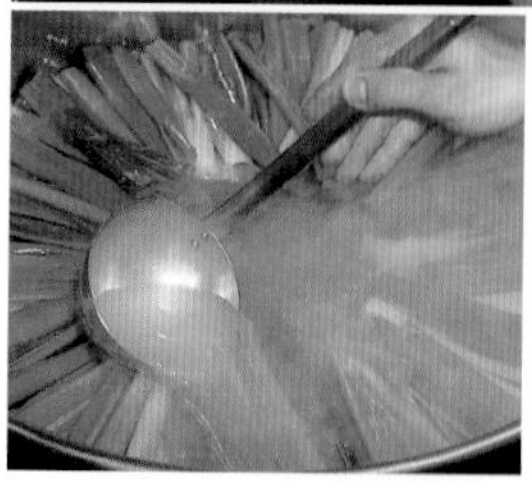
在白菜上呈放射狀鋪滿蔥青，中央同樣保留空間。材料覆蓋表面，湯汁形成對流後，會從中央往上沸騰開來。

8

以木棒慢慢撥開中央的骨頭，清出讓熱流能直接上升的通道，絕對不能隨意攪動。

9
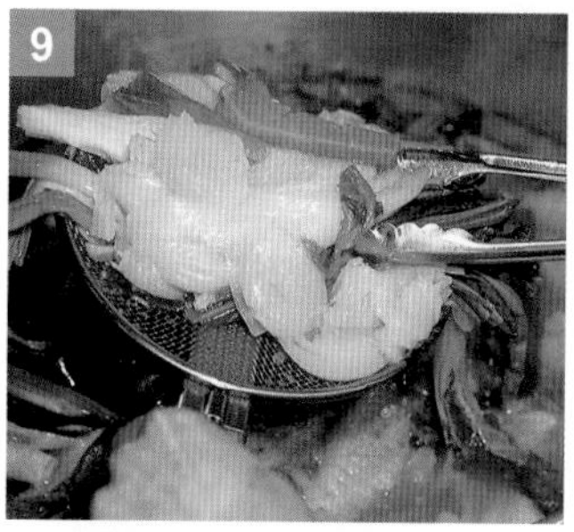
一面撈除表面的浮沫，一面繼續熬煮2小時，之後撈除全部的蔬菜。再撈起叉燒用肩裡脊肉。

10

接著放入全雞和削成厚片的生薑皮，為了儘量讓湯汁維持固定的溫度，全雞要先加熱，分2次加入，轉小火，繼續熬煮3小時。

11

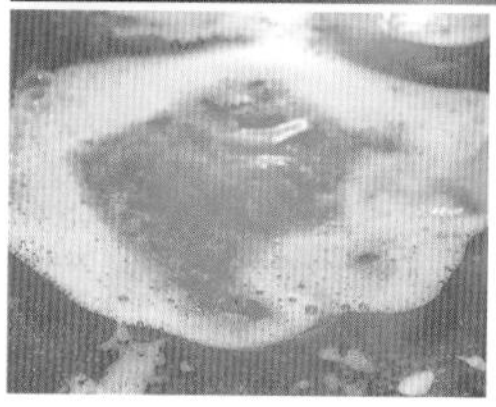
這是剛加入全雞時的狀態，這時湯汁尚未穩定，桶鍋中央以外的湯汁還會不斷翻騰湧出，浮沫的氣泡也比較大。

12

圖中湯汁已呈穩定狀態，這時只有中央的湯汁會向上沸騰湧出，證明熱傳導情況良好，此時浮沫已變細。

13

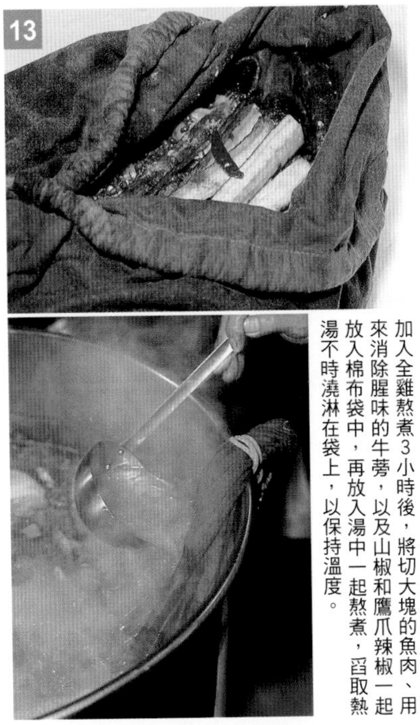

加入全雞熬煮3小時後，將切大塊的魚肉、用來消除腥味的牛蒡，以及山椒和鷹爪辣椒一起放入棉布袋中，再放入湯中一起熬煮，舀取熱湯不時澆淋在袋上，以保持溫度。

14

熬煮到這個階段時，要將全雞上下翻面，讓鮮美雞汁能平均從兩面滲出。

15

加入魚肉棉布袋後，繼續加熱使湯汁回升至原來溫度，再加入豬脖子，繼續熬煮約3小時。

16

接著加入乾香菇和山椒。一面持續舀取湯汁淋在表面，以防表面的浮油變乾，一面熬煮約1個小時。

17

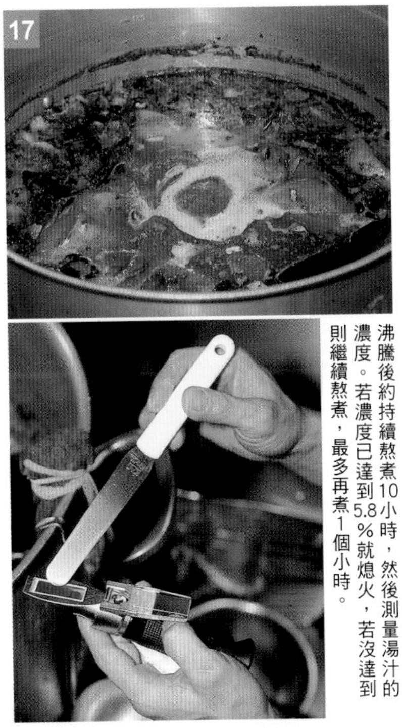

沸騰後約持續熬煮10小時，然後測量湯汁的濃度。若濃度已達到5.8％就熄火，若沒達到則繼續熬煮，最多再煮1個小時。

18

熄火後，取出棉布袋，在此階段，袋中所有材料的最佳美味都已釋入湯頭中，所以可將它取出。

19

接著加入柴魚片、高湯包和海帶。這時要沿著桶鍋邊緣輕輕放入海帶，切記別將湯汁攪渾濁了。靜置約20分鐘。

20

這時湯汁表面會浮現全雞滲出的雞油，需仔細撈取後過濾備用。

21

過濾高湯。因為攪動材料會使湯汁變混濁，所以要讓湯汁從桶鍋下方裝設的龍頭開關流出再過濾。

22

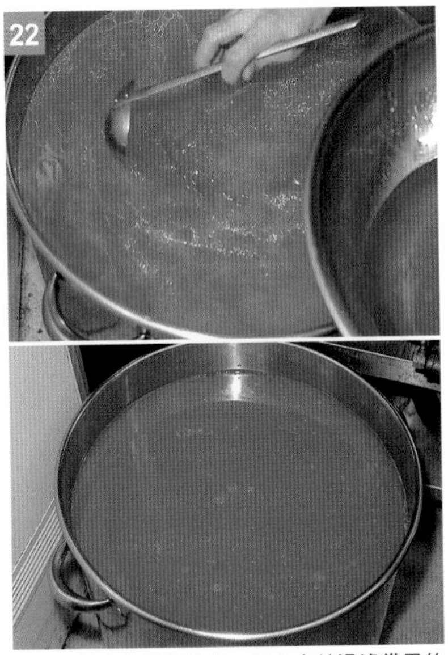

在從桶鍋流出的湯汁中，加入之前過濾備用的雞油，放置約20分鐘，使湯頭的味道更融合均勻。

23

最後將雞油舀除即完成。湯頭完成後僅能用5～6個小時，因此每天要熬煮3次。

麵條

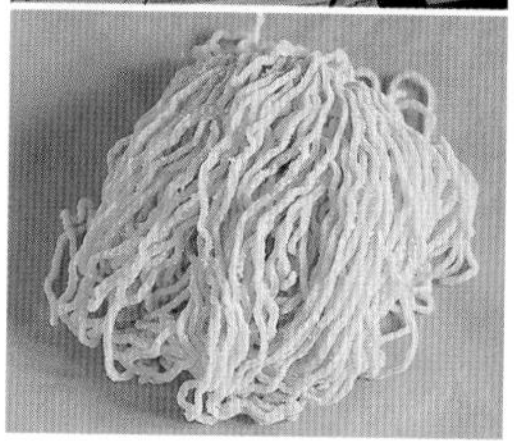

麵條烹煮前需放在專用熟成庫4天，讓它的顏色變成半透明，才能產生Q韌有彈性的口感。一團麵條重140g。

辣油

材料

沙拉油、生薑、長蔥、麻油、鷹爪辣椒、韓國辣椒、山椒、八角

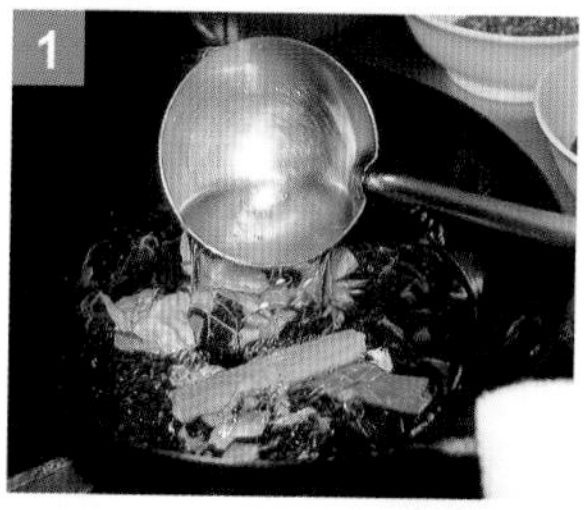

1 在炒鍋中倒入沙拉油，加熱至人體體溫程度，加入生薑、蔥青後再繼續加熱。

2 加入麻油，等香味散出後，加入辣椒、山椒和八角，繼續加熱拌炒，不過一旦加熱過度味道會變苦，這點請小心。大致炒到鷹爪辣椒變色為止。

3 在鋼盆中放入韓國辣椒，再倒入2。和鷹爪辣椒相比，韓國辣椒的特色是辣中帶甜。靜置一晚，等辣油呈現美味和漂亮的色澤就完成了。

醬料

味噌調味醬

材料

味噌3種、辣味調味料、砂糖、調味醬油2種、洋蔥、生薑、大蒜

1 將打成糊狀的蔬菜和辣味調味料用中火加熱，加入砂糖、調味醬油和味噌混勻。熬煮的重點是要讓蔬菜的水分充分收乾。

2 一面充分混拌，一面讓空氣混入醬汁中，直到它變得滑順濃稠，大致放涼後，再放入冰箱冷藏2天。

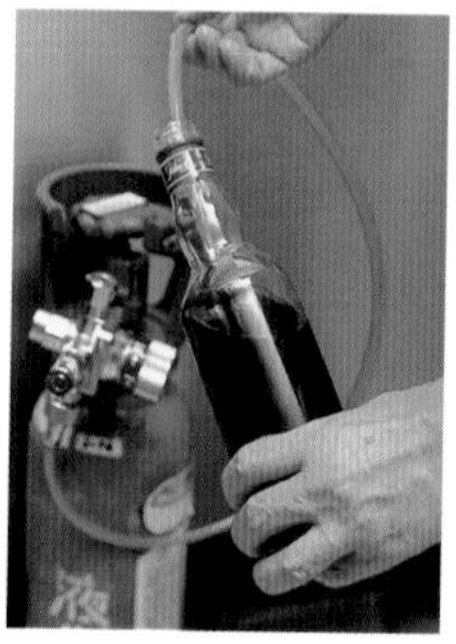

●叉燒用調味醬油

為了避免備用的叉燒用調味醬油，因接觸空氣而變質，該店會特別在醬油瓶中灌入氣體，讓它保持真空狀態，以利保存。

味噌拉麵的湯頭

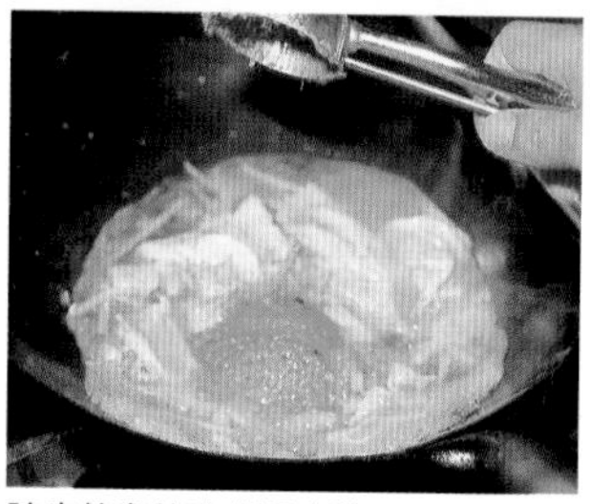

該店熬煮的味噌調味醬已是完成的美味醬料，所以不需再拌炒，直接融入湯頭中就成了味噌拉麵的湯頭。

湯頭

濃郁又有餘韻的湯頭 引出味噌調味醬的甜味

該店的湯頭和麵條，混入風味的重要元素味噌調味醬後，更能提引出調味醬的柔和甜味。他們的目標是希望提供濃郁鮮美，但卻不厚濁的爽口湯頭，讓顧客吃後齒頰留香、回味無窮。麵條則是選用已充分熟成呈半透明，具有彈性的中粗捲麵條。

該店的湯頭經過長時間精心熬製，已融入肉類、魚類和蔬菜等各種鮮美滋味，清爽順口。該店表示：加入豬骨類可增進基本湯底的濃度和美味，雞肉和蔬菜能增加甜味和柔潤的口感，而魚類可使湯汁更爽口。

他們主要是用豬大腿骨、背骨和豬腳這三種豬骨，背骨可使湯頭變濃郁，豬腳能熬出基本的濃度。豬腳是選用已去蹄和毛的料理用商品。該店表示骨頭若事前沒汆燙處理好，湯汁會變混濁，所以務必要先仔細煮去白濁的浮沫雜質。先將豬骨泡在熱水中，換兩次熱水讓它充分解凍後，再以沸水汆燙。沖洗掉骨頭的浮沫雜質後，再用水浸泡，以鎖住骨頭裡的鮮味。

據該店表示，熬湯時最重要的是注意，讓桶鍋中的湯汁隨時保持循環流動，使湯汁能順暢的「呼吸」。煮沸湯汁時，桶鍋中央要讓熱能能夠順暢無阻地流通，這樣原料的美味才能均

匀釋入湯中，完成一鍋清爽美味的好湯。相反的，如果湯汁受熱不均，味道會變得過度濃重且產生澀味，使湯汁失去鮮味。

因此，在加入材料的過程中，要隨時保持桶鍋中央熱傳導的通道順暢無阻。放入豬骨類時，要先放入較難煮出高湯的豬大腿骨，再依序放入豬腳和背骨，排成中空的架構。

緩緩倒入清水，讓水蓋過骨頭後再開始熬煮。

清除浮沫雜質的豬骨熬煮1小時後，加入叉燒肉用豬肩裡脊肉和蔬菜，加入蔬菜時中央仍要留出空間，鋪滿在上層周圍的蔥青，形成能促進湯汁循環的蓋子。如果中央的湯汁能夠如湧泉般咕嘟咕嘟地沸騰湧出，那表示整體的導熱情況良好。如果湯汁湧出的狀態不穩定，可能有骨頭阻擋在水流中間，這時要插入木棒輕輕地撥出空間。因為骨頭煮軟後會坍垮掉，所以撥出空間的動作只能在這個階段進行。

熬煮2小時後取出蔬菜和裡脊肉，然後加入全雞和生薑。生薑只使用生薑皮和薑肉之間最美味的部分。保持穩定的熬煮狀態是一大重點，這樣才能煮出清澈不渾濁的湯頭，所以加入材料時必須費點心思，注意別讓水溫產生變化。若中央部份的湯汁沸騰，繼而流向周圍的湯汁表面的話，爐火就要轉小。

加入全雞熬煮3小時後，再加入裝有魚和蔬菜的棉布袋，由於袋中還放入有澀味重的牛蒡，所以能消除濃重的魚腥味。接著加入富含脂肪的豬脖子增加湯頭的味道，再繼續熬煮3個小時。之後，加入乾香菇和山椒熬煮1小時，然後測量湯汁的濃度，確認是否已達5.8％的濃度。若已達到就熄火，否則就繼續熬煮，最多再煮1個小時。因為如果超過，湯汁就會喪失黏稠的口感。

熄火後加入高湯包和海帶，等兩者釋出鮮味後，過濾出湯汁。

然後將之前撈起的雞油再倒回湯中浸泡，等湯味融為一體時，撈除雞油就完成了。

拉麵完成

湯頭中融入味噌調味醬 拉麵風味更具魅力

拉麵的湯是顧客下單後，才依口味各別調製的。首先，用豬油將菜料炒過，使絞肉釋出肉汁、蔬菜呈現清脆感與漂亮的色澤。倒入高湯後，再融入味噌調味醬。

該店已加熱的味噌調味醬，不需再經過燒烤提引鮮味。在基本的「味噌拉麵」中，只需滴上一滴特製的辣油提味，拉麵整體的風味就變得更加迷人。

「辣味味噌拉麵」是運用味噌拉麵的湯頭，再添加辣味，所以除了辣油外，麵上還會直接放入豆瓣醬作為配菜。

豆瓣醬

材料

麻油、大蒜、豆瓣醬、砂糖、韭菜

1 在炒鍋中放入麻油加熱，再加入以食物調理機打碎的蒜泥，用小火慢煮，直到蒜泥的水分收乾變成金黃色為止。

2 當氣泡消失，蒜泥浮出表面時，加入豆瓣醬。豆瓣醬要選辣中帶甜、顏色鮮紅有光澤的產品。

3 豆瓣醬水分收乾後，加入砂糖使味道更圓潤。砂糖溶解後就熄火。

4 在鋼盆中放入切碎的韭菜，倒入3一起混拌，以餘溫加熱韭菜。直接靜置一晚，讓味道融合，並提引出甜味。

5 豆瓣醬不會太辣，辣度恰好能突顯味噌的風味，趁韭菜的香味與口感還在時儘快用完。

らーめん 五丈原

地址●北海道札幌市中央区南7条西8丁目1024-24
電話●011-561-3656
營業時間●11時～隔天2時左右（湯頭用畢即打烊）
例休日●每週二

毫無豬骨腥臭味 口感圓潤的濃郁湯頭

豬骨鹽味拉麵 650日圓

在該店三種口味的拉麵中，最具人氣的是鹽味拉麵。毫無腥味、口感圓潤鮮美的豬骨湯頭，以及燉煮得十分柔軟的叉燒肉，是深受顧客大眾喜愛的美味。

『らーめん 五丈原』自1994年開店以來，即以特製的豬骨湯頭，贏得當地顧客的喜愛，成為人氣不墜的名店。靠近札幌市電東本願寺前站，僅有15坪、共13個座位的該店，每天顧客大排長龍，川流不息達400～500人之多，在暑假旺季時期，甚至每天可高達600人。

該店特製的豬骨湯頭，是將豬大腿骨和豬腳熬煮23個小時後，再加入蔬菜繼續熬煮，滋味鮮美圓潤，散發猶如「玉米濃湯」般的甜味。該店表示，由於考慮到許多北海道人不喜歡有豬骨獨特腥味的拉麵，所以他們特別研發味道濃郁但清爽沒有腥味的湯頭，因此雖然同樣推出豬骨拉麵，但因為該店完全沒有腥味，所以不只吸引年輕人，也深受各年齡層顧客的一致好評。

該店拉麵共分醬油、味噌和鹽味三種口味。開店當初店家原以為，和醬油、味噌相比較，札幌顧客可能較不喜愛鹽味拉麵，然而他們的鹽味「豬骨鹽味拉麵」，卻一直是開店以來，高居點單排行榜第一名的人氣商品。每種口味的拉麵配菜都一樣，其中燉煮得十分柔軟的叉燒肉，不但口感佳且極具分量。麵條以北海道產的麵粉製作，是屬於旭川風味加水量少的捲麵條。豬大腿骨和蔬菜等其他材料，大多也使用北海道當地生產的食材。該店老闆東先生父子，原本是經營其他類的餐飲店，並沒有開設拉麵店的經驗。他們表示，拉麵的味道幾乎都是靠自己摸索出來的。

2005年時，該店在大型購物中心「Ario」開設分店。預計未來將在住宅預訂地開設月寒店。

湯頭
骨頭要先徹底去除浮沫雜質才能煮出無雜味的湯頭

該店的拉麵湯頭，之前只用豬骨熬煮23小時後，再加蔬菜繼續熬煮而成。但他們希望熬出擁有溫和濃郁的原味，而沒有豬骨腥味的湯頭。

所以熬製重點在維持豬骨與水量的平衡，以及徹底去除浮沫雜質。該店表示熬製湯頭前要先仔細處理骨頭，熬煮過程中要勤加撈除浮沫，才能煮出清爽的湯汁。

該店為了統一熬製兩家分店所需的湯頭，共用了9個100L容量的桶鍋，以利在不同的時段持續熬煮，然後分送給各分店，分店廚房只需再加入蔬菜熬煮即完成。

該店湯頭的主材料是豬大腿骨，他們採用產自北海道的豬骨，20kg重大約可熬製150人份的湯。他們表示豬大腿骨是豬骨中最容易煮出高湯的部位，能熬煮出清爽、鮮美的湯頭。

雖然他們也嚐試用過豬頭熬煮，但因為異味太重而停用。為了保持湯味的純粹，他們單純只使用豬大腿骨，另外還加入少量豬腳來增加湯頭的濃稠度。

豬大腿骨以沸水汆燙時，要更換清水進行兩次，因為一次不足以徹底清除濁沫雜質。

但是，如果汆燙過頭又會使骨頭鮮味流失，所以當水沸騰濁沫雜質浮起

湯頭

材料

水、豬大腿骨、豬腳、海帶、乾香菇、洋蔥、生薑、大蒜

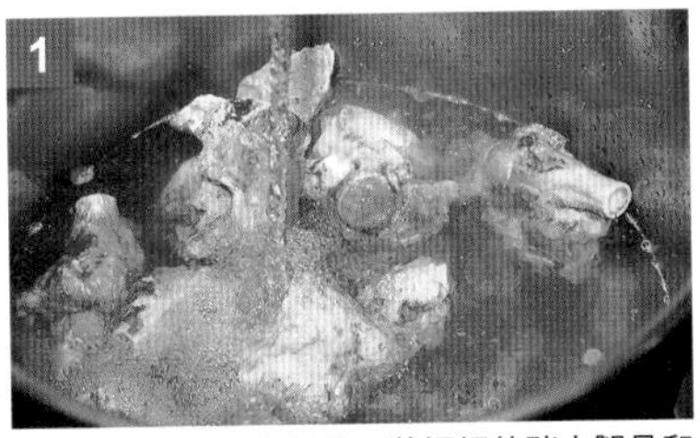

熬煮前先處理豬大腿骨。將切好的豬大腿骨和水放入桶鍋中，加熱至沸騰。

等浮沫雜質漂起後，把水倒掉。為了徹底清除濁沫雜質，桶鍋中再次加水，再煮沸汆燙一次。

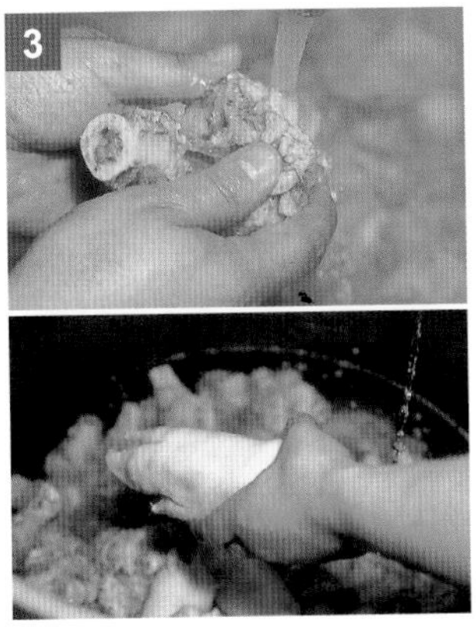

等豬大腿骨第二次汆燙完成後，用水仔細沖洗殘留在豬骨表面雜質。然後將豬大腿骨和豬腳再放入桶鍋中熬煮。

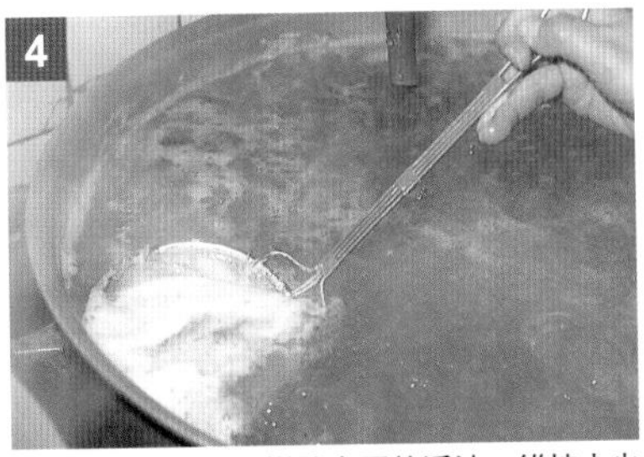

等水煮開後，仔細撈除表面的浮沫，維持大火狀態，持續熬煮23小時。

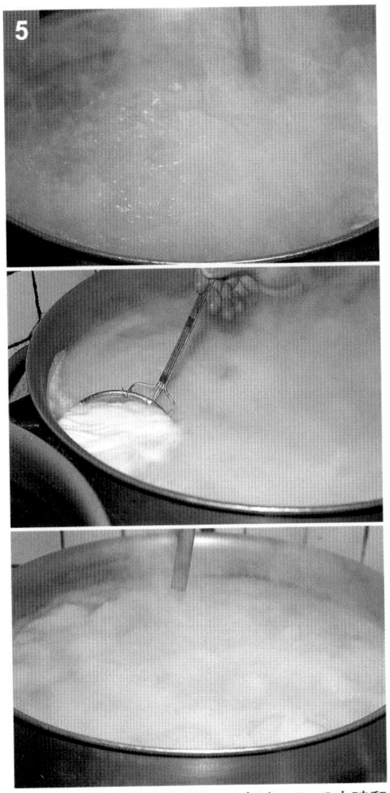

上面的圖片分別是熬煮2～3小時、5～6小時和12小時的情形，因為骨頭並不會焦鍋，所以熬煮時並不需要攪拌。

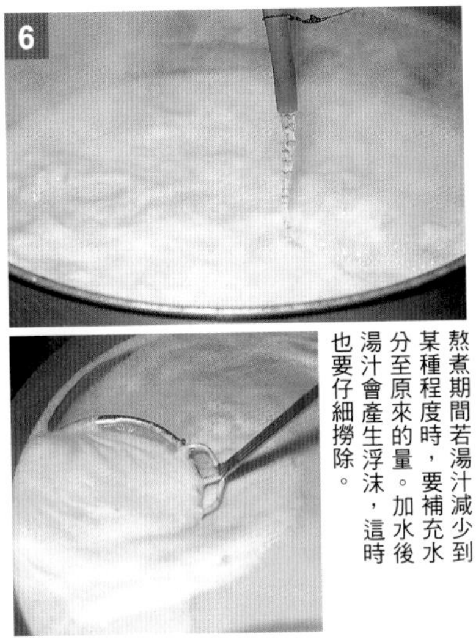

熬煮期間若湯汁減少到某種程度時，要補充水分至原來的量。加水後湯汁會產生浮沫，這時也要仔細撈除。

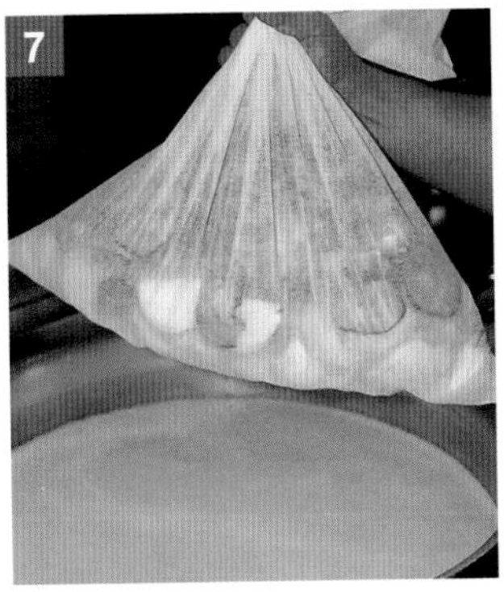

熬煮23個小時後暫時熄火，靜置1個半小時後，再過濾。然後開火再次煮沸後即轉小火，再加入蔬菜類。

再熬煮至少2小時即完成。取出蔬菜袋，營業期間一面用能使湯汁滾動的火候加熱取用。

後，就要立刻把水倒掉。等再次去除浮沫雜質後，用水充分洗淨骨頭表面的雜質，事前處理才算完成，可以放入桶鍋開始熬煮。

湯汁煮沸後撈除表面浮沫，維持大火繼續熬煮。大約以2小時一次的頻率，持續補足因蒸發而減少的湯汁。每次湯汁煮開所產生的大量浮沫雜質，都要仔細撈除。

在23個小時的熬煮期間，要反覆進行撈除作業。

經過23個小時熬煮後熄火，將湯汁靜置1個半小時，該店表示，這段時間的作用，是讓剛煮好還不均勻的湯汁慢慢穩定下來，味道變得更融合均勻。

靜置時如果加蓋，豬骨的腥味會悶積在桶鍋中，所以不可加蓋。之後過濾出高湯，運送到各分店，分店廚房再開火，放入裝有蔬菜的棉布袋繼續熬煮。煮開後轉極小的火至少煮2個小時，讓高湯增添蔬菜的甜味，最後取出棉布袋，營業用湯頭就完成了。

「豬骨鹽味拉麵」是在煮好的湯頭中，混入風味圓潤的天然煮鹽，以及用豬油製作的蔥油，再撒上添加辣味的白芝麻粉。麵條則選用能與湯汁充分交融，水分含量少的旭川風味捲麵條。

他們是向旭川的佐藤製麵（有限公司）訂購麵條。他們的拉麵剛入口時，雖然會讓人感覺味道有點清淡，但是一碗吃完後，就會讓人感到濃郁度恰到好處，因此深獲許多老年愛麵族的喜愛。

叉燒肉

豬肉叉燒是利用餘溫讓肉質更柔軟

該店會在每人份的拉麵上，加三片分量十足的叉燒肉作為配菜，入口即化的美妙口感是它的人氣祕訣所在。它是將豬五花肉，用加了醬油的叉燒醬汁滷製而成。滷煮的訣竅是不能煮太久，以免失去肉質原有的鮮味。

購入的大塊豬五花肉，先分切成適當的大小，直接放入醬汁中。

由於肉塊不捲綁也不會煮散，而且捲綁後較難入味，所以直接放入即可。

滷的時候，要仔細撈除叉燒醬汁表面的浮沫雜質，視情況添加適量的醬油和粗砂糖等調味料。等煮開後加入生薑，蓋上內蓋後壓上重物，以中火滷煮80分鐘，讓整體味道更融合。過程中需開蓋混拌兩次，讓味道更均勻。之後熄火，加蓋燜50分鐘，待肉變軟就完成了。

該店菜單中還有一項「叉燒飯糰」，裡面包有叉燒的碎肉，也是深受歡迎的人氣點心，一個50日圓，每天約可賣出300個。

叉燒肉

材料

豬五花肉、前次製作的叉燒醬汁、醬油、粗砂糖、味醂、日本酒、生薑

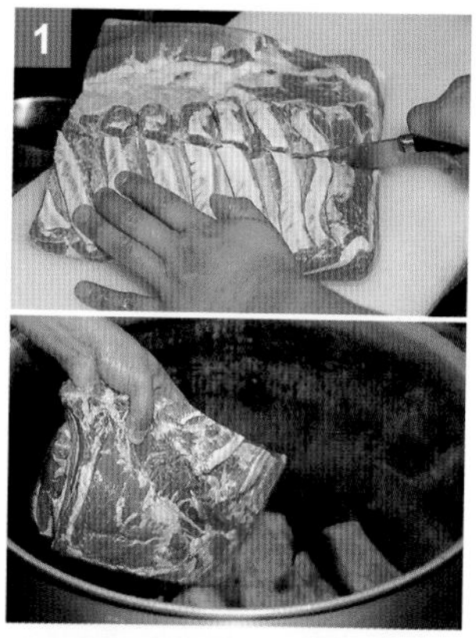

叉燒肉每天要滷煮1～2次。將24塊每塊3kg的豬五花肉塊，切成三種大小，放入醬汁中。

該店補充叉燒醬汁的時機，是視醬汁減少的情形適量補充。

用大火煮至沸騰，然後加入生薑薄片，加上內蓋後，上面壓上重物，以中火滷煮。

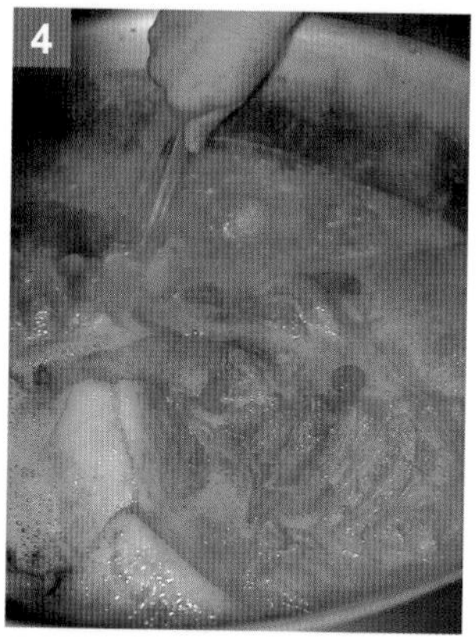

約煮80分鐘。為避免煮不均，過程中要將全部材料混拌兩次。

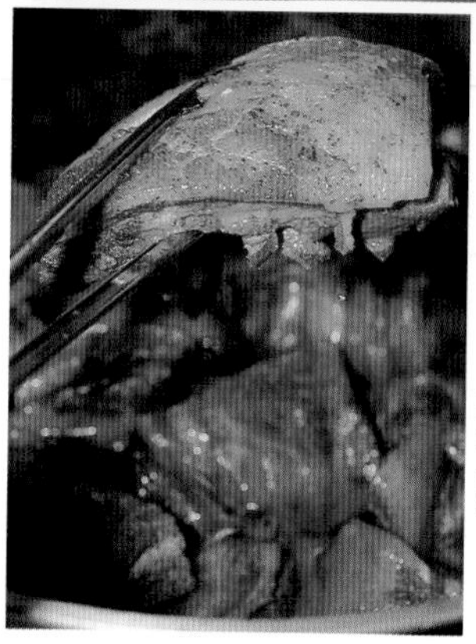
等煮好熄火後，直接加蓋靜置，讓它燜50分鐘，這個步驟是使肉質變軟的訣竅。將肉塊取出放在淺盤中待涼，再保存起來。

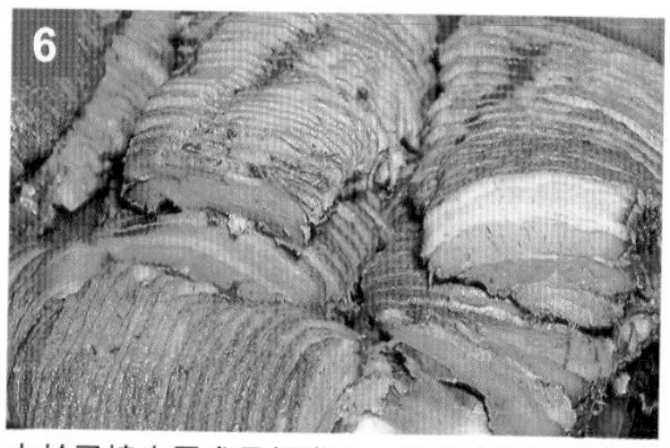

由於叉燒肉需求量相當大，用義大利製切肉機切片可提高作業效率。

地址●新潟県新潟市大形本町5-6-6
電話●025-272-4198
營業時間●11時～15時、17時30分～21時
（湯頭用畢即打烊）
例休日●每週二

新潟・大形本町

麺や 来味

講究不加化學調味料 滋味令人震撼的拉麵

本店的老闆布川真友先生，是將10年前繼承自雙親在新潟市紫竹開設的中華餐廳，改成現在的拉麵專賣店。該店以口味清爽的醬油拉麵最具人氣，2003年時，他們又在埼玉縣Saitama市的複合拉麵中心開設分店。大形本町的2號店，也在經驗累積的過程中應運而生，開發出更多新口味的拉麵。在那個周邊環伺著許多大型連鎖拉麵店，競爭十分激烈的地區，仍舊博得極高的評價。

大形本町的拉麵店，賣的是不加化學調味料的拉麵。他們的湯頭是用比例1：2的豬骨高湯和和風高湯混製成的白湯。豬骨高湯是以豬大腿骨為主材料，再加入背骨、雞骨和蔬菜等熬製成的白濁濃湯。

和風高湯則是以九種魚乾及乾物熬煮而成。兩者高湯完成後，都要放入裝了清水的水槽中，用流動的水使其變涼後再冷藏。在營業前才混合兩者，依照每張點菜單所需舀入小鍋中加熱使用。如此一來，湯頭才能同時擁有豬骨湯的濃郁與鮮味，以及高湯的美味。

該店特製的調味醬油完全不使用化學鮮味調味料，而是混合各式各樣的美味天然醬料製作而成。例如濃味醬油、溜醬油（譯注：單純用大豆釀造而成，如醬油膏般比較濃稠）、泰式魚醬（num pla）、鹽、鹽水、蜂蜜、黑砂糖、冰糖、三溫糖、粗砂糖、玉米糖、清酒、白蘭地、味醂、鹽鹵、發酵調味料、酸甜調味醬（chutney）、豬肉精、雞精、各種高湯等。另外，還以蝦油來提升風味。該店拉麵中還有新潟知名的「恰恰麵（音譯）」，它使用的是粗麵，碗中覆滿豬背脂、味道極香濃，還有以天然釀造的味噌為材料，製作的味噌調味醬調味的「味噌拉麵」，以及酸味爽口的「日式沾麵」等，都深受許多老顧客的喜愛。

日式沾麵　730日圓

特色是搭配具有柔和酸味，並以蝦油和單味辣椒調味的沾醬。麵是225g，該店選用16號扁平粗麵或細麵來製作。

特盛拉麵　880日圓

「特盛」比叉燒拉麵更受歡迎。麵上的配菜有滷蛋、3片叉燒肉和岩海苔等，另外還加入蝦油增添風味。

肉骨湯頭

材料

豬大腿骨、背骨、雞骨、洋蔥、大蒜、生薑、背脂

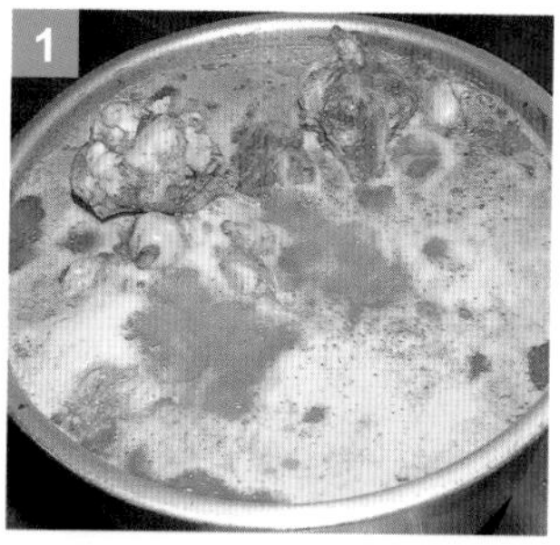

1 切好的豬大腿骨，以沸水汆燙15分鐘，先撈除浮沫後，用水清洗，去除含污血發黑的肉，再放入直徑48cm的桶鍋。

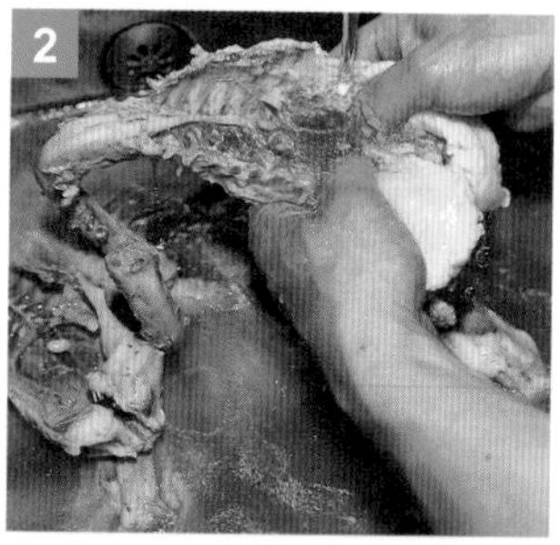

2 雞骨用沸水迅速汆燙後，一面用水沖洗，一面用手指剔除黏附的內臟。背骨同樣以沸水汆燙，再清洗剔除骨髓。

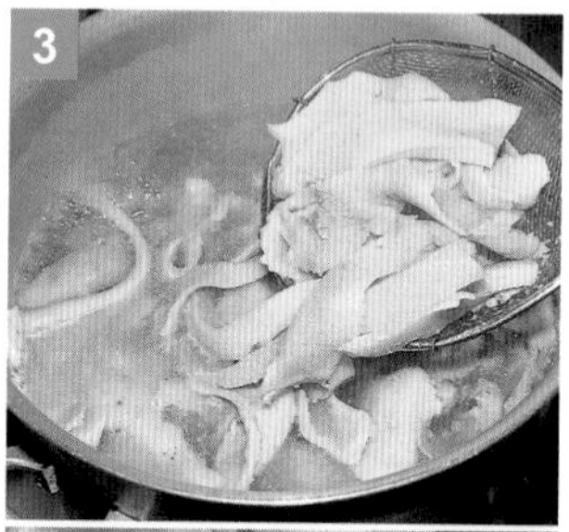

3 將豬大腿骨、背骨和雞骨放入熱水中開始熬煮。一面煮一面撈除浮沫雜質，煮到不再出現浮沫時，再加入背脂和蔬菜。蔬菜要放在棉布袋中，別和背脂混在一起。

4 熬煮3小時後取出背脂。背脂網篩過濾後冷藏。從棉布袋中取出蔬菜，再放回桶鍋中繼續熬煮。

5 因為是用大火熬煮，所以湯汁減少後就要補足熱水量，如此反覆加水，連續熬煮12個小時。

6 熬煮12小時後取出骨類和蔬菜，過濾高湯，倒入直徑36cm的桶鍋中，約有一桶半量。

7 將桶鍋放入裝水的水槽中，以流動的清水和電風扇吹涼，冷卻後即放入冰箱冷藏。

和風高湯

材料

北海道魷魚乾、蝦米、厚宗田鰹魚乾、厚青花魚乾、日本鯷魚乾、長崎脂眼鯡魚乾（譯注：為方便讀者閱讀，特殊魚乾的學名全集中在p116，內文中便不逐一附註）、日高海帶、乾香菇、厚柴魚

1 將海帶和乾香菇放入30cm的桶鍋，用水醃漬一夜後加熱，在即將沸騰前取出海帶。

2 加入其他材料。魷魚乾是先烤好後再放入。一面撈除表面浮沫雜質，並以稍弱的中火煮1小時。

3 過濾後，在水槽中冷卻，放入冰箱冷藏。營業前將冷藏的肉類高湯和和風高湯，以1：2的比例混合。

湯頭

肉類高湯和和風高湯冷卻後以1：2的比例混合

肉類高湯以豬大腿骨為主材料，還加入背骨、雞骨、洋蔥、大蒜、生薑和背脂熬製而成。

在直徑48cm的桶鍋中放入10kg的豬大腿骨，豬大腿骨是購買已切好的產品，豬大腿骨與背骨以沸水汆燙後用流水清洗。4kg的雞骨用沸水迅速汆燙後，一面用水沖洗，一面用手剔除附著的內臟。5kg的背骨也先用沸水汆燙，再清洗、剔除骨髓。

將汆燙處理過的豬大腿骨、雞骨和背骨放入熱水中開始熬煮，使用熱水開始煮起，材料才不會沾鍋。一面熬煮，一面撈除浮沫雜質，當浮沫不再出現時，加入背脂和已切好放入棉布袋的蔬菜。蔬菜放入棉布袋，是為了不要和背脂混在一起。熬煮3小時後取出背脂和蔬菜袋，再從袋中取出蔬菜放回桶鍋中。

繼續熬煮，若湯汁減少變稠就添加熱水。重複這樣的作業，連續熬煮12小時後取出骨頭，以網篩過濾高湯。

過濾出的高湯倒入直徑36cm的桶鍋中，大約有一桶半的量，然後浸泡在裝水的水槽中冷卻，等涼了之後放入冰箱冷藏。

和風高湯的作法是，將乾香菇和海帶泡水醃漬一夜，然後加熱。等湯汁快沸騰前取出海帶，再加入蝦米、厚

宗田鰹魚乾、厚青花魚乾、厚柴魚、鯡魚乾（去頭）、日本鯷魚乾和烤好的魷魚乾，一面撈除浮沫雜質、一面以稍弱的中火熬煮1小時。然後以網篩過濾後放涼冷藏。該店表示，高湯若沒冷藏會五味雜陳，冷藏後就能穩定融為一體。

在營業之前，再將肉類高湯和和風高湯，以1：2的比例混合即可。然後根據顧客的選擇，將湯頭舀入小鍋中加熱使用。

叉燒肉

約切成5㎜的厚度能提升口感和分量

為了搭配揉合和風高湯風味的湯頭，叉燒肉的調味可說恰如其分，不濃也不淡。該店過去叉燒肉是烤過後才放到麵上，但是好似焦味般的濃烈異味會釋入湯頭中，所以現在已經不那麼烹調了。

此外，他們過去也有製作紅燒肉片，但是推出加了叉燒肉的叉燒麵後，紅燒肉拉麵銷售情況下滑，所以現在也已經不賣了。

他們的叉燒肉是用冷凍豬五花肉製作。五花肉先以棉繩捆好，放入用水稀釋的中式炒肉醬中滷煮，一面撈除表面的浮沫，一面以小火煮3個半小時即熄火，之後浸泡4個半小時後取出，放入冰箱冷藏。

將冷藏富彈性的叉燒肉切成5㎜厚的肉片，放在拉麵上作為配菜。

香油

配合拉麵口味加入蝦油和蔬菜油

該店的醬油拉麵湯頭和日式沾麵的醬汁中，都加入了蝦油。它的作法是用豬油熬煮薄柴魚片、厚宗田鰹魚乾、厚青花魚乾和蝦米，讓香味釋入油中。另外，也準備以洋蔥、大蒜和生薑製作的蔬菜油，用於限期發售的鹽味拉麵中。

調味醬油

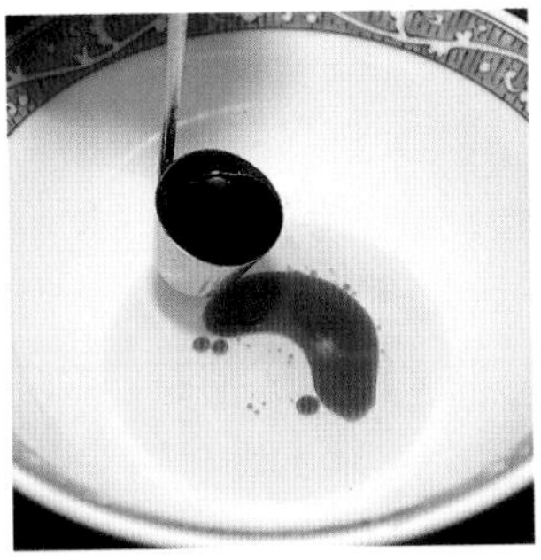

因為不添加化學調味料，所以是混合數種砂糖、醬油、數種酒和各種高湯，來增加風味。

滷蛋

材料

中型雞蛋（20～30個）、醬料（濃味醬油180ml、味醂180ml、清酒90ml、水360ml、砂糖80g、柴魚片1把）

1 使用常溫的蛋，先用圖釘在蛋的氣室那端刺兩個洞，這樣蛋煮熟時，蛋黃能保持在中央。

2 水滾後，將放在網篩上的蛋一起放入水中煮，煮6分鐘後取出。

3 取出後立刻泡入冰水中，剝殼，再放入溫熱的醬料中醃漬，靜置一夜。

叉燒肉

材料

豬五花肉、中式炒肉醬

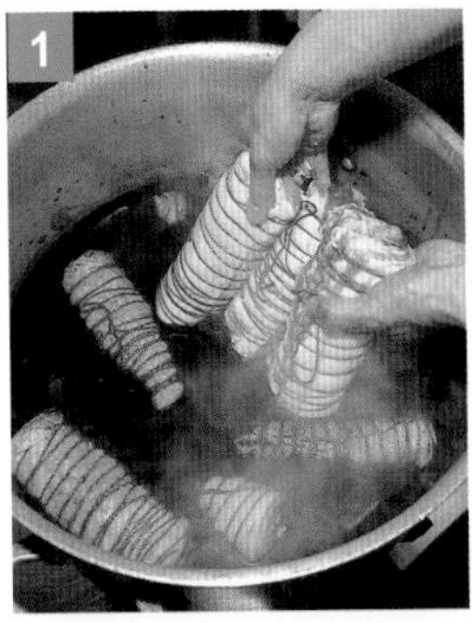

1 將進口的冷凍五花肉解凍，用線綑綁後，以醬料熬煮。醬料是使用以水稀釋過的中式炒肉醬。

2 醬料煮開後撈除浮沫雜質，去除浮沫雜質後轉小火，持續熬煮3個半小時後熄火。

3 熄火後靜置，讓五花肉醃漬4個半小時。取出後冷藏，再切成5mm厚的叉燒肉片。

蝦油

該店的醬油拉麵和日式沾麵的沾醬中，都有添加蝦油。它是用豬油熬煮柴魚乾、青花魚乾和蝦米等，再過濾而成。

地址●栃木県宇都宮市中央2-8-6
電話●028-649-5917
營業時間●〔週六～週四〕12時～14時、18時～20時
〔週五〕12時～14時
全年無休

らあめん厨房　どる屋

以當地食材為號召 靈活運用食材原有美味

「らあめん厨房　どる屋』是栃木宇都宮最具代表性的人氣拉麵店。該店以使用當地食材為號召，不論是湯頭或配菜都使用栃木縣產的食材，連麵條也是用縣產的小麥製作的。其中全年販售的「鯛魚高湯拉麵」，和限期販售的「栃木香魚拉麵」兩種口味，吸引了各年齡層廣大顧客群的支持與喜愛。

該店老闆落合泰知先生，過去曾在鹿沼市經營中華料理店，但他希望到都市區開設分店時，是以美味的拉麵來吸引顧客，於是他在1996年開設了這家店。店名的由來，是因他以前開設中華料理店時，曾販售「1碗1美元（ドル）」的「ドル拉麵（譯注：ドル＝どる）」，因此拉麵店才取名為「どる屋」。他希望拉麵店能吸引專程來吃麵的人，因此大膽的將店開在巷子裡。

該店的招牌拉麵是「鯛魚高湯烤肉拉麵」，它的湯頭是用一夜風乾的鯛魚熬煮的。其他，還有添加那須「白美人蔥」的「鯛魚七味香蔥拉麵」，以及加了三種拿手烤肉的「特製鯛魚高湯烤肉拉麵」，都是廣受歡迎的口味。而且，該店為了全使用縣產的食材來烹調，特別用捕自栃木縣河川的香魚自行加工經一夜風乾，再熬成湯頭製作「栃木香魚拉麵」。自2002年起，在香魚開放捕釣的5～10月，該店隔週的週六、日及週一會供應香魚拉麵，由於這是「只有どる屋才吃得到美味」，所以每到當季都有許多外縣市的饕家前來惠顧。

落合先生使用當產地食材的作法逐漸獲得重視，縣內高中開始聘他擔任講師，這使得他跨入新的領域。對於當地的各項活動他也很積極參與，在縣主辦的「2006年栃木故鄉博覽會」中，根據來賓票選，「栃木香魚拉麵」榮獲「第一屆最美味料理大獎」。

圖中是全部使用栃木縣產的香辛料製作的七味調味料。配方中使用大量柑橘類的皮，因此能中和辣味。可視個人喜好添加於麵中，能更增美味。

鯛魚七味香蔥拉麵
1碗 700日圓

這道美味的醬油拉麵，是以鯛魚濃縮鮮味湯頭，搭配上那須的「白美人蔥」。熱騰騰的蔥油在客席間淋到麵上時，瞬間竄起的蔥香令人垂涎不已。

材料

風乾一夜的鯛魚、雞絞肉、全雞、豬瘦肉、香菇、海帶、白美人蔥、番茄、熱水

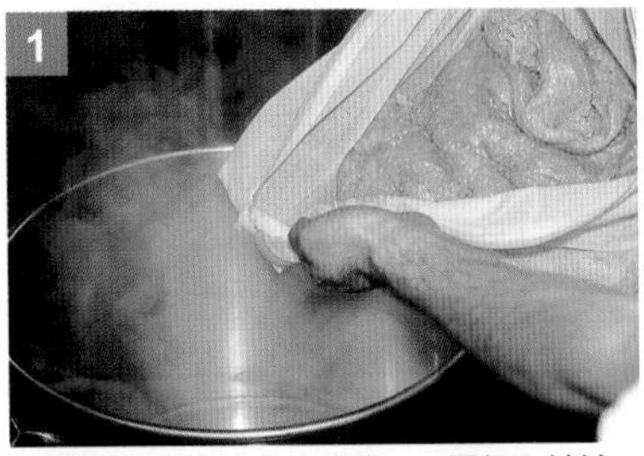

一面將45L桶鍋中的水煮沸，一面加入材料。雞絞肉先裝入網袋再放入。

接著加入1隻全雞。若覺得高湯濃度不夠時，可戳一戳絞肉網袋來調整。

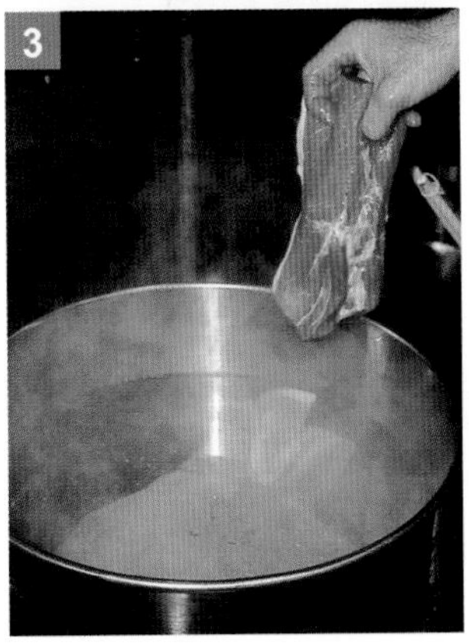

為了不破壞鯛魚的鮮味，加入脂肪少的豬瘦肉，雞肉和豬肉份量要相等。

加入生香菇、海帶、白美人蔥的蔥青部份和番茄，因為乾香菇的香味太重，所以使用生香菇。

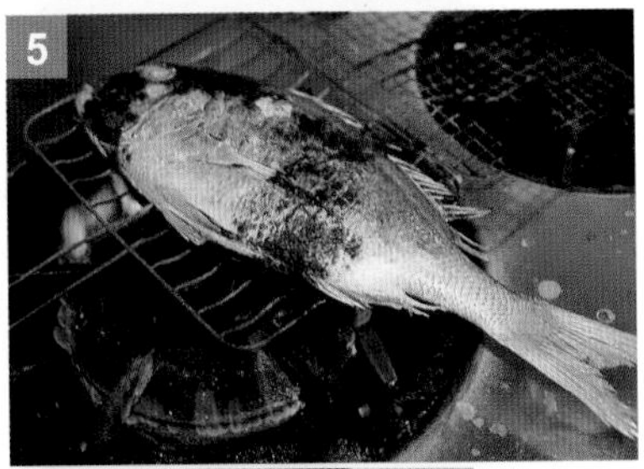

將鳥取縣的天然鯛魚風乾一夜，共準備6條。魚的兩面先充分燒烤後，放入桶鍋中。因為魚頭腥味特別重，所以要充分烤焦。

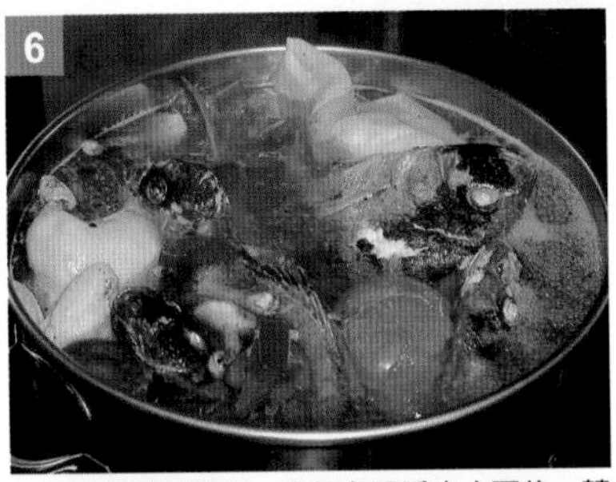

放入全部材料熬煮，當鯛魚頭浮出水面後，轉小火繼續熬煮。

此期間若出現浮沫雜質和肉油就撈掉，而鯛魚釋出的油有鮮味，所以不用撈掉。

湯頭完成時湯色透明，表面浮著鯛魚油脂，用網篩過濾後，供隔天使用。

湯頭

使用大量風乾一夜的鯛魚
湯頭鮮濃至極

該店的招牌湯頭以鯛魚作為主材料，再加上豬肉、雞肉和蔬菜熬製而成，屬於味道清爽又香濃的日式湯頭。湯頭使用鳥取縣內港捕獲，並在當地風乾一晚的鯛魚，是它美味的祕訣。

風乾的鯛魚雖然外觀和生的沒兩樣，但它幾乎沒有魚腥味。小鯛魚乾等魚乾類或碎屑部分，並無法釋出鯛魚脂的鮮味，所以一定使用帶有油脂的整條新鮮鯛魚。

高湯的製作程序是，桶鍋中先將水煮沸，依序放入材料熬煮。其中共用兩種雞肉，全雞以及已剔除脂肪的雞絞肉。

絞肉要放在網袋中再加入，若覺得雞肉味太淡，熬煮過程中可戳一戳網袋，讓高湯釋出來調節濃度。加入的豬瘦肉和雞肉必須等量。因為鯛魚是湯頭的主角，所以並不使用肉骨類，而單純混合雞肉和豬瘦肉等脂肪少的部位。

這樣才能熬出具有鯛魚頂級美味，又保有適度油分與濃度的美味湯頭。蔬菜類是使用生香菇、海帶、白美人蔥、番茄等。

帶有甜味的蔥和番茄，能提引出鯛魚獨特的美味。

為了消除腥味，鯛魚兩面要經燒烤

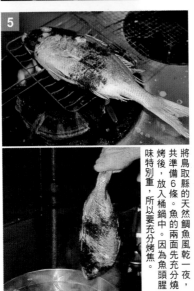

再加入高湯中，尤其魚頭部分更要充分烤焦。

在45L的桶鍋中需用6條鯛魚。該店認為運用大量優質食材，絕對能提升拉麵的美味度。

材料全部加入桶鍋後，若再次沸騰即轉小火，魚頭浮出水面，是改變火候的指標，然後繼續熬煮5～6個小時。

這時幾乎不會浮現雜質或豬脂，但是只要浮出就要隨時撈除。不過，細顆粒油脂是使湯頭變鮮的鯛魚脂肪，所以不要撈除。完成的湯頭立刻過濾，作為隔天早上營業用湯。

配菜
充滿肉鮮味的烤肉及甘甜的那須白美人蔥

該店的叉燒肉不採燉煮法，而是用中式叉燒肉的燒烤法料理。裡脊肉上先塗上甜麵醬、栃木產麥味噌及水飴等混合成的醬料，再放入烤箱中烘烤。該店表示之所以採取烘烤法，不僅是為了嚐到肉的美味，它和清爽的日式湯頭也非常對味。另外，店內配菜還有豬五花肉和頰肉燒烤的叉燒肉。

該店的蔥全使用栃木縣那須產的「白美人蔥」。菜單中的「鯛魚七味香蔥拉麵」，就是為了讓顧客充分享受這種蔥的清甜美味所研發出來的。

「鯛魚高湯烤肉拉麵」的一大特色是，放上蔥白絲等配菜後，店家會在客人面前澆淋特製的蔥油。

此作法更能引出蔥的香味與甜味，讓顧客不禁食指大動。這是只有在落合先生這樣的個人店，才能享受到的特別服務。

調味醬油

材料

前次的湯頭、岩鹽、味醂、鯛魚醬、蛤蜊、海帶、濃味醬油

1 將保存的湯頭煮沸，加入材料後，再加天然岩鹽，讓它充分融化。

2 加入味醂和鯛魚醬，不僅湯頭裡，調味醬油中也要強調鯛魚的鮮味。

3 再加入已吐沙的蛤蜊和海帶，就能完成有海鮮味的調味醬油。也能加入濃味醬油中調味。

4 再次煮沸後撈除表面的浮沫雜質，然後熄火。靜置4～5天使味道融合。

蔥油

材料

葡萄籽油、白美人蔥

1 鍋子加熱後倒入葡萄籽油，放入白美人蔥炒熱。

2 一面充分混勻，一面炒至快冒煙時熄火，直接靜置一夜，讓蔥的香味釋入油中。

3 拉麵端至客人面前，當場將熱蔥油淋到蔥白絲上，讓顧客享受誘人的香味與滋滋聲。

叉燒肉

在肉的表面塗上味噌，再以烤箱烤香的叉燒肉，也是當地的人氣土產。

13湯麵 五香店

地址●千葉県松戸市常盤平5-17-4
電話●047-389-0064
營業時間●18時30分～隔天1時
（湯頭用畢即打烊）
不定休

只用老雞和長蔥熬煮 清爽湯頭魅力無窮

（後）叉燒肉　630日圓
（前）湯麵　420日圓

清爽澄澈的湯頭，和Q韌有嚼勁的自製獨門細麵，是拉麵店的致勝武器。圖中是簡單卻鮮美十足的「湯麵」，烤肉法料理的叉燒肉，十分芳香誘人。

位於千葉縣五香的『13湯麵　五香店』，是一家標榜只用1隻全雞和長蔥熬煮清澄湯頭的拉麵店。店老闆松井一之先生，過去有12年的時間，都在明星食品（株）擔任泡麵研發的工作。自己獨立創業後曾開設培訓拉麵店主的補習班『ラーメン寺子屋』，對於帶動拉麵業界的發展，投注了許多的心力。

該店位於商店街的盡頭，自新京成電鐵五香車站徒步只需3～4分鐘的時間。每天只在晚上營業，店內設有正式的吧台，供應各式各樣的雞尾酒。

據說許多顧客都是喝了酒後，再點一碗拉麵，是一家遠近馳名的拉麵老店。除了當地的客人外，也有許多從外地遠道而來的顧客，每天大約80人份的湯頭常都銷售一空，人氣極佳。

該店的招牌麵，是只有麵條和湯，售價420日圓的簡單「湯麵」。叉燒肉或筍乾等配菜，都需要另外單點。

店家會用另外的盤子盛裝，這個作法的目的，是希望讓顧客能清楚吃到麵、湯和配菜各別的美味。

此外，該店的另一項特色是，他們在麵粉中加入較多水分，以低轉速攪拌機仔細攪拌後，自製私房細麵。

松井先生運用自己在明星食品公司任職時，所累積的製麵技術，獨家開發出能搭配清爽湯頭，又有嚼勁的細麵。在自製細麵中，拌入沙茶醬和拉麵醬料，售價僅210日圓的「光麵」，也深受顧客的好評。獨門細麵與湯頭的魅力，讓位於郊區的13湯麵，依然贏得大批愛麵族的喜愛。

叉燒肉

材料

豬肩裡脊肉、長蔥、大蒜、三溫糖、麻油、甜麵醬、陳年老酒、濃味醬油、五香粉

1 在大不鏽鋼盆中，放入肉與五香粉以外的材料，製作叉燒肉的醃漬醬料。

2 將切成20cm大小的肉塊和醬料，用手充分混勻。放入冰箱冷藏至少一夜，使其入味。

3 取出醃漬好的肉，撒上五香粉，放入預熱至200℃的烤箱中，先烘烤25分鐘。

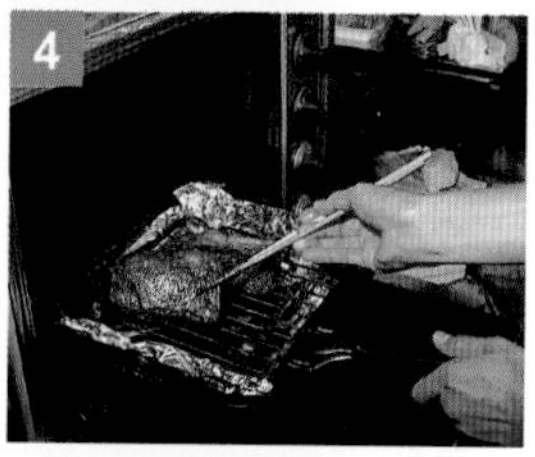

4 烤好後翻面，繼續烤10～15分鐘，讓肉面呈現恰到好處的燒烤色澤。

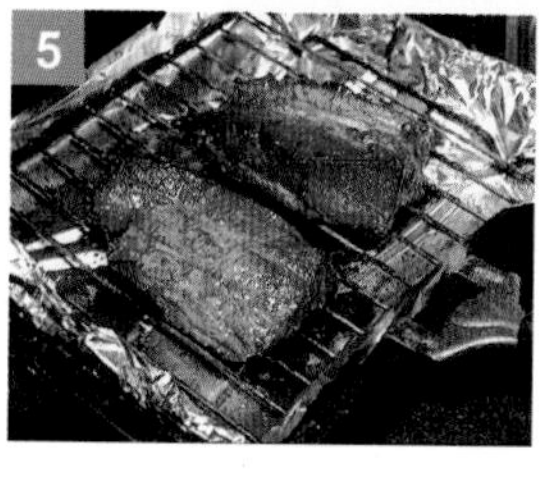

5 左圖是烤好的叉燒肉。醃料已充分滲入肉中，表面呈現焦黃狀，且散發迷人的香味。

湯頭

材料

老雞、長蔥蔥青、熱水、雞油

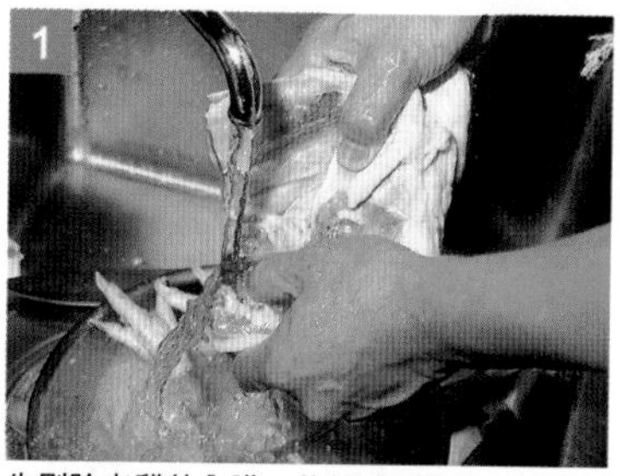

1 先剔除老雞的內臟，約切成6等份，雞汁較容易釋出，雞身內部要以流水清洗。

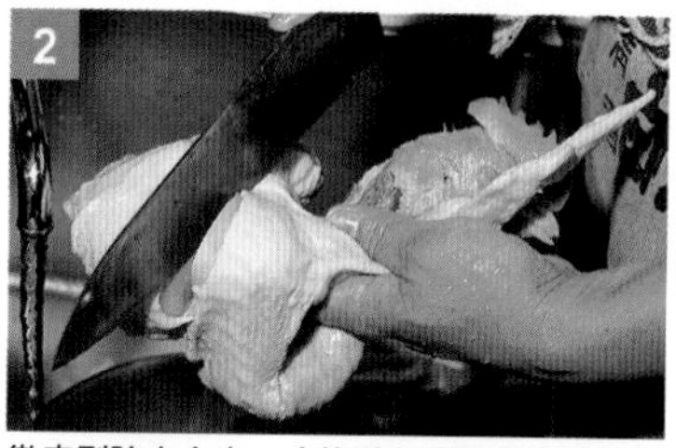

2 徹底剔除血合肉，才能避免湯頭熬煮時變渾濁。用刀劃開雞皮，更有利釋出雞汁。

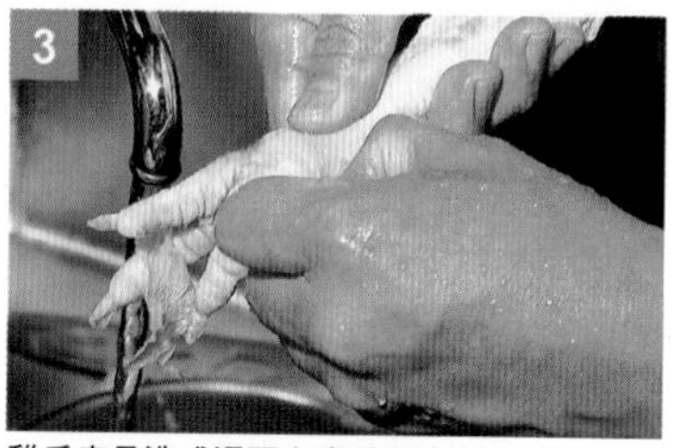

3 雞爪皮是造成湯頭有臭味的主因，所以也要剔除乾淨，這樣其中的膠質也更易釋出。

4 在裝了70℃熱水的桶鍋中，放入雞肉，使用熱水能夠縮短熬煮的時間。

5 直到快煮沸前都使用大火，要仔細撈除浮沫雜質，撈除大部分的浮沫雜質後，開始轉小火。

6 以小火熬煮約1小時後，湯頭會變清澄，這時加入長蔥的蔥青部分。

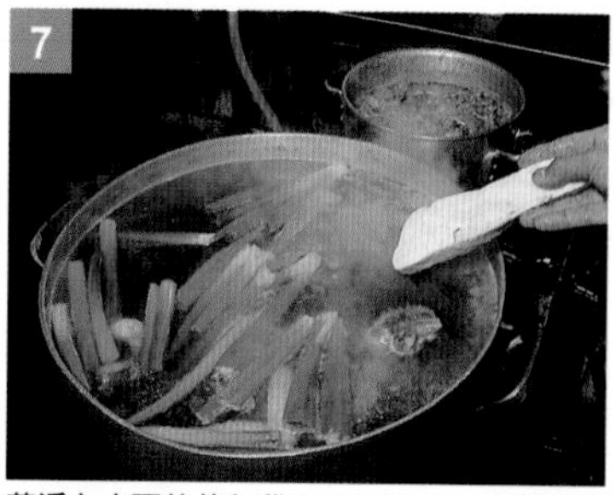

7 若浮在水面的黃色雞油不足的話，可添加雞油塊來調整。

8 繼續撈除浮沫雜質，再將火轉小，若湯汁已清澈見底，就大功告成了。

湯頭

活用老雞的濃郁鮮味 讓人百吃不厭的湯頭

該店認為豬骨的油份和味道都太重了，所以他們不使用豬骨，而是用脂肪含量適中、鮮味濃郁的一整隻老雞來熬湯。

老雞要選用富含油脂、體型較大的。

在桶鍋中加入約50L的70℃熱水，老雞剔除內臟後以流水清洗。將全雞切成6等份，這樣雞汁較易釋出。

造成湯頭渾濁的血合肉及使湯發臭的雞爪皮，都要徹底剔除乾淨。處理好的全雞連頭一起放入桶鍋中。

用大火煮到快要沸騰，同時仔細撈除浮沫雜質，之後轉小火熬煮1小時，湯汁會逐漸變清澈。

這時開始加入約6根份長蔥的蔥青，若湯頭的油分不夠，可加入雞油塊調整。

一面繼續撈除浮沫雜質，一面慢慢將火轉小，如果湯汁已清澈到可看見鍋底，就完成了。

製作清澈湯頭的要訣是，保持讓湯汁輕微滾沸程度的小火候，持續熬煮。因為大火強煮會使湯頭變濁，這點需注意。

該店講求清爽不膩的爽口湯頭，就是這樣細火慢熬才完成的。

因為全雞在營業時間內一直都放在湯中，所以隨著時間的經過，湯頭會

產生微妙的變化，該店建議顧客可以在不同時段，來品嚐它的各種風味，這種湯頭魅力也吸引了大批死忠的老顧客。

叉燒肉

裡面豐潤多汁 外表芳香四溢的烤肉

該店的叉燒肉，並非許多拉麵店都有的「滷肉風味」，而是用甜麵醬和醬油為主的混合醬料充分醃漬後，再用烤箱烤的「烤肉風味」。

為了讓肉較容易烤出漂亮的焦黃色澤，所以選用肥肉較少的豬肩裡脊肉。

將10cm的長蔥碎末、大蒜泥5片份、三溫糖適量、麻油1大匙、甜麵醬適量、陳年老酒50ml、濃味醬油50ml混成醬料，放入肉至少醃漬一夜，再撒上五香粉，放入預熱至200℃的烤箱中烘烤。要烤得裡面豐潤多汁、外表焦黃芳香，才是美味叉燒肉的重點。

上桌時店家會切成較易入口的薄片，用另外的盤子盛裝，淋上拉麵的醬料，撒上蔥白絲、白芝麻和蒜末。

因為叉燒肉若直接放在湯中會走味，所以該店都會盛在另外的盤中。

這道叉燒肉不只是拉麵的配菜，也很適合作為各式酒類的下酒菜，所以有許多客人單點。

調味醬汁

使清爽的湯頭更添濃郁美味

拉麵的調味醬汁，該店是以雞骨和豬絞肉製作，前者能維持味道的均衡，後者能加強鮮味。為了不破壞湯頭細緻的美味，醬油是以淡味醬油為主，少許的濃味醬油只為了增加香味。

將用流水清洗好的1kg雞骨、200g豬絞肉、2L淡味醬油和200ml濃味醬油煮開，仔細撈除浮沫雜質。

然後轉小火，加入少許陳年老酒，15分鐘後只取出雞骨，再加入鮮味調味料、1小撮鹽、1大匙三溫糖混勻就完成了。

每天開店時，瓶中都會補足當日所需的調味醬汁，在清爽的高湯中，加上調味醬汁來增加濃郁美味，該店清爽又鮮美的湯頭就完成了。

調味醬汁

材料

雞骨、豬絞肉、淡味醬油、濃味醬油、陳年老酒、鮮味調味料、鹽、三溫糖

1 雞骨以流水清洗，剔除血合肉部份，然後將雞骨、豬絞肉和醬油放入桶鍋中。

2 將1充分混勻，開大火熬煮，沸騰後撈除表面的浮沫雜質，然後轉小火。

3 撈除浮沫雜質後，撒上適量的陳年老酒增加香味。浮沫雜質要仔細撈除。

4 沸騰後，轉以小火熬煮15分鐘，然後只取出雞骨，絞肉則保留在鍋裡。

5 再加入鮮味調味料、鹽和三溫糖混勻。

6 完成的調味醬汁倒入瓶中保存。醬汁會每天製作，開店時就補足分量。

麵條

該店使用Q韌有嚼勁的自製細麵條，是為了搭配清爽的湯頭特別研發的。

地址●埼玉県さいたま市大宮区桜木町2-306山畑ビル（大樓）1F
電話●048-641-1220
營業時間●11時～14時、17時～23時
全年無休

埼玉・大宮

とんこつ 津気屋 大宮店

豬骨為主的肉類與蔬菜混合的「蔬菜豬骨」白湯

2006年7月，『とんこつ　津気屋　大宮店』正式在埼玉縣的Saitama市開幕。雖然它是市內人氣拉麵店『津気屋』的分店，但是，伊藤和廣店長決定以有別於總店的「獨門湯頭」為號召，在拉麵市場上與他店一較高下。

該店研發的新口味，是以豬骨為主的肉類高湯，加上如濃湯般的濃郁蔬菜高湯的雙味湯頭。該店延續「能活用食材，鮮美又濃郁的湯頭」的研發方向，以開發出「美味、健康，女性也能盡情享用」，對身體無負擔的健康鹽味豬骨拉麵為目標。

伊藤店長認為，理想的湯頭必須濃郁又有甜味。而且，拉麵中還要有「讓人上癮的美味」，基於這些要點，該店開發出獨家風味的湯頭。

目前店內的招牌麵，有能品嚐到湯頭純粹原味的基本商品「鹽味豬骨拉麵」，以及加入「霜降叉燒肉」、黑芝麻和大蒜熬製的香蒜油、有濃烈辣味和鮮味的「特製鮮味辣醬汁」，一碗就有多重享受的「特製津氣拉麵」。

依據使用部位和作法的不同，店家共準備兩種口味的叉燒肉，使附加價值更為提升。此外，為了搭配頂級湯頭，配菜中還有九條蔥、充滿海洋風味的宮城產海苔，以及有益健康的黑木耳等食材。

在10坪大小的店內，只有11個吧台座位，一天大約有150位客人。由於它離繁華市區很近，因此在當地極受歡迎，有許多老顧客經常

鹽味豬骨拉麵
630日圓

配料簡單，能嚐到蔬菜與豬骨雙味湯頭的頂級美味。另外還有九條蔥、黑木耳和宮城海苔等配菜。

特製津氣拉麵　880日圓

這道招牌拉麵，是在基本的「鹽味豬骨拉麵」中，加入軟骨部位製作的「霜降滷肉」、香辣濃郁的「特製鮮味辣醬汁」，及芝麻和大蒜製作的香蒜油等。

湯頭

重視食材的「甜味」 蔬菜加豬骨的雙味湯

「蔬菜豬骨」的名稱由來，是因為它是用豬骨熬製的肉類高湯，和如濃湯般的蔬菜高湯混合成的雙味湯頭。

伊藤店長十分重視豬骨及蔬菜所釋出的兩種「甜味」，因此研發湯頭以混合兩者為目標。若骨頭和蔬菜一起燉煮，豬骨味太重，會壓過蔬菜獨特的鮮味與芳香，所以他們煮好後再將兩者混合，以便讓不同的食材各展所長。

為了符合健康的訴求，湯中只加入少量背脂。

該店只有10坪大，共11席，廚房也很狹窄，頂多只能放置3個小尺寸的桶鍋。不過燉煮豬骨要花很長的時間，廚房光用來煮營業要用的湯頭，

豬骨高湯

材料

豬頭、豬腳、全雞、雞骨、背脂、水

1

在裝水的桶鍋中放入10個豬頭，大火煮沸後，一面撈除表面的浮沫雜質，一面熬煮20分鐘。

2

將1的豬骨用水洗淨，放入另一個桶鍋中，加水到能蓋過骨頭，將爐火開大至水面看不到冒泡的程度，煮到水位離鍋底只剩下3～4cm。

3

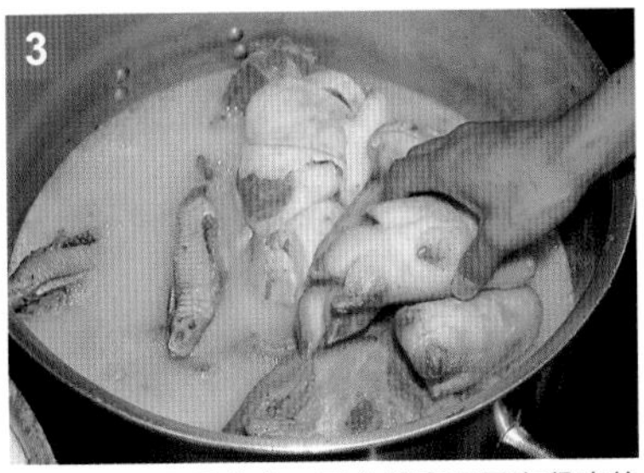

在2中加入足量的水，用會讓表面冒泡程度的大火熬煮，煮開後，加入5支豬腳、1隻全雞、1kg雞骨和1kg背脂，以極大火熬煮約30分鐘。

4

在營業前完成，加入前一天用剩的高湯中，一面以極小火保溫，一面使用。

蔬菜高湯

材料

包心菜、馬鈴薯、洋蔥、胡蘿蔔、大蒜、水、酒、鹽

1

先將1kg的馬鈴薯去皮泡水備用。分別將1/2個包心菜、1kg洋蔥、1條胡蘿蔔、1球大蒜切碎，放入桶鍋中。

2

加入7.5L的水、100ml酒、1小撮鹽，一面以中火加熱，一面讓它保持在快要沸騰但還沒冒泡的溫度。

3

熬煮時需時常攪拌以防焦鍋，熬煮至水量剩下6.5L時，即可熄火放涼。

4

為了保留一些蔬菜的口感，用果汁機稍微攪打一下就完成了。

叉燒肉

材料

豬五花肉、酒、味醂、濃味醬油、粗砂糖、長蔥蔥青、大蒜、生薑

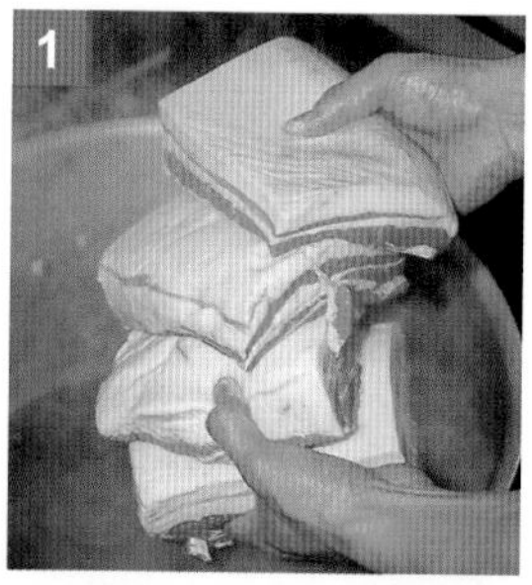

1 桶鍋裝滿水，加熱至沸騰，放入豬五花肉，一面用大火維持沸騰狀態，一面約煮90分鐘。

2 在另一個桶鍋中放入各種調味料，以小火煮融，再加入香味蔬菜，以湯汁不沸騰的小火熬煮約30分鐘。

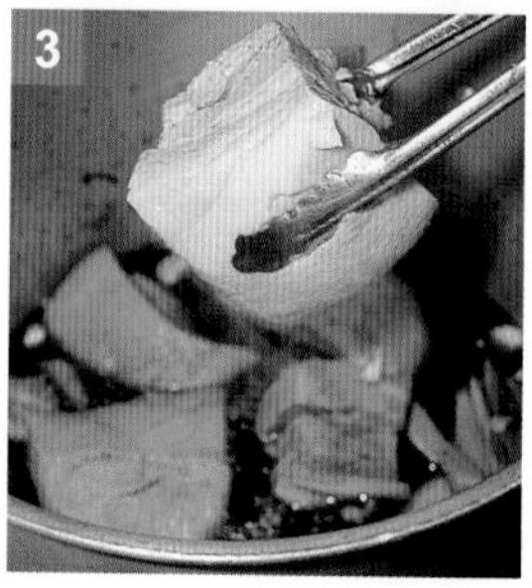

3 在2的醬汁中放入1的豬五花肉，以湯汁不沸騰的小火燉煮20～30分鐘。

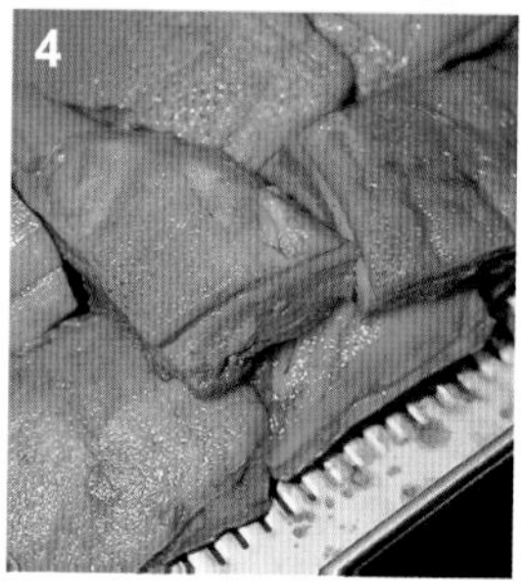

4 熄火後靜置醃漬約60分鐘，再倒入淺盤中冷卻，營業前將肉切片即可。

霜降滷肉

材料

豬的軟骨部位（腹部前方軟骨與肋骨間的部位）、大蒜、生薑、蘋果、酒、調味醬油、水、砂糖

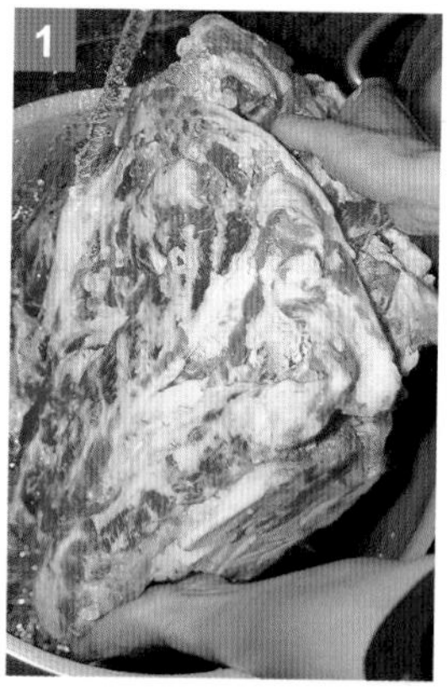

1 在桶鍋中加水，直接放入冰凍的豬軟骨，以大火加熱。

2 用大火煮到水強烈翻滾的沸騰程度，直接加蓋煮20分鐘。再確實撈除浮沫雜質。

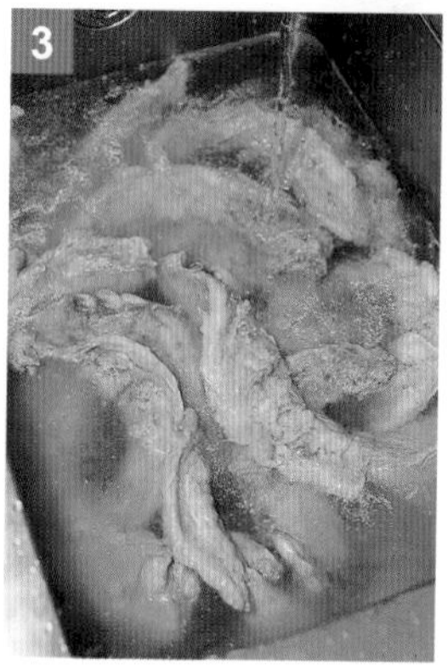

3 將軟骨從桶鍋取出，以流水漂洗，以去除雜質並加以冷卻。

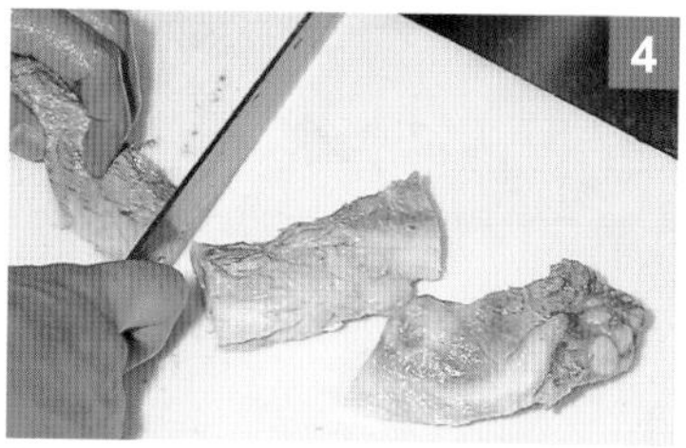

4 將洗好的軟骨切大塊，放入壓力鍋中。

5 在鍋中加入大蒜、生薑、蘋果、酒和水，加蓋燉煮。以大火加熱，讓鍋中充滿壓力。

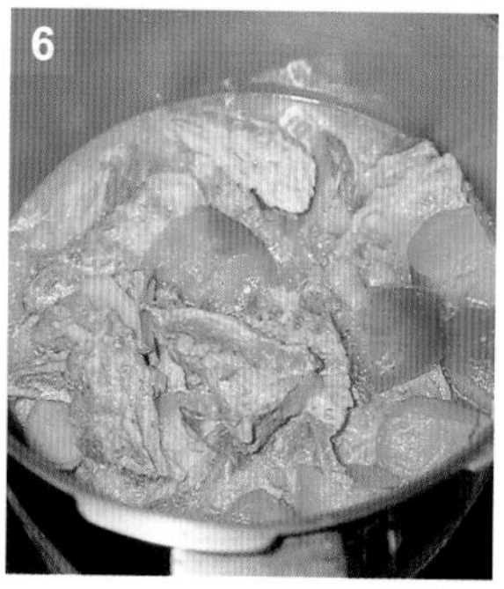

6 等鍋中充滿壓力後，轉小火燉65分鐘。熄火後靜置20分鐘，待鍋壓退去後再開蓋。

7 在桶鍋中加入調味醬油、水和砂糖，再加入5的軟骨。用中火煮至沸騰，等材料一沸騰後即熄火，直接靜置浸泡再使用。

空間就被占滿了。伊藤店長思考「這麼小的廚房空間，要如何煮出美味的豬骨高湯呢？」他決定使用2萬7000kcal的超強力瓦斯，以便在較短的3～4個小時內完成熬煮高湯的作業。

因此該店每天趁營業前的早上和中午營業終了休息時間，一天兩次，熬製新的豬骨高湯，再加入之前所剩的湯中繼續使用。

熬製豬骨高湯時最重要的就是火候，一開始用強烈滾沸到無法看到水面的大火來煮，讓雜質和浮泡迅速浮出，接著仍然保持大火繼續熬煮。雖然桶鍋加蓋來煮溫度較易上升，但是這樣肉腥味會被悶在湯頭裡，所以，即使撈除最初產生的浮沫之後，也不要加蓋。

豬骨高湯的材料包括：豬頭10個、豬腳5支、全雞1隻、雞骨1kg、背脂1kg。

豬頭能熬出有甜味的湯底，不過肉腥味很重，所以要先確實去除污血，用沸水汆燙去除浮沫雜質後，才能加入高湯中。此外，許多店都是加入背脂來增加湯頭的濃度與鮮味，可是該店是加入富含膠原蛋白的豬腳來加強。

蔬菜高湯則具有濃湯般的濃郁風味。

材料包括：包心菜1／2個、馬鈴薯1kg、洋蔥1kg、胡蘿蔔1條、大蒜1個、水7.5L、酒100ml以及鹽1小撮。以不使桶鍋水面起泡的中

鹽味醬汁

材 料

水、海帶、白醬油、淡味醬油、味醂、鹽（等比例的天然煮鹽、沖繩粗鹽和岩鹽）、烏賊粉、鮮味調味料

1
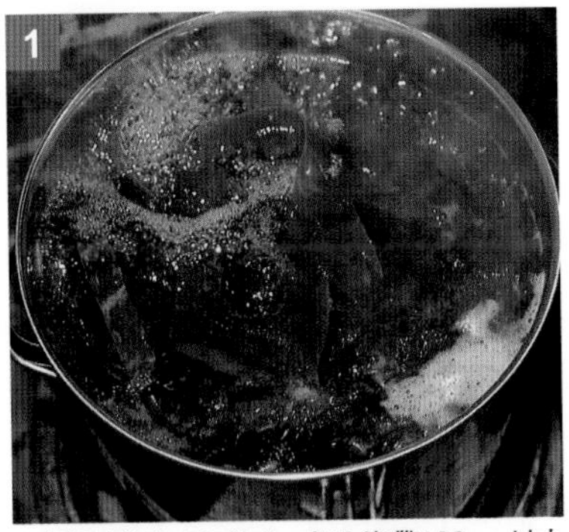
在桶鍋中加入18L的水，加入海帶100g，以小火一面保持湯汁沸騰，一面熬煮1小時。

2

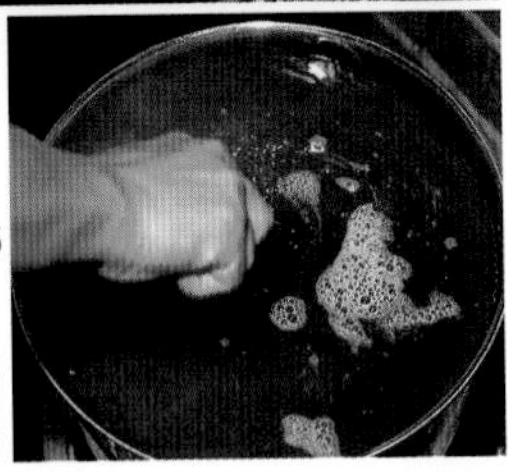
加入白醬油1.5L、淡味醬油1L、味醂500ml、鹽3kg，加鹽的時候注意別焦鍋了。

3

以小火一煮開後就熄火，加入烏賊粉100g和鮮味調味料150g混勻。

4

桶鍋不加蓋靜置一天，之後再加蓋靜置兩天，之後就能使用了。

火來燉煮，一直煮到水分只剩6.5L為止。

如果蔬菜類已經煮軟就靜置待涼，然後連同湯汁一起倒入果汁機中攪打。

完成後湯裡略有顆粒感，但是不要過濾，保持蔬菜的纖維口感。

因為蔬菜高湯不耐久放，所以每天需熬製一次，只限當天使用。

醬汁

使用海帶、三種鹽和烏賊粉 香濃鮮美的鹽味醬汁

該店醬汁是以海帶為主材料，再加上鹽煮成的鹽味醬汁。他們選用日高生產的海帶皺邊製作，每100g的海帶搭配18L的水，從涼水開始煮起。

用小火燉煮到水量只剩下15L的時候，加入醬油、味醂和鹽。因為燉煮期間會加入大量的鹽，容易囤積在鍋底，造成焦鍋的情形，所以加鹽後要先暫時熄火或轉更小的火，將它充分混拌使其融化。

鹽是使用天然日晒煮鹽、岩鹽和沖繩產粗鹽三種，每種加入的分量都一樣，以維持甜與鹹味的平衡。

最後，美味的關鍵是完成後還要加入烏賊粉，它能使醬汁更鮮美，以減少化學調味料的用量。

麵條

博多直送中細圓麵 與湯頭相得益彰

該店使用的麵條，是由博多製麵公司直接配送的中細圓麵。口感Q韌有彈性，具有和濃郁湯頭不相上下的美味。它是加水率較低的麵條，購入後先放在店內一晚才使用。

博多的麵條從「生」（不建議使用）開始，一直到最柔軟的「極軟」，共有八個等級可供顧客選擇，然而該店推薦的是「硬」這個等級的麵，他們認為這個硬度的麵條，小麥的香味和甜味維持得最均衡。

叉燒肉

使用五花肉與軟骨 特製兩種口味

該店拉麵中共加入兩種口味的叉燒肉，一是用豬五花肉製作的「叉燒肉」，另一種是用豬肋骨前端的軟骨和周圍之間的肉製作，能入口即化的「霜降滷肉」。

不論口感或味道都讓人有不同的享受。

因為用豬五花肉所做的「叉燒」往往太油，所以該店是採購含脂肪較少的五花肉。

瘦肉較多的五花肉，肉與脂肪的比例較均衡，做出來的叉燒肉才能與頂級湯頭搭配，清爽又健康。

滷肉用的醬汁是以醬油為底，再加上香味蔬菜等，大約可連續使用一個月。

每次使用時再添加香味蔬菜、醬油、味醂和酒來調整味道，一個月後再重新製作，來保持新鮮的味道。

「霜降滷肉」是使用壓力鍋製作，這樣較硬的軟骨就能在較短的時間內，有效率地燉煮得十分軟爛。軟骨部分這時已變成膠質，連骨帶肉一起享用，美味非凡。

滷肉用醬汁基本上以醬油為底，特色是還加入蘋果，散發出獨特的香甜味。

配菜中包含兩種不同口味的叉燒肉，使麵的附加價值更為提升、更加的吸引人。

地址●埼玉県蕨市塚越2-4-1
電話●048-432-7634
營業時間●11時30分～23時
例休日●第3個週二

埼玉・蕨

麺匠 むさし坊 蕨店

雞白湯＋濃味和風高湯 以不斷提升為目標來改良口味

『麺匠　むさし坊　蕨店』是一家在埼玉縣有三家分店，仙台市有一家分店的拉麵專門店。它的1號店是『武蔵浦和店』，『蕨店』是2001年5月開幕的2號店。2003年時開設了第3號『東川口店』，2005年開了第4號『仙台店』。他們最大的特色是，雖然是連鎖拉麵店，但每家店的拉麵口味都截然不同。

『蕨店』的概念是「融合過去與未來」。該店店長田山裕二先生表示「保留原有的好的部分，同時不斷汲取新的東西，以研發更新的拉麵口味為目標」。雖然拉麵的料理範圍並不大，然而他們依然不斷研究創新，努力追求更新的美味。該店的拉麵以湯頭來分共有兩大類。一是用香濃的雞高湯和和風高湯混合的白湯製成的「拉麵」系列。另一種是，只使用和風高湯，風味清爽的「中華麵」系列。而這兩類拉麵，又各有「正油味」和「鹽味」兩種不同的口味可供選擇。

客人點「拉麵」時，能自行決定麵的種類、煮麵時間和油的分量等，所以就算是點同樣的「拉麵」，每一碗的味道也都不同。除此之外，店內還有「日式沾麵」，以及變化自盛岡名產，加了獨門肉味噌的「炸醬麵」等。

在調味方面，該店的特色是完全不使用化學鮮味調味料，而儘量使用有機調味料。顧及每位客人都有不同的喜好，店家用心的在桌上放了四種調味料，以供客人隨喜好變化口味。最近，店家又將雞高湯做了一番調整，推出比過去更香濃，更大眾化口味的湯頭。

鹽味拉麵
680日圓

鮮美的雞湯中，透著爽口的鹽味。用洋蔥、長蔥和雞油熬煮的香油，散發獨特的美味。配菜有五花叉燒肉、芋莖和小松菜等。圖中是使用細麵。

桌上備有四種調味料，包括「自製枸杞醋汁」、「鹹海帶」、「自製辣油」和「黑胡椒＋花椒」，可隨喜好自行添加。

中華麵（正油） 700日圓

整碗麵中肉類只有單一的叉燒肉，風味十分清爽。和風高湯中混入太白麻油（譯注：直接從生芝麻中榨油，經過精製的芝麻油，不經過煎焙，油色呈透明無色）和調味醬油，配菜中還有油蔥增加風味。麵條是選用日本小麥製作的。

鹽味醬汁

材料

頂級海帶、小魚乾、厚青花魚乾、厚柴魚、料理用酒、水、水飴、鹽（越南慶和省（Khanh Hoa）產的鹽．內蒙古產岩鹽）、砂糖、辛香料（馬蜂橙（Citrus hystrix）、山椒花、黑胡椒）、米醋、酸橘醋、魚醬

1 8L水加入料理用酒1杯（約150g）、海帶和小魚乾後浸泡半天，再以大火熬煮，撈除表面的浮沫雜質。

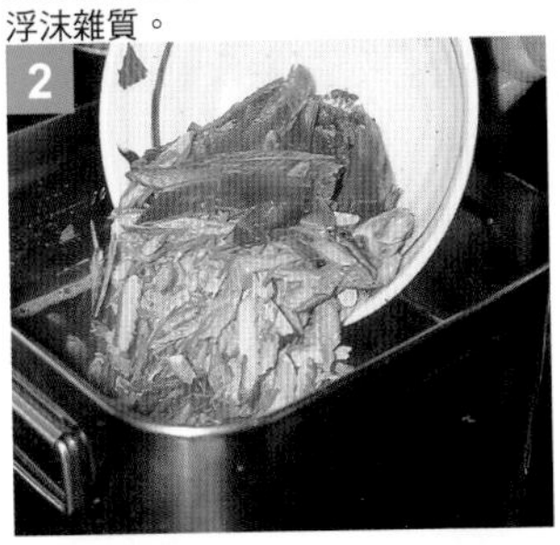

2 沸騰後轉小火，15分鐘後取出海帶，再加入厚青花魚乾與厚柴魚。

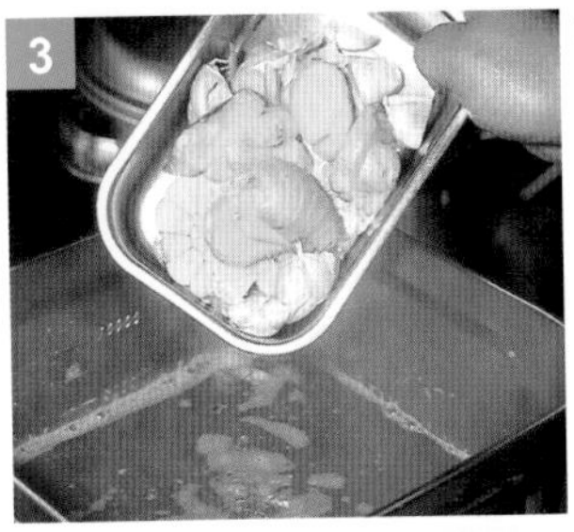

3 加入帶皮的生薑薄片和對剖的蒜瓣，一面撈除表面的浮沫，一面熬煮45分鐘。

4 將水飴裝在另一容器，以圓杓輕輕舀取3過濾倒入，鍋底的湯汁因有沉澱物，故不取用。

5 再加入越南產的日晒鹽「慶和鹽」500g、內蒙古產的岩鹽「天外天鹽」1.5kg和砂糖，充分混勻。

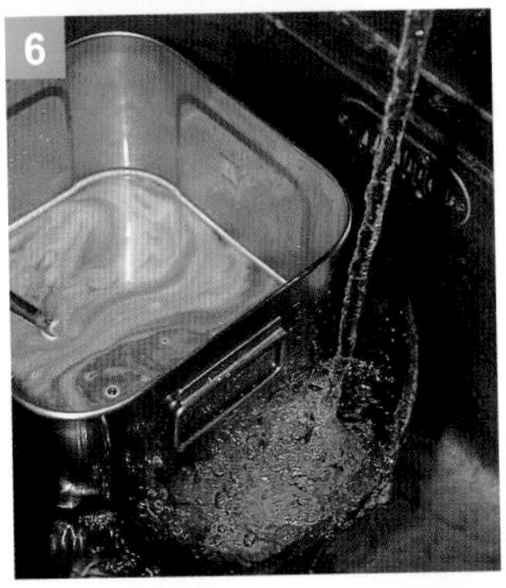

6 攪動時若覺得已混勻，便可用流水隔水冷卻，以防止細菌滋生。

7 變涼後，加入裝有馬蜂橙、山椒花和黑胡椒的棉布袋，增加香味，再加入米醋、酸橘醋和魚醬。魚醬是使用大分縣日田市產，沒有腥味的香魚醬，放置一下後，加入之前用剩的鹽味醬汁中。

麵條

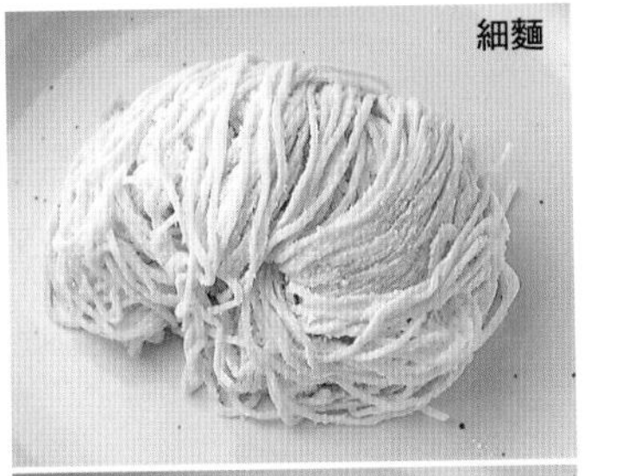

不論正油味或鹽味「拉麵」，兩者都可選用細或粗麵。細麵1團重140g、粗麵重150g。「中華麵」是使用全麥麵粉製的專用麵條。

湯頭

講究的食材和獨門作法 使雞肉鮮味更濃郁

「拉麵」的湯頭，是用煮成白濁色的雞湯，和海帶、鱈魚乾、各類魚乾和蔬菜煮的和風高湯混合成的白湯。

為了讓雞湯散發香濃鮮味，材料都經過嚴格挑選。

使用的是雞腳踝、雞爪、小骨、整隻種雞。種雞是育種用雞，體型是一般雞的三倍大。只需少量就能熬出鮮美的高湯。雞腳踝富含鮮味，能提升雞湯味道與濃度。

過去該店並沒用雞腳踝，但後來為了加強「雞白湯」的白濁度，所以加入雞腳踝。

自一年前起該店才開始改變材料，同時改用壓力鍋來燉煮，目的是想提升湯的濃度，並縮短製作的時間。作法是將材料放入桶鍋熬煮，確實撈除浮沫雜質，以免產生雜味，再將雞腳踝、雞爪和種雞一起倒入壓力鍋，加熱約45分鐘。然後約需40分鐘的時間讓蒸氣散去。

就這樣，放入壓力鍋的材料，利用能將材料燉爛的火力，熬煮出濃稠的高湯。

用壓力鍋燉煮期間，在另外的桶鍋中加入糙米、長蔥和生薑熬煮。長蔥和生薑能消除雞肉腥味，糙米能產生特殊的濃稠感，同時也能增進營養價值。

目前用相同材料，熬煮兩次高湯的作法，能彌補火候不足的缺點，也能將食材美味完全煮出。因為白濁高湯必須用大火才能煮出，火候不夠的話，一次就只能熬煮少量。

因此，他們分兩次熬煮，不但能煮出所需的分量，也能充分展現材料的美味。

該店為了讓湯頭更濃郁，從前雞高湯與和風高湯的比例為2：1，後來

改變為5：1。

和風高湯當初是專為「中華麵」設計的，為了呈現香甜味，最大的特色是加入蔬菜。

蔬菜若切得太細，會產生酸味和苦味，所以切大塊後即可加入。

鹽味醬汁

精製醬汁和調味料兼具鮮味與香味

該店希望「鹽味」拉麵能讓顧客嚐到高湯原有的美味，也能感受各種鮮味散發出的清爽美味。

因此，製作時的一大重點，就是活用鹽味醬汁讓湯頭散發美味，並兼具鮮味和芳香。

用海帶、小魚乾和各類魚乾熬出高湯後，再加入調味料製作鹽味醬汁，

雞汁

材料

種雞、雞腳踝、雞小骨、雞爪、雞胸肉、長蔥蔥青、糙米、生薑、長蔥、水

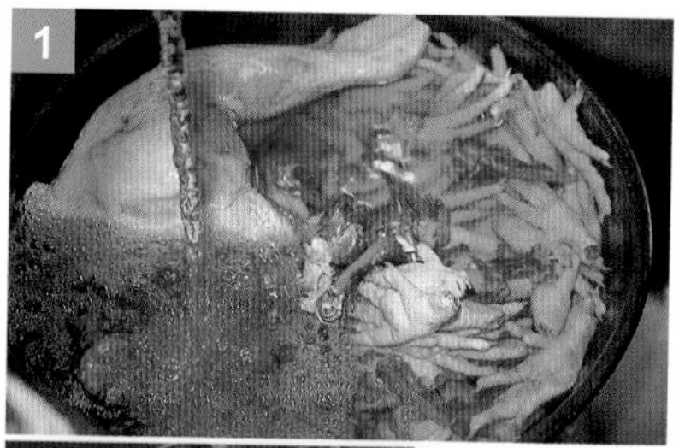

1 以流動的熱水清洗雞腳踝、去皮雞爪、小骨、種雞，直到材料已無血水，再浸泡10分鐘，徹底去除污血。

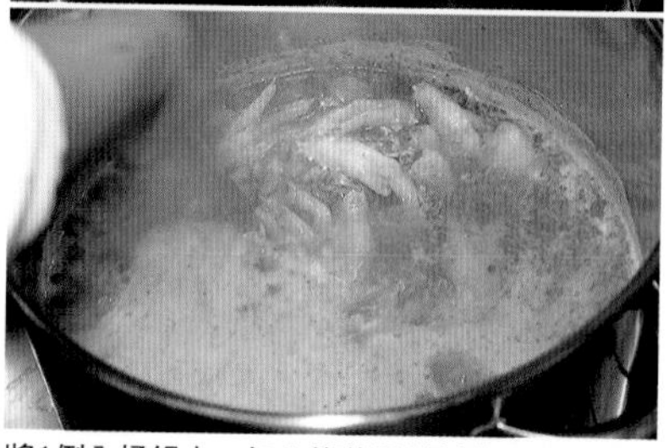

2 將1倒入桶鍋中，加入能蓋過材料的水量，以大火熬煮，材料若浮出水面，就會開始浮現浮沫雜質。撈除浮沫雜質時，儘量只撈除最少量的水。

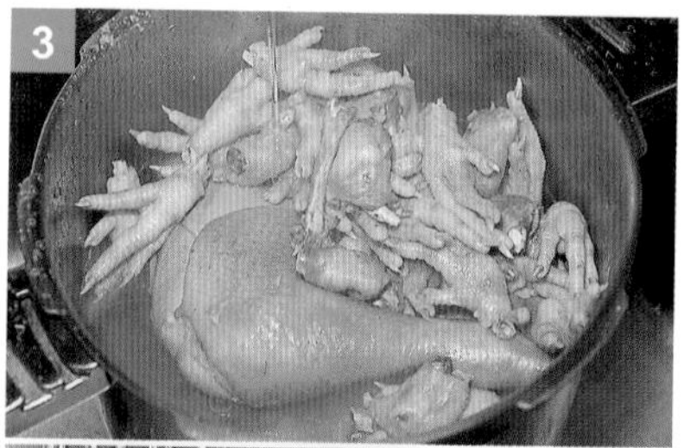

3 途中加足水以降低溫度，撈除再浮現的浮沫雜質後，將種雞、雞爪和雞腳踝倒入壓力鍋中，加水加熱45分鐘。

4 壓力鍋燉煮期間，在另外的桶鍋加入24L的水，再加入長蔥、糙米、生薑。

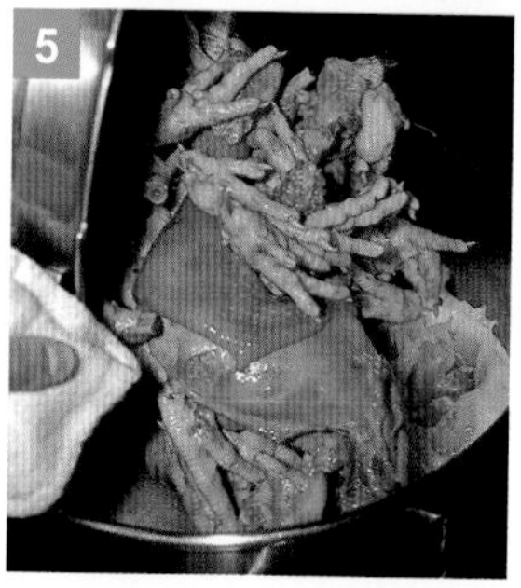

5 從壓力鍋開始冒蒸氣後，約煮30分鐘，熄火後放置30～40分鐘，讓蒸氣散去，再將壓力鍋中的材料倒回桶鍋。

6 材料倒回後，加入30L的水，一直熬煮到水量剩下20L為止。

7 煮好後，用帶柄小鍋舀取，以圓錐形網篩過濾後，就是第一道高湯了。

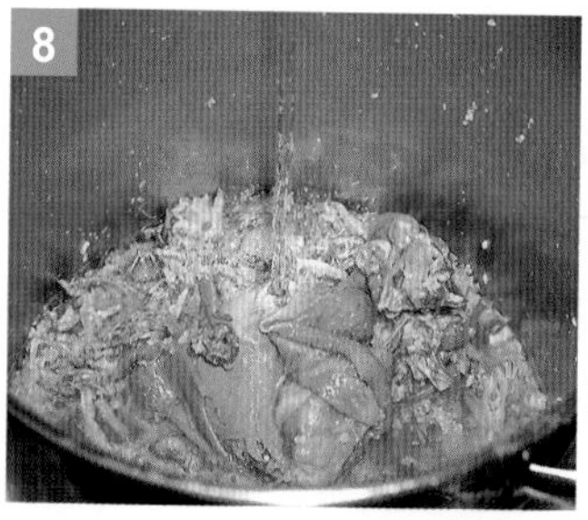

8 在7剩餘的材料中，加入水20L，繼續熬製高湯，因為用小火的關係，所以分成兩次進行。

9 繼續加入雞胸肉。使用岩手縣的「阿部雞」，以增加生雞肉才有的雞肉味。

10 等9沸騰後，將水加到30L，熬煮到剩下20L，然後再加到30L，再熬煮到剩下24L。

11 途中加入長蔥3根，熬煮到24L時，就可過濾到先前7的桶鍋中，等涼後放入冰箱冷藏保存。

特色是使用大量的海帶。

相對於一碗拉麵配上300ml的湯頭，鹽味醬汁則要加20ml。為了濃縮這20ml的鮮味，醬汁中使用了大量富含鮮味成分的海帶來濃縮。

接著，在熬製過程中加酒，該店用的是比平常酒多4倍鮮香味的料理用酒。

鹽是將日晒鹽和岩鹽以1：3的比例混合使用，因為日晒鹽含豐富的礦物質且有甜味，要混合岩鹽才夠鹹。

完成後，撒入辛香料和香醇的酸橘醋，再加入魚醬提升美味。

配菜

運用新穎食材 給人新鮮的感覺

該店的叉燒肉是以烏龍茶燉煮的，擁有燻烤般的清爽香味。將肉以烏龍茶茶葉燉煮4小時後，再放入足量醬汁中醃漬1小時製成。

該店以芋莖取代筍乾，這種罕見食材令人耳目一新，當顧客以為是筍乾，入口後便會發出驚嘆，更添享受美食的樂趣。芋莖要先泡水一晚回軟，用甜醬油炒煮後，就能呈現清脆的口感。

和風高湯

材料

海帶、小魚乾、蝦米、乾香菇、小絲鰭鱈魚（Laemonema nana）乾、長蔥、洋蔥、胡蘿蔔、生薑、宗田鰹魚乾、青花魚乾、厚柴魚、水

1 和風高湯中使用海帶、小魚乾、蝦米、小絲鰭鱈魚乾。用瓦斯槍將小鱈魚乾雙面先燒烤一下。

2 將材料1先浸泡水中8小時後，直接以中火加熱，沸騰約15分鐘後取出海帶。

3 加入長蔥、洋蔥、胡蘿蔔和生薑，讓蔬菜的甜味與香味融入高湯中。

4 接著加入宗田鰹魚乾、青花魚乾和厚柴魚，以湯汁表面能翻騰的火候熬煮45分鐘。

5 完成後過濾，然後以流水隔水冷卻，稍涼後放入冰箱冷藏。

混合高湯

依用量將雞湯及和風高湯以5：1的比例舀入小鍋中混合，加熱使用。這時，小鍋若殘留少量上次的高湯，可混入新高湯繼續使用，味道很容易融合。

叉燒肉

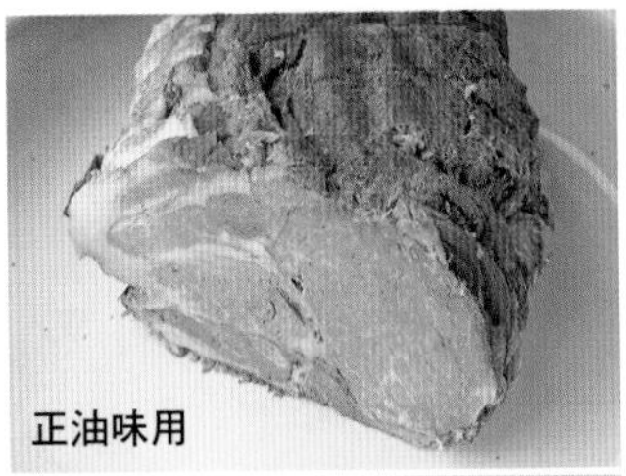

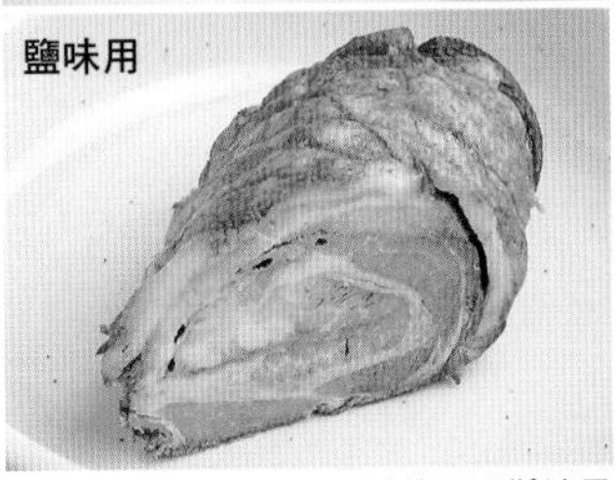

不油膩的豬肩裡脊肉，較能展現醬油叉燒肉的風味，而豐腴的五花肉則適合鹽味叉燒肉。

地址●東京都渋谷区神泉町20-23
電話●03-3780-4450
營業時間●11時～隔天3時（湯頭用畢即打烊）
例休日●年尾年初

東京・神泉

麺の坊 砦

分三階段混合豬骨高湯 製作出圓潤的美味

『麺の坊　砦』這家拉麵店，提供充分展現豬肉鮮味，深受大眾喜愛如乳脂般的濃郁豬骨高湯，以及待客週到與完善的店面，贏得廣大女性及高齡顧客的歡迎。該店一直以成為當地拉麵招牌店為努力目標，在當地顧客和遠道而來的客人熱情支持下，平時每天約有400人，假日則高達500人之多。

該店老闆中坪正勝先生，曾在全國連銷的著名豬骨拉麵店『博多一風堂』工作，該店在新橫濱拉麵博物館開分店時，他是擔任那家店的店長。擁有這種經歷的中坪先生，在2001年於東京神泉開設『麺の坊　砦』時，並沒有打出「博多拉麵」的名號，而是推出屬於自己的豬骨拉麵。

該店只用豬頭骨熬煮高湯，熬出的湯頭完全沒有豬骨拉麵中特有的豬腥味，只保留濃郁的鮮味。那是經過20個小時長時間熬煮，分別煮出三道高湯，然後再將其混合成營業用湯。

該店的招牌拉麵是700日圓的「砦拉麵」，除了有數種配菜外，也可以加麵，麵條是使用富口感的28號細麵及18號粗麵兩種。包入一口大小豐潤多汁的手剁豬肉餡的「餃子」，一碗賣500日圓，添加明太子醬的「砦握壽司」則為200日圓等，菜單上的其他各式料理也十分受歡迎。

該店一直營業到淩晨3點，為服務深夜的許多顧客，店內也備有各式酒品。

中坪先生希望自己的店，能吸引各年齡層的顧客，因此在占地25坪，有23個座位店內，特別考慮到帶孩子的婦女及年長的顧客，因此備有兒童餐具和座椅等，以方便帶孩子來店的客人。

海苔和滷蛋
850日圓
這是完全無肉腥味，湯頭如乳脂般濃郁的豬骨拉麵。組合海苔和雞蛋的配菜更具分量，一份麵團重100g，有細麵和粗麵可供選擇。

叉燒肉

材料

豬肩裡脊肉、醬油、味醂、日本酒、生薑、大蒜、海帶高湯

1 將生的豬肩裡脊肉浸泡在60℃的熱水中，去除血水，等表面浮出白色浮沫雜質即可。

2 接著將豬肩裡脊肉和醬料放入桶鍋中，倒入醬料。醬料每次都要用新的醬油熬製，才能發揮醬油風味。

3 放入內蓋後要壓上重物，才能讓肉均勻入味，然後浸泡約2天再以小火熬煮。

4 熬煮到入口即化的軟爛程度後，待稍微變涼，再放入1℃的冷藏庫冷藏，讓肉質收縮，產生柔嫩且富彈性的雙重口感。

滷蛋

材料

蛋、醬油、味醂、酒、叉燒醬

1 將冷藏的蛋退冰回到常溫，為避免沸水煮蛋時膨脹破裂，先用圖釘在蛋殼上刺一個洞。

2 將沸水煮到半熟的蛋取出，立刻浸到冰水中，讓它急速冷卻，就能輕鬆剝下蛋殼。

3 將白煮蛋浸泡在製作叉燒肉的醬汁中，以餐巾紙覆蓋以免顏色不均。

4 為避免蛋白變硬，放在醬汁中慢慢醃漬5個小時，讓蛋入味且上色。

湯頭

充分散發豬肉鮮味卻沒有肉腥味的湯頭

該店的豬骨拉麵的特色是，鮮味十足卻沒有豬骨特有的肉腥味，而且湯頭口感如乳脂般濃郁圓潤。由於很多人都無法接受豬骨拉麵有一股很濃的肉腥味，於是該店決定製作保留豬骨風味，卻沒有腥味，適合大多數口味的湯頭。

該店的高湯需連續熬煮20小時以上，熬煮過程中，會取三個不同時段的湯頭調配成最後營業用的高湯，這種作法能充分活用每個階段湯頭的美味，而且能隨時調整三種湯頭，以也能使湯頭味道保持穩定。

這三種高湯從熬煮時間最短開始到逐漸增加，分成第一道、第二道和第三道湯，為了讓這三道湯能在同時間使用，該店用了3個桶鍋，分別熬煮不同時段的高湯。

熬煮高湯的材料中，該店只用豬頭骨的上顎部位，這個部位熬出的高湯最濃郁。豬大腿骨和身上的骨頭3～4小時就能熬出高湯，但味道較為單調。

豬頭骨要熬出高湯雖花時間，可是能取得濃郁湯頭。不過它容易產生肉腥味，是較難處理的部位。而且，豬隻的年齡和產地等都會影響湯頭的品質，該店都是特別訂購。

基本上他們是使用品質穩定、容易購得的千葉縣產與神奈川厚木產的4～5個月大豬隻的頭骨。

千葉產的豬骨較大、較硬，需多花點時間慢慢熬煮，而厚木產的能較快煮出高湯，所以兩者要分開熬製。夏季時豬隻品質不佳，他們會換地方改購。

每一個桶鍋都同樣以下列方式熬

湯頭

材料

水、豬頭骨

材料只用了容易熬出高湯的豬頭骨上顎部位。在桶鍋中加入100L的水和40kg的頭骨。

開火熬煮1個半小時，撈除表面的浮沫雜質，再將熱水倒掉。仔細洗掉骨頭表面殘餘的雜質，再用熱水熬煮。

煮的過程中仔細撈除浮沫，直到棕色雜質變成白色為止，約1個半小時後才不會有浮沫。

以大火持續熬煮，浮沫雜質撈除乾淨後，至少持續熬煮6小時，才完成「第一道高湯」。桶鍋中剩少量高湯，其餘過濾出來。

圖中是過濾好的第一道高湯。這時湯頭尚未完全乳化，留有腥澀味。

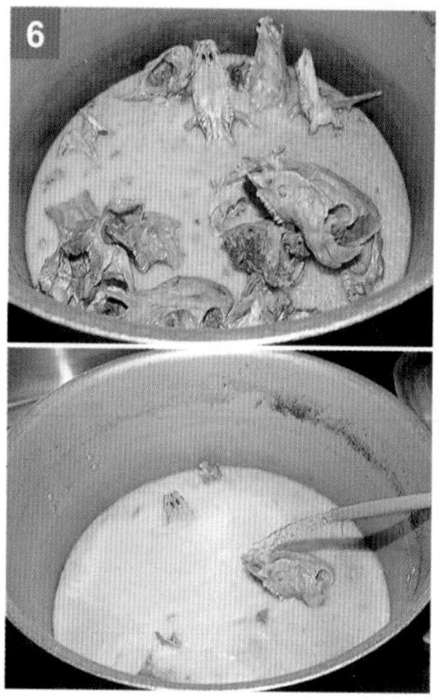

將第一道高湯倒出，骨頭留下，這時的骨頭還保持堅硬的原狀，接著將水加到70L，繼續熬煮第二道高湯。

煮高湯。首先，以沸水汆燙豬頭骨，讓雜質浮出。撈除大量棕色浮沫雜質後，湯也倒掉，洗淨附著在骨頭上的雜質。

將骨頭和熱水一起倒入桶鍋，繼續熬煮。

若還有殘留浮沫雜質就會有肉腥味，所以要用木棒從鍋底大幅攪拌，持續熬煮1個半小時，以完全去除浮沫雜質。然後加蓋，以大火繼續熬煮，不時用木棒敲碎骨頭，一面調整湯頭濃度，一面使湯頭乳化。

白色浮沫和油脂能產生鮮味，所以不要撈除。從撈除浮沫開始熬煮6個多小時後，第一道高湯就完成了，桶鍋只留下少量湯汁，其餘以網篩過濾出來。第一道湯已乳化有甜味，但卻有不成熟的腥澀味。

這時桶鍋的骨頭中，再加足約70L的水，繼續熬煮。4個小時後就煮出第二道高湯，以網篩過濾後，再加水熬煮，最後完成具有濃度的第三道高湯。第三道高湯過濾後，骨頭中的美味已耗盡便可捨棄。

將熬煮出的三道高湯混合後，就成為該店營業用湯頭。這樣的高湯不但香濃鮮美，也含有豐富的膠原蛋白和鈣質。

以上就是熬製高湯的基本步驟，不過即使用相同分量的豬頭骨和水，以相同方式熬製，高湯也會因材料品質和季節等各因素，品質上產生變化。

因此為了熬出相同味道的湯頭，必須一面調整各因素，一面熬煮。除了改變熬煮的時間外，也需視高湯濃度，中途和其他階段的湯汁混合。

經常視情況調整，是熬煮豬骨最難的地方。

中坪先生判斷湯頭是否已完成，會先舀一瓢湯檢視湯汁的黏稠性，然後看倒出的情況檢查濃度，接著親口品嚐，以確認味道與香味。

最後湯頭中還會混入充滿醬油香味的鹽味醬汁。

另外，拉麵配菜叉燒肉，該店雖然不是用知名豬肉，不過也是用特定產地、新鮮優良的肉品製作。

肩裡脊肉以微火燉煮2天，去除多餘脂肪後，就完成口感柔軟的叉燒了。

鹽味醬汁

材料

濃味醬油2種、淡味醬油、溜醬油、日本酒、味醂、大蒜、生薑、岩鹽、蒙古產岩鹽

混合所有材料熬煮4小時後，放置2天讓鹽份均勻混合，味道變得更圓潤後再使用。

7

圖中是水量加足後的湯頭狀態。熬煮過程中，視湯汁的狀態，用木棒敲碎骨頭來調整高湯的濃度。

8

加水後至少熬煮4小時，過濾後就是第二道高湯。

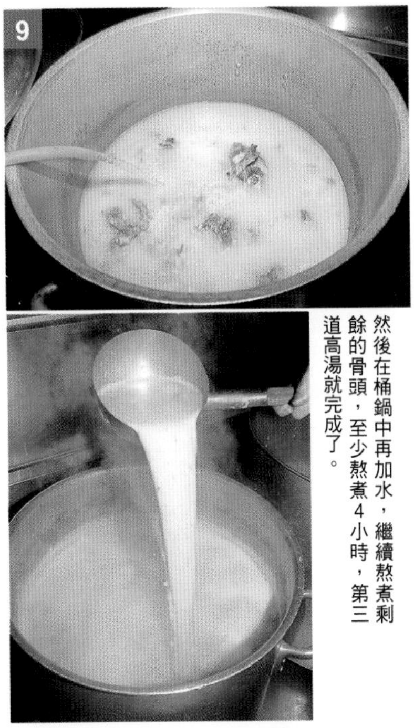
9

然後在桶鍋中再加水，繼續熬煮剩餘的骨頭，至少熬煮4小時，第三道高湯就完成了。

10

圖中是熬煮約20小時，已濾出第三道高湯後剩下的骨頭。這時用手一拿骨頭就會碎掉，因為鮮味已完全熬出，所以可捨棄不再使用。

11

將第一、第二和第三道高湯混合，就能調製出營業用高湯（第四道）了。為維持高湯穩定的品質，會視熬煮狀況做各種調整。

使用桶裝瓦斯

熬煮高湯時要使用3萬kcal的瓦斯長時間持續熬煮，所以該店使用火力大、價格便宜的桶裝瓦斯。一天就要更換一半的瓦斯桶。

以三個桶鍋熬製營業用湯頭

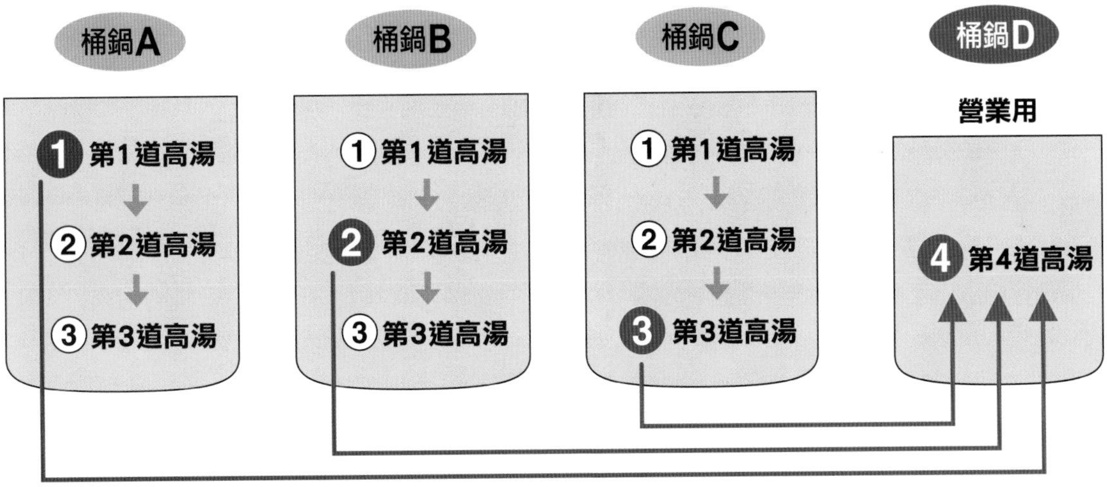
桶鍋A
1 第1道高湯
2 第2道高湯
3 第3道高湯
桶鍋B
1 第1道高湯
2 第2道高湯
3 第3道高湯
桶鍋C
1 第1道高湯
2 第2道高湯
3 第3道高湯
桶鍋D
營業用
4 第4道高湯

該店用A、B、C三個桶鍋，使用等量的材料，以相同的方式熬煮高湯。依熬煮時間的長短，濾取三個階段的高湯，分別稱為第一道、第二道和第三道高湯，混合這三種高湯即是第四道營業用高湯。不同階段的三種高湯差不多要在同時間完成，所以三個桶鍋需錯開熬煮的時間持續熬煮。

地址●東京都文京区本郷5-25-17
電話●03-3815-2710
營業時間●11時～23時30分最後點單
全年無休

東京・本鄉三丁目

初代けいすけ

用竹炭展現圓潤風味 風格獨具的「黑色」味噌拉麵

黑味噌拉麵
680日圓

味噌拉麵中香濃的湯頭和有嚼勁的麵條彼此交融，讓顧客留下深刻的印象。黑色的湯頭、白色的蔥加上紅色的容器，視覺上也給人極大的享受。

『初代けいすけ』的黑色湯頭味噌拉麵的新構想，為味噌拉麵界帶來一股新氣象。看板菜單中的「黑味噌拉麵」，是店主竹田敬介先生以「本店才有的美味」為目標，特別研發的口味。

「黑味噌拉麵」中使用混入竹炭，風味圓潤的味噌調味醬，呈現出令人震撼濃郁美味。

味噌調味醬放入鍋中炒過後和湯頭混合，散發無比的香味，另外配菜有鹽味叉燒肉、鮮味白煮蛋，以及用來提味的鮮奶油等，都是與味噌拉麵對味的食材。在視覺配色上，該店也頗為講究，紅、黑兩色搭配，成為該店上的一大特色。

竹田先生開設拉麵店前，在法國料理界工作12年，日本料理界7年，擁有極豐富的經驗。2004年時，他開設以炭烤料理為主的日式居酒屋，透過這家店他獲得有關炭的知識，因而開發出「黑味噌拉麵」。

2005年6月，他經過詳細考慮，決定在東京本鄉三丁目的東大紅門前，開設『初代けいすけ』。現在，該店每天都會吸引以學生為主大約200多名的顧客。

竹田先生以研發與眾不同的口味為目標，陸續開設多家口味創新的拉麵專賣店。

2006年7月時，在東京高田馬場，開設『二代目 海老そば けいすけ』，推出使用散發甜蝦香味湯頭的「蝦拉麵」。

2006年10月時，在東京立川的拉麵廣場中，開設『三代目 けいすけ』，推出番茄口味的「紅香油」拉麵。

味噌調味醬

加入竹炭使味噌醬味道更圓潤濃郁

　正如「黑味噌拉麵」這個名稱，『初代けいすけ』拉麵的黑色湯頭，留給人極深刻的印象，它黑色的秘密就在於味噌調味醬之中，加入竹炭粉。

　竹炭是中醫也使用的食材，因為竹田先生經營的日本料理店也使用，因此他想到要將它應用到拉麵中。

　據他表示混入竹炭的味噌調味醬，熟成後能消除刺激的味道，風味變得更圓潤。

　而且該店的「黑味噌拉麵」不僅外表獨特，味道也與眾不同。竹田先生認為拉麵的第一口，是讓人感覺它是否美味的關鍵。

　他希望自己製作的濃郁味噌拉麵，能讓客人在吃第一口的瞬間，就被它的美味強烈震撼，而且直到喝下最後一口湯還意猶未盡。

　這種想法促使他研發出拉麵味道的重要元素，也就是風味濃厚的味噌調味醬。

　該店味噌使用了仙台味噌、信州味噌、西京味噌、八丁味噌、甜麵醬、豆瓣醬和紅醬等七種醬料。

　據竹田先生表示，他為追求味噌調味醬的理想風味，一直增加必要風味

完成拉麵湯頭

材料

豬油、大蒜、豬絞肉、洋蔥、生薑、味噌醬料、脂眼鯡燻魚乾、高湯

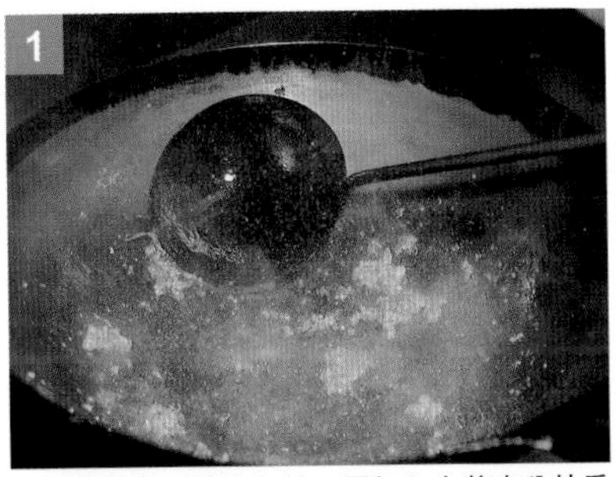

1 在炒鍋中放入豬油加熱，再加入大蒜充分炒香後，加入豬絞肉拌炒。

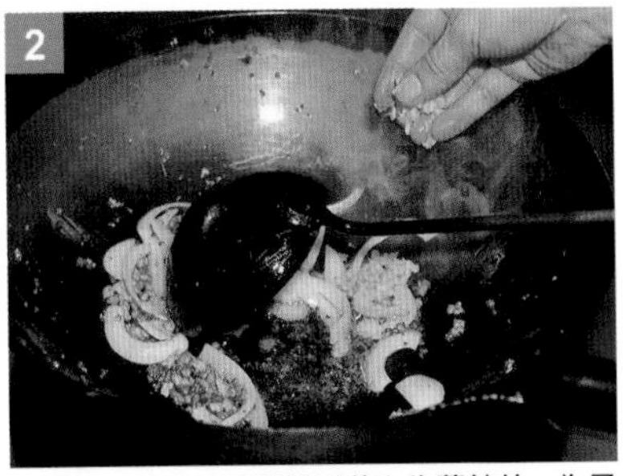

2 依序加入切成月牙形的洋蔥和生薑拌炒，為了保留生薑味，在這個階段才加入。

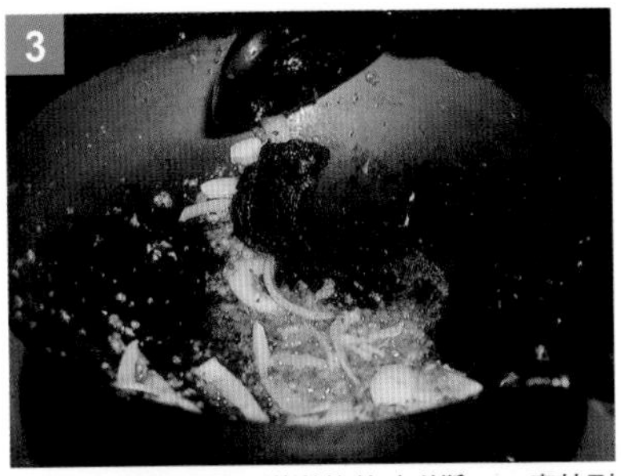

3 加入1人份約一個冰淇淋杓的味噌醬，一直炒到散發香味為止。

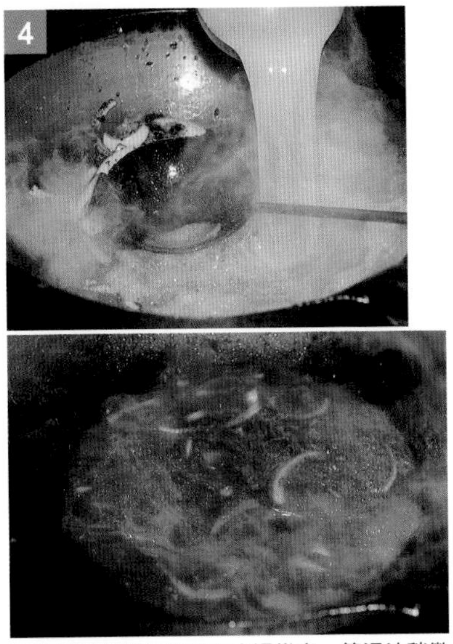

4 加入脂眼鯡燻魚乾粉和高湯燉煮，等湯汁稍微煮開就完成了。充分散發味噌調味醬的風味，味道濃郁也很適合下飯。

味噌調味醬

材料

仙台味噌、信州味噌、西京味噌、八丁味噌、甜麵醬、豆瓣醬、紅醬、黑芝麻、醬油、酒、麻油、竹炭等

1 在味噌調味醬中加入食用竹炭粉，這樣能使「黑味噌拉麵」湯頭呈現黑色。調味醬共使用七種味噌。

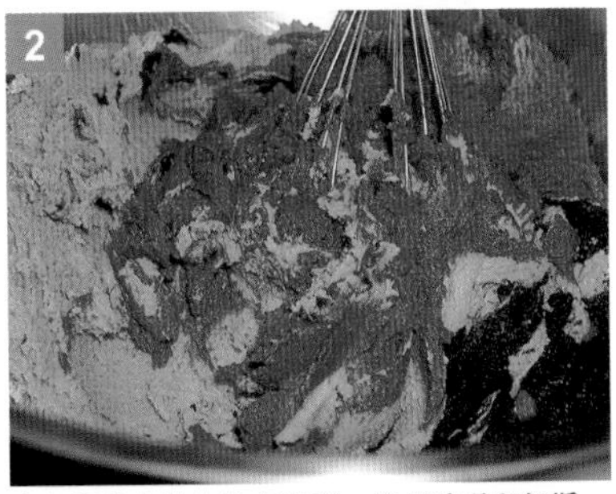

2 先在鋼盆中放入仙台味噌、信州味噌和紅醬，充分混合。

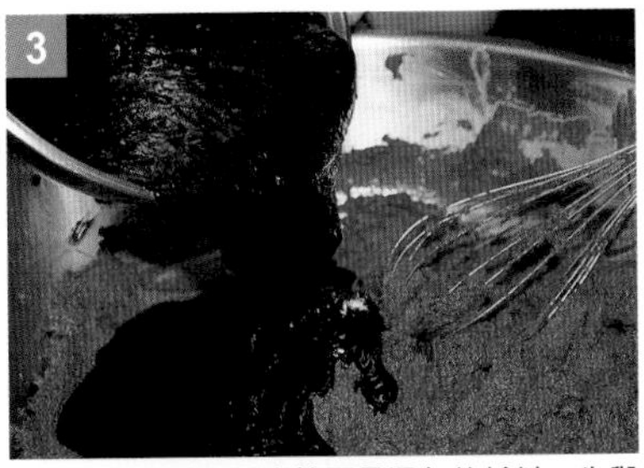

3 其他八丁味噌和竹炭等不易混勻的材料，先與調味料混合，再加入2中混拌。

4 將材料充分混拌均勻，靜置2週後再使用。透過竹炭的作用，味噌的口感會變得圓潤。

的醬料，結果累加至現在的數量。

在這些味噌中加入醬油、麻油等調味料和竹炭粉，充分混拌直到變得細滑均勻，再經兩週的時間讓它熟成，味噌調味醬才大功告成。每次製作的分量大約重15kg，約一至兩天就需製作一次。

湯頭

加入濃郁味噌調味醬 鮮味十足的湯頭

關於高湯的熬製方式，竹田先生認為最好是儘量簡單，但又不會影響湯頭的味道。

因此該店是用經過嚴選的豬大腿骨、雞骨和幾種蔬菜等，所熬製出充分乳化的高湯。為了能和味噌醬的濃郁美味相互襯托，高湯也非常濃厚鮮美。

高湯的作法是先將豬大腿骨和雞骨以沸水汆燙，除去多餘脂肪和浮沫雜質。豬大腿骨需敲成兩半，以方便熬出高湯。

汆燙過的骨頭以鬃刷刷除表面雜質後，再放入裝水的桶鍋中。

由於豬大腿骨需要時間才能熬出高湯，所以事先需經過汆燙處理才能開始熬煮。

先用大火煮至沸騰，仔細撈除浮現的浮沫雜質。

之後若還有浮沫雜質也要繼續撈除，不過最重要的是一開始就要仔細撈除。

湯頭

材料

豬大腿骨、雞骨、叉燒用豬肩裡脊肉、青蔥、胡蘿蔔、生香菇、生薑、大蒜、羅臼海帶、熱水

1

將切對半的豬大腿骨和雞骨分別以沸水汆燙，用鬃刷充分刷淨骨頭表面的雜質。

2

在沸水中放入1的豬大腿骨和雞骨。作法是將步驟1處理好的骨頭，依序放入桶鍋中，先放較慢出高湯的豬大腿骨，再放雞骨。

3

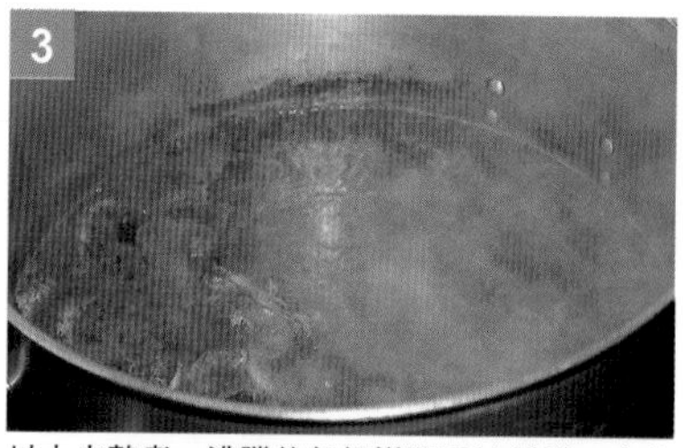

以大火熬煮，沸騰後仔細撈除浮沫雜質，之後只要有浮沫雜質就撈除。

4

加入胡蘿蔔、生薑、大蒜、香菇、青蔥和羅臼海帶，再加入叉燒用肩裡脊肉，約1小時後將肉撈起。火候保持稍強的中火，熬煮到最後。

5

過程中以木棒從鍋底大幅度翻攪，以免骨頭焦底。

6

只要水量減少到一定程度就補足水量，以避免湯汁煮乾。

7

熬煮11小時就完成了，以網篩將材料過濾出來，再煮沸一次後就是營業用的湯頭了。

接著將切塊胡蘿蔔、生薑等蔬菜，以及生香菇和羅臼海帶加入桶鍋中，以湯汁表面會咕嘟咕嘟沸騰的稍強中火熬煮11個小時。

這時也加入叉燒用肩裡脊肉，趁尚未熟透前撈起。

熬煮時加蓋，為了不讓骨頭焦鍋並促進乳化，每隔20～30分鐘就用木棒攪拌一下。

一面補足水量，一面持續熬煮，完成後用網篩過濾出高湯。

為顧及衛生，營業前一定要再煮開一次才使用。

熬製出的濃郁高湯，和濃厚的味噌調味醬搭配相得益彰，但為了不讓豬骨腥味破壞味噌醬的香味，豬骨的分量需少一些。

配菜

配合味噌味的湯頭 配菜也製成鹽味

作為配菜的叉燒肉和鮮味白煮蛋，兩者也都製成鹽味。

因為醬油味配菜，會破壞味噌的味道，而且和該店的湯頭也不搭調。該店希望用豬肩裡脊肉製作的叉燒肉，能讓客人充分享受到肉的口感，所以肉不經長時間燉煮，而是用餘熱將它燜熟。

作法是將裡脊肉放入熬煮高湯的桶鍋中約1個小時，在肉裡面還是粉紅色時撈出。

這時趁肉還有餘溫，在表面塗滿蒙古產岩鹽，讓它滲入肉中。之後擦去多餘的鹽，用保鮮膜將肉緊密地包裹起來，置於常溫中約1個小時。該店表示以餘溫慢慢地使它熟透，肉質就會柔潤豐嫩，而不會乾澀。

鮮味白煮蛋的作法是，先以沸水將雞蛋煮至半熟，再放入鹽味醬汁中醃漬，醬汁調製成和濃郁味噌差不多的鹹度。

為了讓放在熱騰騰湯頭上的蛋更能散發美味，要先放入冰箱冷藏備用。

完成拉麵

費心變化風味 直到最後一口都美味

在鍋裡加入味噌調味醬和高湯，讓它充分混合即完成拉麵湯頭。作法是用豬油炒香大蒜，再依序加入豬絞肉和洋蔥炒拌，接著加入要保留風味的生薑略炒一下後，加入味噌調味醬炒至散發出香味。最後加入脂眼鯡燻魚乾粉和高湯，等湯汁一煮開就完成了。

該店使用的麵條是向大成食品訂購，屬於水分較多的中粗捲麵。它不但非常有嚼勁，粗糙的表面讓它和湯頭完美交融在一起。

除了叉燒肉外，麵上還放上長蔥、青蔥和辣椒絲，並撒上四川花椒、鮮奶油和蔥油。

與味噌十分對味的鮮奶油，更突顯拉麵的美味，而四川花椒和辣椒絲成為味道上的一大特色。濃郁的調味是該店拉麵讓顧客直到最後一口都美味的訣竅。

叉燒肉

材料

豬肩裡脊肉、蒙古產岩鹽

1

將裡脊肉放入高湯的桶鍋中，熬煮約1小時，趁肉尚未熟透，裡面還呈粉紅色時就取出。

2

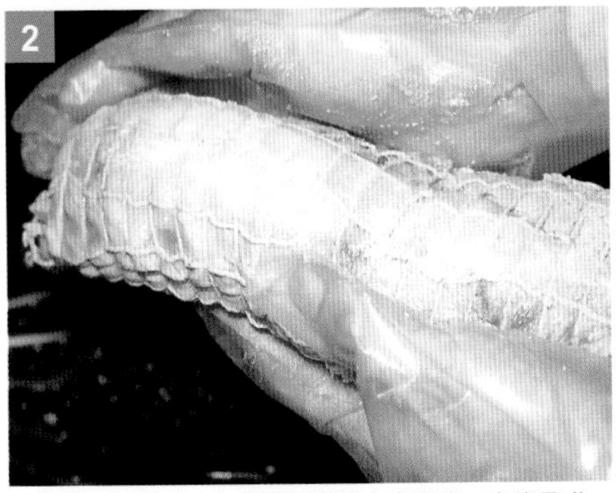

趁肉還有餘溫時，在表面塗滿蒙古產岩鹽，岩鹽是唯一的調味。

3

用保鮮膜將肉緊密包裹，置於常溫中，讓餘溫一面慢慢地讓肉熟透，一面讓它更入味。

鮮味白煮蛋

白色的白煮蛋放在黑色的湯頭上分外顯眼，白煮蛋要先放入冰箱充分冰過後再使用。

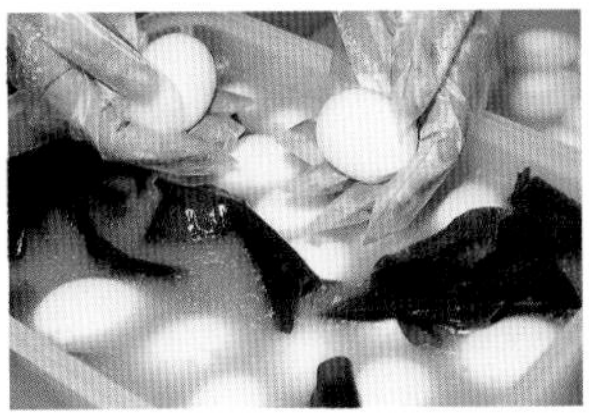

在熱的高湯中放入岩鹽、羅臼海帶和脂眼鯡燻魚乾粉，再放入用沸水煮得半熟的白煮蛋醃漬。

地址●東京都新宿区高田馬場4-2-31
電話●03-3366-0631
營業時間●11時～19時（湯頭用畢即打烊）
全年無休

東京・高田馬場

俺の空

追求濃厚豬骨高湯和香油形成的絕妙層次

豬骨拉麵　800日圓

除了軟爛的叉燒肉、青蔥和海苔等配菜外，加入生洋蔥也是一大特色。另外還可加點滷蛋。

在東京都內的眾多拉麵店中，位於高田馬場的『俺の空』，極受年輕人的歡迎。2002年除夕時，在電視節目中贏得拉麵比賽第一名，因而人氣爆增。

自此之後，每天都大排長龍，維持旺盛的人氣不墜。白天店前常可見數十人的隊伍在等候，有12個位子的店內經常都客滿。該店每天賣出300碗，湯頭用完即打烊的情形屢見不鮮。

該店的拉麵是兼具柴魚風味的濃郁豬骨拉麵。

儘管同為豬骨拉麵，但他們和博多拉麵、和歌山拉麵或家系拉麵都不同，推出屬於自己的獨家風味，獲得許多愛麵族的熱烈支持。

鮮味十足的豬肉湯頭上，浮著一層厚厚的香油，再加上以豬五花肉製作，燉煮得十分軟爛的叉燒肉，三重美味集於一碗，是該店拉麵的最大特色。

店主嶋本先生所追求的是「美味湯頭和香油形成的絕妙層次」。

這種風味獨特濃郁，應該稱為「香味醬汁」的香油，能使如乳脂般香濃的豬骨高湯和直麵條散發更誘人的風味。這種香油是取自豬骨湯中的鮮味成分，最重要是鮮度，因此每天都要花時間製作。

此外，從碎裂的大塊叉燒肉間滲出的肉汁和醬汁，能使拉麵增添恰到好處的鮮味和鹹味。而燉得軟爛、入口即化的叉燒肉也魅力無窮。

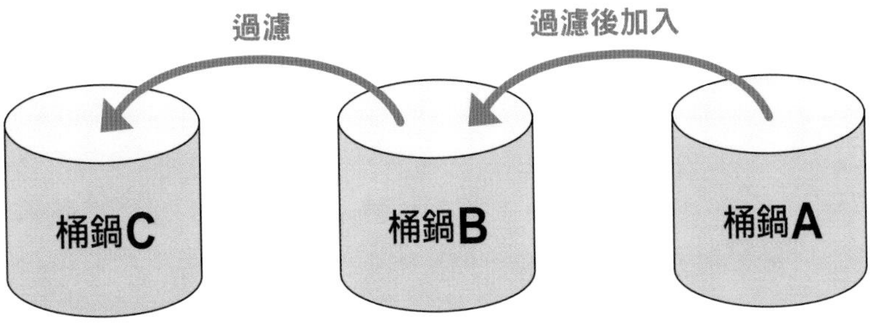

材料

豬軟骨、豬五花肉、乾香菇、豬大腿骨、背骨、豬腳、肋骨、背脂、宗田鰹魚乾、海帶、水

桶鍋A

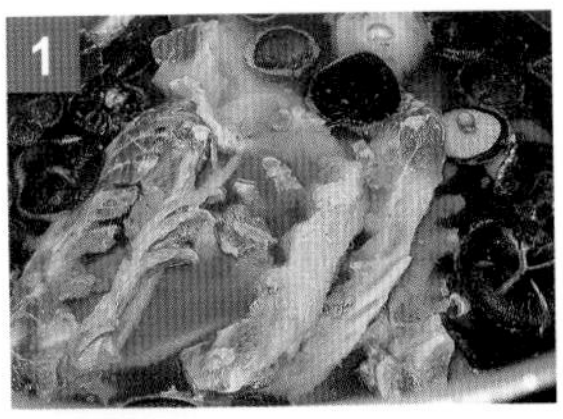

在直徑60cm的桶鍋中放入豬軟骨12kg、豬五花肉31kg和乾香菇480g一起熬煮。

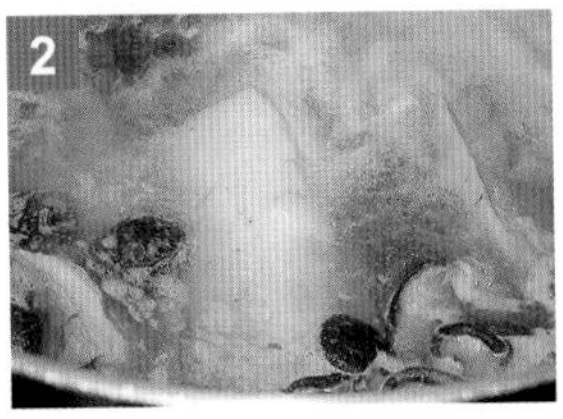

熬煮約3小時後取出豬五花肉，趁熱放入叉燒用醬汁中醃漬。

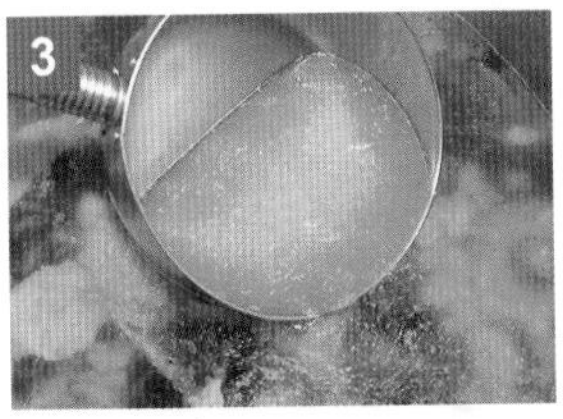

取出五花肉後繼續熬煮1～2小時，熬煮出有鮮味的高湯。

共計熬煮4～5小時後，將高湯過濾。過濾前將浮在表面的清澄油脂撈起，等製作香油時使用。

桶鍋B

在直徑60cm的桶鍋B中，放入豬大腿骨、背骨、豬腳和背脂熬煮。材料用水沖洗，充分去除血水後，加水熬煮。因為是精選自宮崎與鹿兒島產的豬骨，所以即使不以沸水汆燙，也不會有肉腥味。

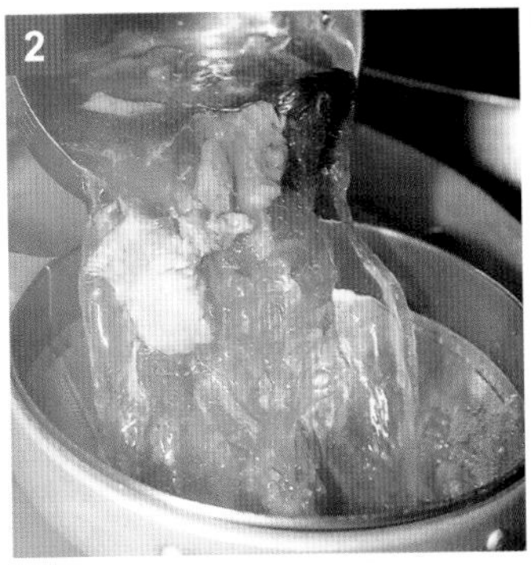

一面撈除浮沫雜質，一面熬煮4～5小時，然後加入從桶鍋A中濾出的高湯。

繼續熬煮2～3小時。熄火前1小時，加入宗田鰹魚乾和海帶。

桶鍋C

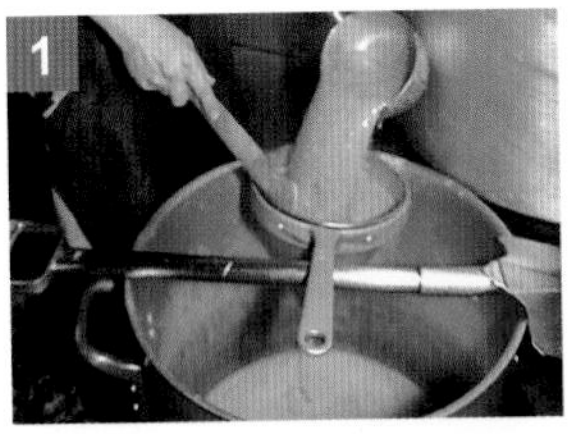

若桶鍋B已熬煮6～7小時，就將高湯過濾到桶鍋C。等微涼後冷藏，隔天就完成了。

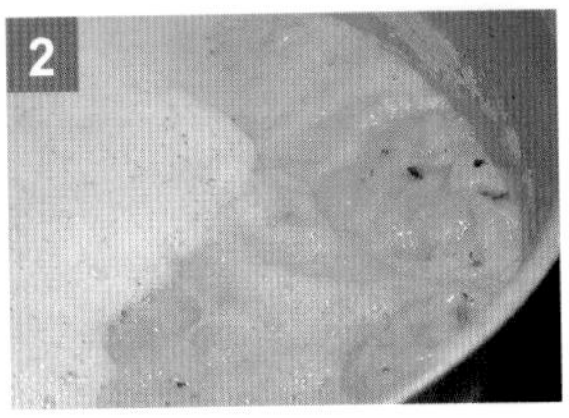

將冷藏的桶鍋C加熱，煮沸後加入宗田鰹魚乾，約煮30分～1小時。

過濾前撈集浮在表面的「乳脂」，這是製作香油的材料，煮出「乳脂」非常重要。

用細孔圓錐濾網過濾，湯頭就完成了。將剩下的宗田鰹魚乾瀝乾、壓碎，可作為香油的材料。

湯頭

使用3個桶鍋精心熬製的豬骨湯頭

該店的湯頭使用3個桶鍋熬煮。

首先，在一個桶鍋（A）中放入豬軟骨、豬五花肉和乾香菇熬煮。

軟骨能使湯頭產生黏性和透明感，豬五花肉是製作叉燒用，熬煮3小時即可取出，然後趁熱放入叉燒醬汁中醃漬。取出五花肉後要繼續熬煮1～2小時。

在另一個桶鍋（B）放入豬大腿骨、背骨、豬腳、肋骨和背脂，熬煮約4～5個小時，途中要仔細撈除浮沫雜質。

然後，將桶鍋（A）濾出的高湯混入桶鍋（B）中。桶鍋（A）過濾前，要先撈起浮在表面的清澄油脂，這是製作香油的材料之一。

將桶鍋（B）和桶鍋（A）的高湯混合後，熬煮2～3小時，在熄火前1小時，加入宗田鰹魚乾和海帶。之後將高湯過濾至桶鍋（C），等稍微涼後放入冰箱冷藏。

當天中午營業用的高湯，是前一天早上所製作的。

當天要用的高湯作法是，從冷藏庫取出桶鍋（C）後，加熱至沸騰，再加入宗田鰹魚乾，熬煮約30分鐘～1小時，以細孔圓錐濾網過濾即完成。

過濾前要撈集浮在表面的清澄油脂，這是製作香油的重要材料。

叉燒肉

材料

豬五花肉、醬油、切碎的蔬菜、味醂、鹽、蜂蜜、長蔥、生薑、大蒜、鷹爪辣椒

熬煮高湯用的豬五花肉，大約熬煮3小時就要取出。

將1的五花肉，趁熱加入以醬油為底，加入切碎蔬菜等熬煮的醬汁中醃漬一晚。

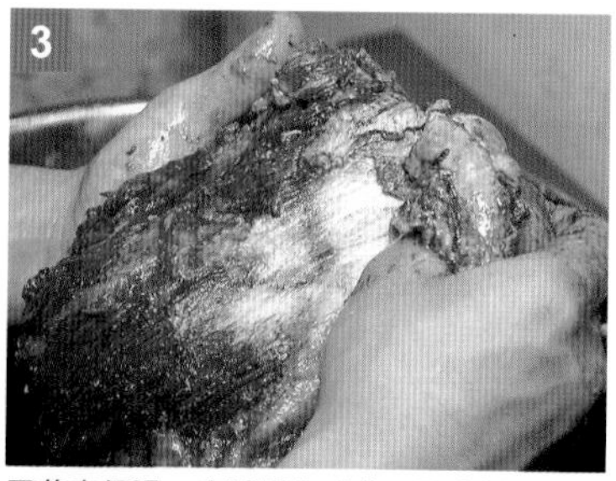

五花肉經過一夜醃漬入味後，取出剝除表面的肥肉部分。

將肉切大塊，再混合五花肉兩端的碎肉，一起盛入麵中。

香油

材料

桶鍋A的清澄油脂、桶鍋C剩下的宗田鰹魚乾、桶鍋C的清澄「乳脂」、大蒜、生薑、鷹爪辣椒、青蔥根部

桶鍋A的清澄油脂，和桶鍋C剩下的宗田鰹魚乾、大蒜、生薑、鷹爪辣椒、青蔥根部等，開火熬煮後再過濾。

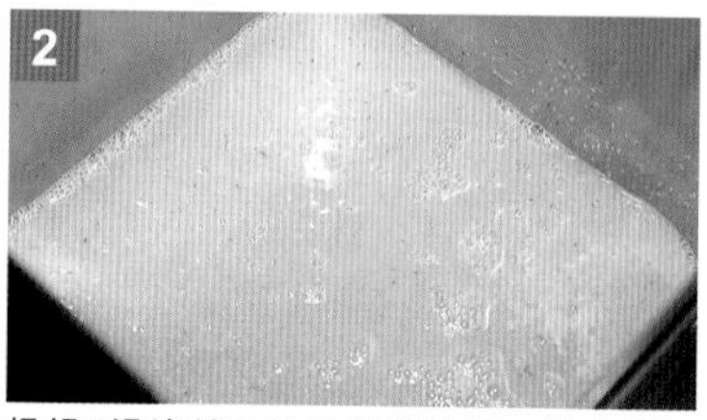

桶鍋C過濾前收集的清澄油脂，該店稱為「乳脂」，也要運用在香油中。

將1和2以1：1的比例混合，香油就完成了。一碗拉麵大約加入30ml的香油。

嶋本先生稱這種清澄油脂為「乳脂」，他為了獲得不會解離又濃稠的乳脂狀油脂，經過多次失敗不斷試驗才成功。

此外，用網篩過濾出的宗田鰹魚乾，也是要用來製作香油的材料。

香油
調製濃郁的香油 使湯頭更美味

「俺の空」的拉麵調味醬油內容很簡單，只是混合醬油、清酒、鹽和味醂。

而香油和叉燒肉，則具有讓拉麵呈現鮮味的重要作用。在一碗拉麵中，大約是加入30ml的香油。

香油的作法是，先將燉煮五花肉時撈起的清澄油脂加熱，再加入青蔥的根部、大蒜、生薑、鷹爪辣椒，以及最後用網篩過濾出的碎宗田鰹魚乾，一起慢慢熬煮讓香味釋入油中，之後再用網篩過濾。

然後和桶鍋（C）裡撈起的清澄「乳脂」，以1：1的比例混合完成了。

香油的鮮度十分重要，所以要每天製作。

叉燒肉
在醬汁中醃漬一晚 大塊碎裂更添美味

醃漬叉燒肉的醬汁是以醬油為底，再加入鹽、味醂、蜂蜜、蘋果、長蔥、生薑、大蒜和攪碎的蔬菜熬煮而成。

醬汁量每天都會補足，將熬煮高湯用的豬五花肉撈出後，趁著還有餘溫就放入醬汁中醃漬。

在醬汁中醃漬一晚的五花肉，醬汁已充分滲入，且變得很容易碎散。

嶋本先生會先剝除肉塊表面的肥肉，再將肉切大塊，和兩端散落的肉塊混合後一起盛裝，不會只裝碎肉。

地址●東京都世田谷区野沢2-1-2
電話●03-3418-6938
營業時間●〔しお専門 ひるがお〕11時～14時
〔らーめん せたが屋〕18時～隔天3時
例休日●每週二

東京・駒澤大學

しお専門 ひるがお／らーめん せたが屋

充分運用海鮮風味 推出鹽味和醬油味拉麵

雖然是同一家店面，但營業時間卻分成白天和晚上兩個時段，所提供的拉麵味道也截然不同，這樣的拉麵店在日本近年來有增加的趨勢，「せたが屋」就是引領這股潮流的先驅者。

該店店主前島司先生，2000年時以「せたが屋」為店名，推出招牌醬油拉麵。2002年時，又在同一家店面，僅白天的時間以「ひるがお」為店名，推出招牌鹽味拉麵。

該店的鹽味拉麵，是前島先生自「せたが屋」開幕以來，經過不斷研發改良所完成的口味。不過，因為醬油味和鹽味兩者的湯頭、香油和配菜都不同，考慮到採購和準備等事宜，他覺得並不適合一整天同時提供兩者。於是他決定將兩種拉麵分開在不同的時間販售，讓顧客能吃到兩種美味。

不論是「ひるがお」或「せたが屋」的拉麵，特色都是充分運用海鮮高湯的鮮味。材料中理所當然運用大量海鮮，另外湯頭的熬煮、加入獨特的海鮮香油和海鮮粉等，都是前島先生自學研發的，透過這些技法，他在有限的烹調時間內，烹調出風味濃郁、鮮味十足的湯頭。

該店自從開幕以來，一直不斷改良口味，因此贏得許多老顧客的支持與喜受。

目前在東京品川的拉麵主題樂園「品達」中，也開設了分店。未來還準備開設新店的前島先生，接下來想挑戰的地點是美國。他預計在2006年12月，於紐約中部開設新的拉麵店。

今後，前島先生仍將繼續開發屬於自己的新口味拉麵。

「ひるがお」的鹽味拉麵，在清澈透明的肉類高湯中，散發出小魚乾、海帶和各類魚乾的鮮美滋味。鹽是使用越南產的「慶和鹽」

鹽味拉麵 700日圓

拉麵 650圓

「せたが屋」的醬油拉麵，在散發濃濃海鮮味的湯頭中，也能享受到肉類高湯的美味。使用豬頰肉製作的柔嫩叉燒肉也深受好評。

混合

在肉類高湯的桶鍋中，將海帶高湯過濾加入。

接著將小魚乾高湯過濾到1的桶鍋混合，這時豬大腿骨仍放在桶鍋中。

將剔除細屑的干貝，和宗田鰹魚乾和小魚乾等用網篩放入桶鍋中浸泡，以增添風味。

再加入白菜，但1小時後取出。隔1小時後再加入柴魚片，這樣湯頭就能一直保有魚乾的風味。

小魚乾高湯

材料

小魚乾、水

小魚乾用熱水浸泡漲發，靜置1小時，不用冷水而用熱水是為了縮短時間。

將1用大火加熱，在快要煮開前轉小火，總共約加熱30分鐘，撈出小魚乾高湯就完成了。

海帶高湯

材料

利尻海帶、羅臼海帶、水

準備利尻海帶和羅臼海帶共250g，用水將海帶醃漬1小時30分鐘。

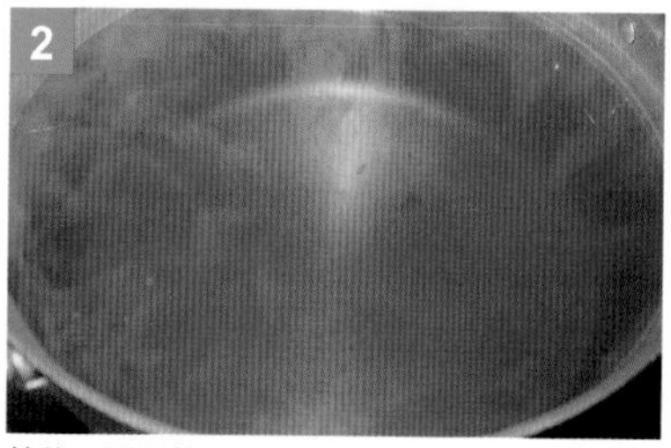

然後一面混拌，一面加熱，在湯汁快煮開前轉小火，約煮5分鐘，然後取出海帶。

肉類高湯

材料

豬大腿骨、雞骨、雞小骨、生薑、大蒜、水

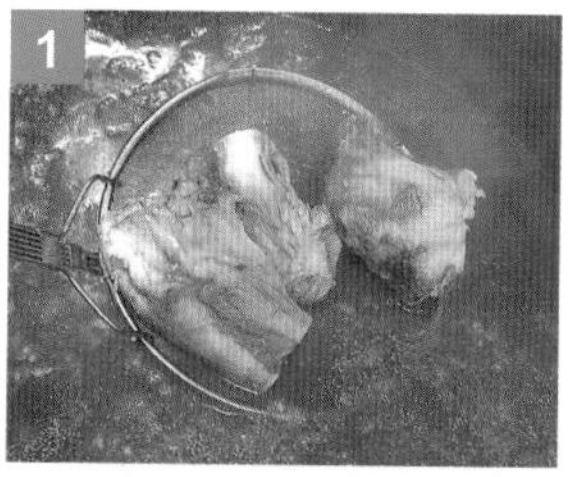

豬大腿骨（購買分切好的）以沸水汆燙後，用水洗淨去除污血，然後和水一起放入桶鍋中。

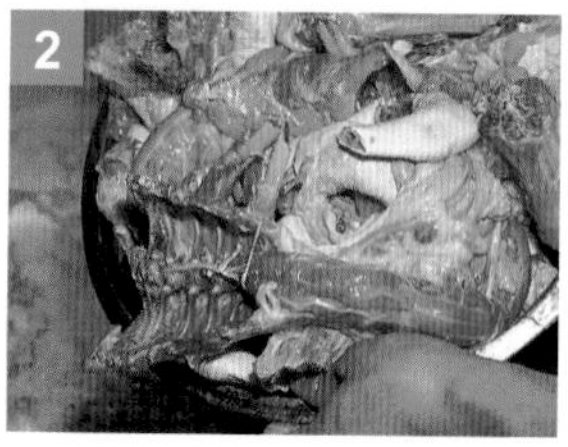

開火加熱，若出現浮沫雜質就撈除，再加入還黏附一些肉的雞骨、小骨、生薑和大蒜。

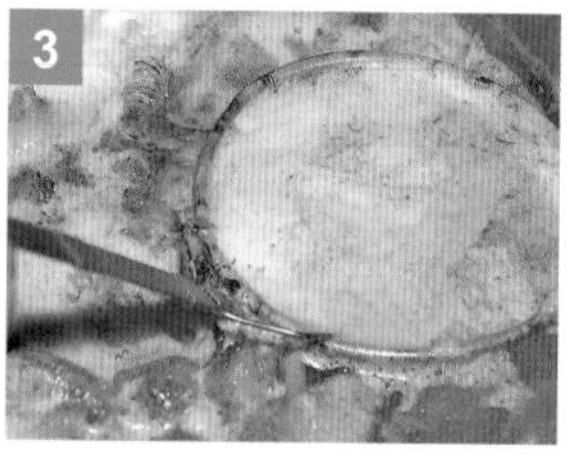

以大火加熱，直到煮開，撈除浮沫雜質，但細小浮沫含有鮮味，不要撈除。

這時可以嚐一下味道，若高湯已充分出味，火候就稍微轉小。

熬煮3小時後，只取出雞骨和小骨，豬大腿骨則保留在桶鍋中。

湯頭

以清徹透明的湯頭完成鹽味湯頭

鹽味拉麵專賣店「ひるがお」，當初研發高湯的的構想，是基於希望能讓顧客嚐到高湯原有的鮮味。

該店基本的湯頭，是用雞骨和雞小骨（雞爪和雞腿間的骨頭）20kg、豬大腿骨5kg混煮的肉類高湯，再加上小魚乾1.7kg熬煮的小魚乾高湯，以及兩種海帶250～300g煮成的海帶高湯，將這三種高湯混合而成。前島先生費盡心思，希望能在短時間內熬製出味道鮮美的湯頭，最後終於只花3個小時完成。

他表示熬製湯頭的第一項重點是，經過3個小時熬煮豬大腿骨和雞骨的肉類高湯，在完成時要儘量撈出雞骨，只留下豬大腿骨，接著再混入小魚乾高湯和海帶高湯，這樣就完成營業用湯頭了。

他留下豬大腿骨的原因是，利用它來吸收瓦斯的熱能，以避免高湯品質惡化。此外在此階段豬大腿骨只熬煮了3個小時，接著還能繼續熬出高湯。

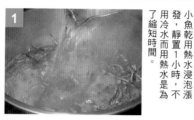

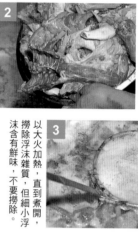

第二項重點是當三種湯混合後，在不同的時間依序放入干貝500g、宗田鰹魚乾和柴魚片1.5kg、小魚乾300～400g和白菜1／2個。

在11點開店營業前，完成加入宗田鰹魚乾、小魚乾、干貝和白菜的作業，這樣湯頭就大功告成了。

11點正式開始營業，過了12點就撈出白菜。

接著，在13時會加入柴魚。這種作法是考慮到，高湯完成後品質會開始惡化，為了讓它在下午14點營業結束前維持一定的風味，前島先生想出這樣的技巧。

運用這種方式，湯頭即使只花3小時完成，也能呈現濃郁的風味與鮮味，而且也成功的避免湯頭在營業時間內走味。

鹽味醬汁、香油

加入有海鮮味的醬汁和能提升風味與濃度的香油

鹽味醬汁的湯底是乾香菇和干貝熬煮的高湯。

鹽是使用越南產的慶和鹽，它的味道圓潤有甜味，為了呈現醬汁樸素的風味，該店試用了許多種鹽，最後才決定選用這種鹽。

高湯中還加入白醬油、粗砂糖和味醂一起加熱，完成後加入柴魚，以加強海鮮風味。

此外，「ひるがお」和「せたが屋」兩家店的拉麵，都有使用香油和海鮮粉，它們是提升風味的重要調味料，能使拉麵湯頭更濃郁、更具風味。

「ひるがお」的拉麵中使用的香油，還充分活用干貝。作法是先在山茶牌豬油（Camellia lard）中，加入干貝、大蒜、生薑和鷹爪辣椒，約油炸20～30分鐘，這樣作為香油的「干貝油」就完成了。

這時用過的干貝、鷹爪辣椒，都是製作海鮮粉的材料。

香油完成後，干貝並未炸焦，而是呈褐色，將炸得酥脆的干貝放涼，然後用果汁機攪打。

如果還有餘溫就攪打的話，干貝只會沿著纖維破裂。等完全冷卻後，才能攪打出細緻的粉末，完成風味十足的干貝粉。

配菜方面包括：點單後才以炭火烤香的叉燒肉，以及「せたが屋」使用在高湯中，經過仔細調味過的筍乾等。

鹽味醬汁

材料

乾香菇、干貝、水、粗砂糖、鹽、味醂、白醬油、柴魚粉、剩下的鹽味醬汁

1 乾香菇和干貝泡水一夜，然後加熱。

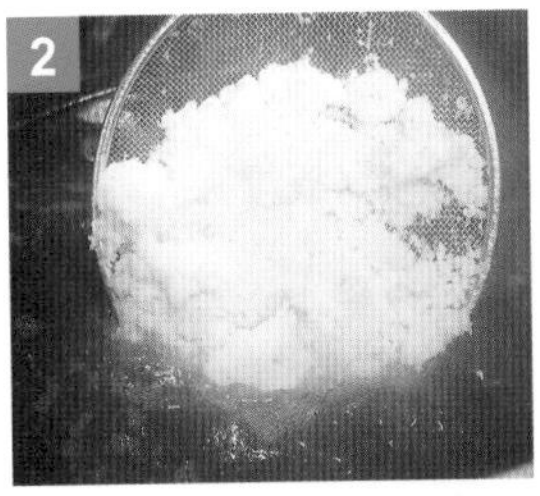

2 撈除香菇和干貝後，加入粗砂糖、鹽、味醂和白醬油。

3 快要沸騰前加入柴魚粉後熄火，靜置約1小時即完成。

4 若有前一天剩下的醬汁，在第2步驟加入混合。

干貝油

材料

干貝、鷹爪辣椒、生薑、大蒜、豬油

1 在豬油中加入已去籽的辣椒、干貝、生薑和大蒜。

2 加熱20～30分鐘，撈出材料就完成了。一碗拉麵約使用14ml的量。

干貝粉

材料

干貝油炸過的干貝和鷹爪辣椒

1 運用干貝油中用過的干貝和辣椒來製作。先剔除生薑和大蒜。

2 干貝和辣椒冷卻後會變得酥脆，放入果汁機中攪打成粉末即完成。

肉類高湯

材料

豬大腿骨、洋蔥、生薑、大蒜、雞骨、雞爪、雞小骨、豬頰肉、「ひるがお」高湯用過的雞骨、雞小骨、柴魚、宗田鰹魚乾、小魚乾、豬大腿骨、「ひるがお」剩餘的高湯、蔥青、豬油、水

1 以大火加熱豬大腿骨和水，撈除浮沫雜質，加入洋蔥、大蒜和生薑。

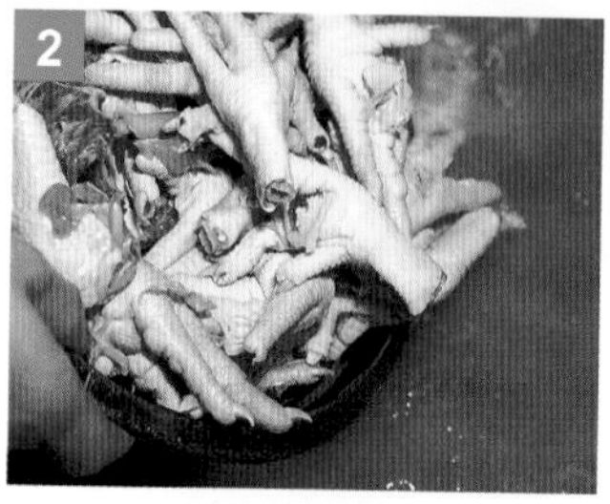

2 加熱約30分鐘後，加入雞骨、雞小骨和雞爪。

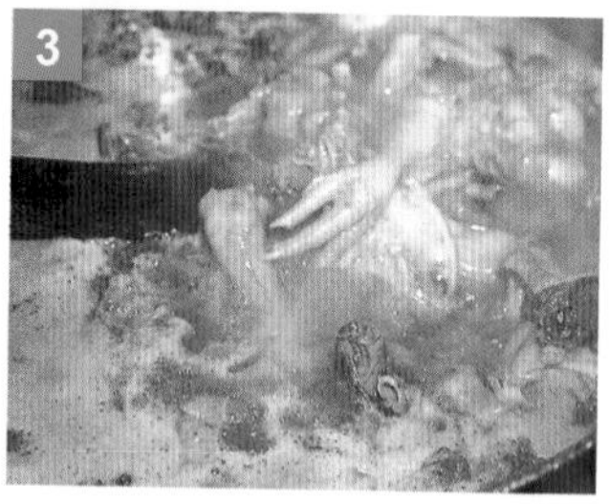

3 為了讓積存在桶鍋底部的雜質浮出，用木杓混拌一下，再撈除浮出的浮沫雜質。

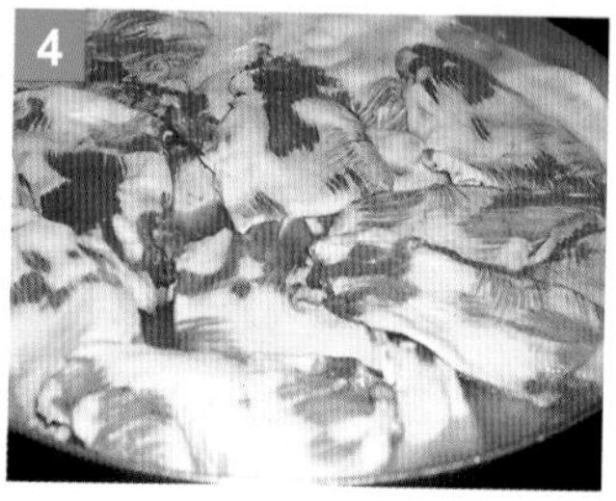

4 加入雞類後40分鐘左右，再加入叉燒肉用豬頰肉，熬煮約90分鐘。

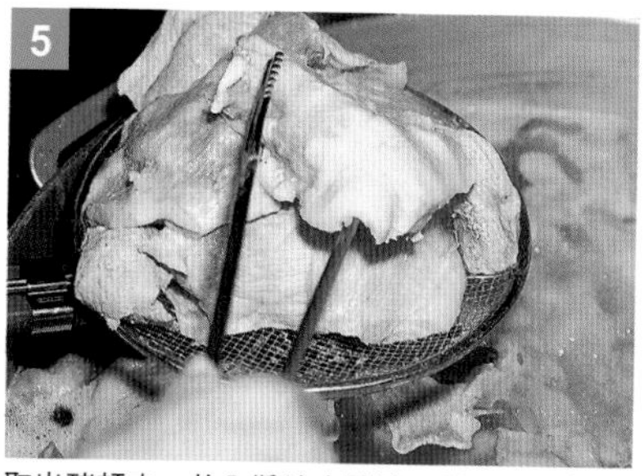

5 取出豬頰肉，放入醬汁中醃漬，過了11點後，高湯中再加入「ひるがお」的雞骨和雞小骨。

6 到了下午，將「ひるがお」營業前已加入的柴魚和2種魚乾，倒入「せたが屋」的桶鍋中。

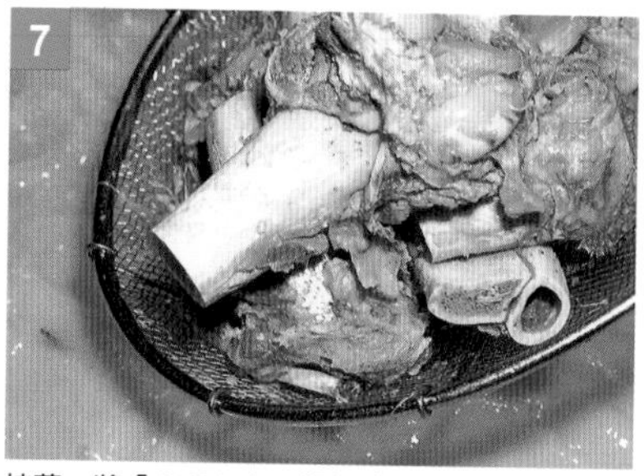

7 接著，將「ひるがお」桶鍋底的豬大腿骨，也倒入「せたが屋」的桶鍋中。

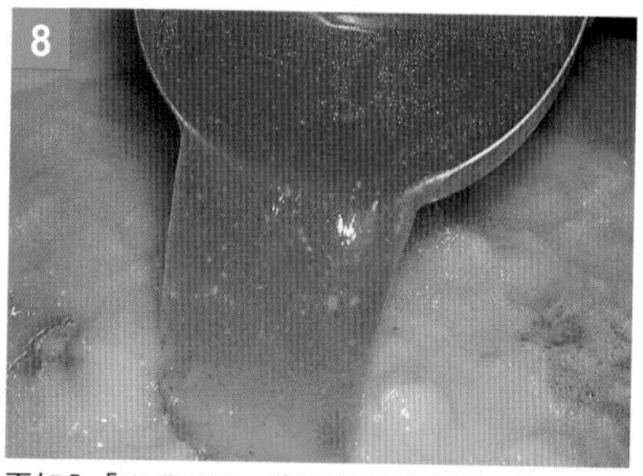

8 再加入「ひるがお」當天剩下的高湯，當天剩下的高湯若太少，會提早加水調整。

9 以不讓湯汁表面起泡的火候燉煮，細小的浮沫具有鮮味，要保留下來。

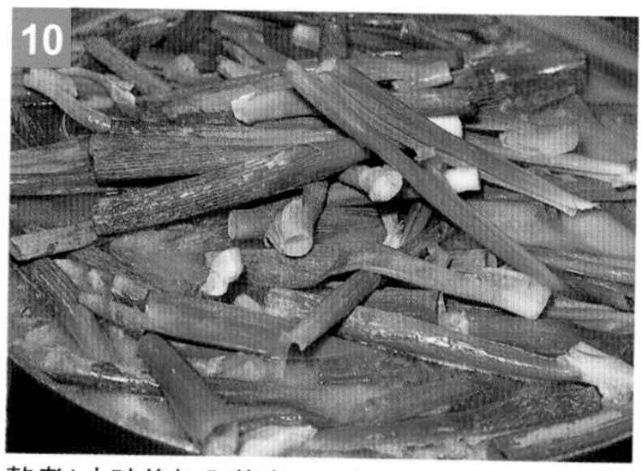

10 熬煮1小時後加入蔥青，再繼續熬煮1小時。

11 如果湯汁已呈乳化狀，就撈出所有的雞骨和豬大腿骨，湯汁這時減少至一半的分量。

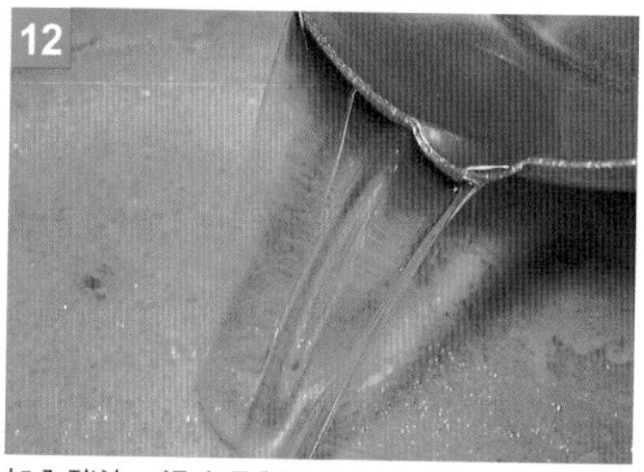

12 加入豬油，這也是製作香油的豬油。加入豬油後，立刻混合均勻。

高湯

提引出鮮魚風味 呈現令人驚豔的美味

前島先生最初研發的拉麵，是「せたが屋」的醬油味拉麵。除了運用海鮮高湯外，他還加入肉類高湯的濃郁與鮮味，兩者兼具的魅力湯頭，牢牢抓住顧客的胃。

當初之所以開設「ひるがお」的原因，是希望「せたが屋」的醬油味拉麵中，能善用「ひるがお」的高湯，提供有濃郁海鮮味的拉麵。

「せたが屋」的湯頭，是用燉煮9個小時的白濁肉類高湯，混合等量以宗田鰹魚乾、柴魚、青花魚乾和小魚乾熬煮的海鮮高湯。

從讓湯頭散發海鮮味的構想來看，當肉類高湯和海鮮高湯混合時，肉類高湯中的骨類必需全部撈出，然後才在其中倒入魚乾類和小魚乾熬煮的海鮮類高湯。

「せたが屋」和「ひるがお」的作法一樣，營業前在完成的高湯中加入宗田鰹魚乾，來增添海鮮風味。並再次利用「ひるがお」用過的材料。

白天營業結束，除了「ひるがお」用過的魚乾類和小魚乾外，雞骨和豬大腿骨都能加入「せたが屋」的高湯中。加入這些材料後，就能進一步熬煮出白濁的湯頭。如果早上「ひるがお」有剩餘的湯頭，也會一起加入其中。

「せたが屋」要用的肉類高湯，和「ひるがお」的高湯同時製作。桶鍋中加入豬大腿骨30kg、雞骨、雞爪和小骨共40kg，增添甜味的洋蔥、大蒜、生薑等一起熬煮。為了要將叉燒用的豬頰肉20～30kg煮熟，在燉煮過程中，放入豬頰約燉煮1小時30分鐘。

因材料的關係高湯可能不易熬出，所以要經常調整火候，儘量將高湯熬出。

海鮮高湯到中午營業結束後，加入三種魚乾類2kg和小魚乾4kg，加熱1小時。在晚上營業前再混入宗田鰹魚乾，完成的湯頭倒入桶鍋中，以極小的文火加熱，儘量別讓魚的香味散失。營業時將湯頭倒入小桶鍋中使用。

香油、魚乾粉

加入高湯中取得的香油以及魚乾粉

「せたが屋」和「ひるがお」同樣的，在拉麵中也會運用具有海鮮味的香油和魚乾粉。

香油的作法是肉類高湯加入豬油後，再加入海鮮高湯增添風味，之後輕輕撈出浮在表面的豬油，這即為香油。由於多少會撈到高湯，但豬油和高湯會分離，所以撈到也無妨。

魚乾粉

將等量的宗田鰹魚乾、柴魚和青花魚乾，用果汁機攪打成粉末製成，撒在拉麵上調味用。

相對於「ひるがお」的拉麵中只用干貝粉，「せたが屋」是使用混合的魚乾粉。

將等量的宗田鰹魚乾、柴魚和青花魚乾放入果汁機攪打，再撒入已融入魚乾類高湯的湯頭中，能更添魚的鮮味。

調味醬油的作法，是先在淡味醬油、濃味醬油、溜醬油中，加入乾香菇、生薑、鷹爪辣椒、柴魚粉、粗砂糖和鹽混合，經過熬煮1個小時後，暫放備用。

調味醬油主要是用來醃漬叉燒肉用的豬頰肉。

此外，「せたが屋」營業時，餐桌上還會準備碎洋蔥和「調味汁」。「調味汁」是用海帶和柴魚高湯製作的濃味醬油高湯，這些是為了讓顧客變化風味特地準備的，可依自己喜好隨意添加。

混合

1 肉類高湯加入豬油後，要立刻加入用各種魚乾和小魚乾熬煮的高湯。

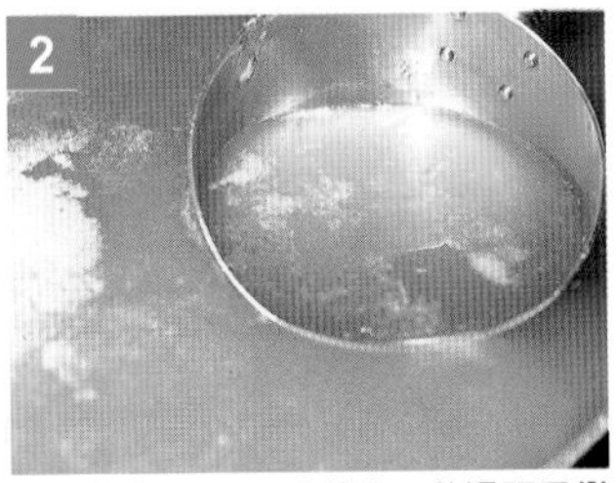

2 大約熬煮15～20分鐘後，若湯頭已變成棕色，就輕輕地撈除豬油。

3 加入宗田鰹魚乾，輕輕撈除浮到表面的豬油。

4 為了不讓魚鮮味散失，將步驟3的火候轉成極小的文火。營業時過濾至小桶鍋中，保持能立刻使用的溫度。

海鮮高湯

材料

小魚乾、柴魚、水

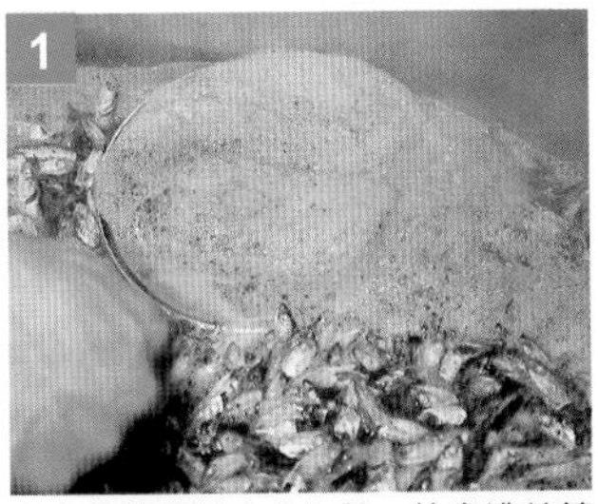

1 小魚乾放入熱水中加熱，快煮沸前轉小火，仔細撈除浮沫雜質。

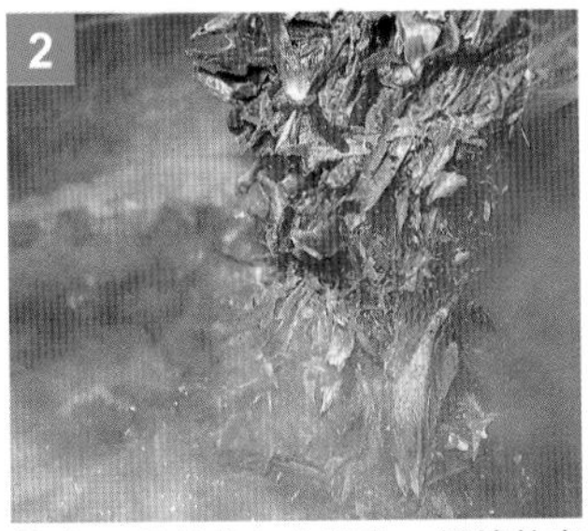

2 熬煮20分鐘後加入柴魚，繼續熬煮40～50分鐘，海鮮高湯就完成了。

海鮮油

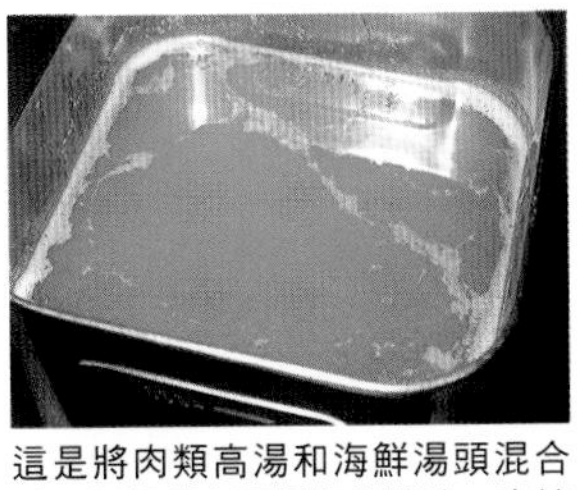

這是將肉類高湯和海鮮湯頭混合時，輕輕從表面撈起的豬油，直接當作香油使用。

地址●東京都品川区平塚2-18-8（2樓）
電話●03-3788-5624
營業時間●〔平日〕11時30分～15時、17時～22時
〔週六・週日・國定假日〕11時30分～18時
例休日●每週一

東京・戸越銀座

戸越らーめん　えにし

海帶鮮味充分發揮作用 特色是滋味豐富

『戸越らーめん　えにし』原本店面是開設在東京惠比壽，2004年1月時移至戸越銀座後，更多的人都能品嚐到，同時該店不斷研發，希望能推出讓客人百吃不厭的口味，如今，他們已經擁有廣大的忠實顧客群。

該店老闆角田匡先生，將自己獨創的湯頭取名為「和」。角田先生表示「和」就是「加」的意思。它意指將每一種食材具有的鮮味，層層重疊所產生的滋味。他希望那是一種具有深度，足以震撼人心，無法單純以言語形容的華麗美味。

湯頭中使用的素材包括：肉類、海鮮類和蔬菜。他將這些材料分不同的時間放入桶鍋中，仔細費工夫慢慢將其中的鮮味熬煮出來。角田先生表示「我使用材料和以前中華屋使用的都一樣。但是，我比過去花更多的精神與時間來熬煮，光這樣就熬出非常不同的美味。」

該店湯頭最大的特色是：使用了大量的海帶。角田先生表示，必需掌握海帶這項「天然鮮味調味料」，它是展現鮮味不可或缺的重要利器。

在海鮮高湯中，他使用日高和利尻兩種海帶。在鹽味高湯中也用了大量海帶，讓湯頭充分散發海帶濃郁的鮮味和美味。

該店的招牌是醬油味和鹽味拉麵，菜單上標示成「和高湯醬油」和「和高湯鹽味」。散發濃厚海鮮芳香，充滿「和」趣味的湯頭，再加上混合三種麵粉自製的麵條，讓他們的拉麵深獲好評，也贏得幾乎天天造訪的忠實顧客群的支持。

特製鹽味拉麵
850日圓

湯頭中讓人直接嚐到濃郁鮮美的魚香味。鹽味醬汁中使用了有濃厚海帶味的「海帶調味鹽」及五島灘鹽。

拉麵（和高湯醬油）
600日圓

海鮮類高湯使湯頭散發無比芳香和鮮味，與醬油香相互交融。該店是使用自製的醬油味粗麵，特色是是充滿麥香。

湯頭

花兩天熬製出鮮美濃郁的滋味

該店熬製的湯頭需花10個小時，橫跨兩天的時間。第一天是熬製基本風味的肉類高湯，第二天是在第一天熬製的高湯中，加入海鮮類材料，以完成營業用湯頭。

海帶高湯

材　料

日高海帶、水

將足量的海帶泡水一夜還原，視完成的肉類高湯的濃度來增減用量。

肉類高湯

材　料

豬大腿骨、雞骨、熱水、豬肩裡脊肉、生薑、長蔥蔥青、洋蔥

1 在桶鍋中放入比例2：1的雞骨和豬大腿骨，已切好的豬大腿骨以沸水汆燙後，清洗。

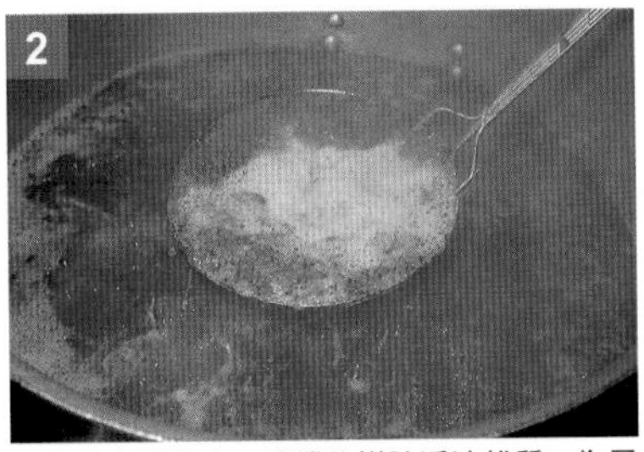

2 用大火煮開熱水，沸騰後撈除浮沫雜質。為了縮短熬煮時間，使用熱水煮而不用冷水。

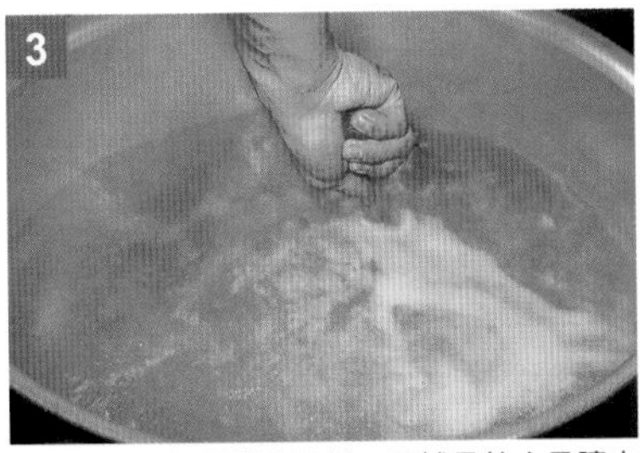

3 為了將浮沫雜質撈除乾淨，再補足熱水量讓它溫度下降，然後攪拌材料讓雜質浮現。

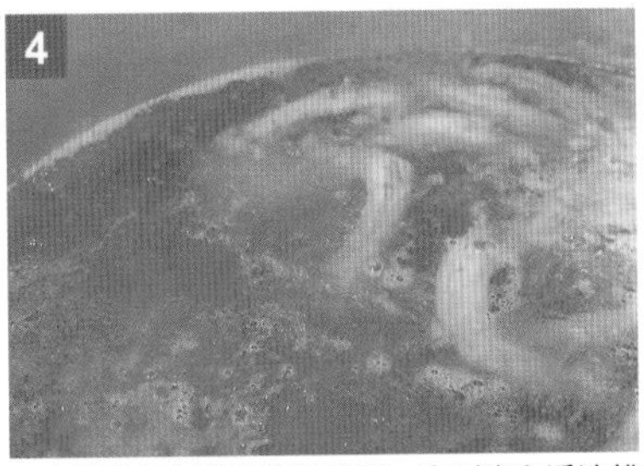

4 水煮開後仔細撈除浮沫雜質，直到沒有浮沫雜質後，轉小火熬煮3小時。

5 加入豬肉和蔬菜，以小火繼續熬煮，2小時後取出肉類，3小時後取出蔬菜類，再加熱1～2小時。

完成湯頭

材　料

肉類高湯、利尻海帶的皺邊、海帶高湯、青花魚和宗田鰹魚的厚黴魚乾、小魚乾、柴魚薄片、肉類高湯撈出的「油脂」

1 隔天，仔細撈出肉類高湯的油脂，留起備用。

2 將利尻海帶放入另一個桶鍋，用網篩過濾1倒入其中。保留一部分高湯作為晚上營業用。

3 將2和海帶高湯同時加熱，海帶高湯沸騰後，連同海帶一起加入2中。

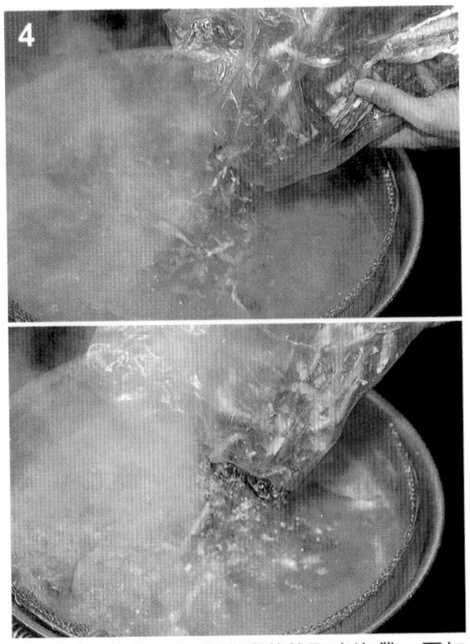

4 將3熬煮5分鐘，保持沸騰狀態取出海帶，再加入厚魚乾、小魚乾熬煮30分鐘。沸騰後轉小火，不時攪拌混合，讓整體散發均勻的鮮味。

5 加入柴魚薄片混合，煮5分鐘後熄火，取出各類魚乾。

6 將營業用量過濾到另一個桶鍋中，再加入1的油脂就完成了。營業時以小火加熱即可。

第一天肉類高湯的作法是，將雞骨、豬大腿骨和熱水放入桶鍋，開火加熱，撈除表面的浮沫。轉小火熬煮3小時後，加入叉燒肉用的豬肩裡脊肉和蔬菜，繼續熬煮5小時，肉類高湯就完成了。

第二天是在前一天完成的肉類高湯中，和前一天一樣在不同的時間點加入海帶、小魚乾和各類魚乾等材料。該店的海鮮類高湯的特色是，使用了大量的海帶，他們不使用化學鮮味調味料，而用優質海帶和各類魚乾來增加鮮味。

首先，撈除第一天的肉類高湯表面的油脂，因為之後加入的各類魚乾和小魚乾會吸收這些油脂，這樣就無法產生鮮味了。將肉類高湯過濾到裝有利尻海帶的另一個桶鍋中，再次加熱。在進行這項作業的同時，也將已泡水一晚還原的日高海帶加熱熬煮，然後連同海帶一起倒入肉類高湯中。混入海帶高湯的肉類高湯濃度會隨之降低，這種作法目的和之前撈除油脂一樣，是為了讓海鮮類材料的鮮味容易釋出。等煮開後撈除海帶，但要讓高湯暫時沸騰一下後暫放，店主表示這樣才能使高湯味道更濃郁。

繼續在不同時間加入青花魚和宗田鰹魚製的黴魚乾、小魚乾和柴魚薄片等混合。小魚乾能使拉麵風味更大眾化，青花魚和宗田鰹魚乾能讓湯頭滋味變豐富，而柴魚薄片能增加湯頭的香味。接著將營業所需的分量過濾到另一個桶鍋中，再適量加入之前撈出的油脂就完成了。油脂除了能保溫外，也具有讓湯頭和麵條融為一體的作用。

鹽味醬汁

在濃厚海帶鮮味中加入適中的甜味

該店的鹽味醬汁是用大量的海帶釋出濃郁的鮮味，再加入酒和味醂加強甜味。鹽是使用五島灘的鹽及混入海帶的「海帶調味鹽」，以2：1的比例混合而成，只用一種鹽味道較不均衡，所以該店特別選用了兩種鹽。

在泡水一夜回軟的海帶和乾香菇中，加入酒、味醂、鹽、鷹爪辣椒和胡椒粒，加熱沸騰後轉小火暫煮一下，熄火後暫放讓味道濃縮，海帶的鮮味也能全部釋出。

海帶的雜質並不會破壞味道，所以不必撈除，反而更添一種鮮味。

香味油也是用兩種油混合而成，一是用白絞油（譯注：以大豆油、菜籽油等精製而成的油）加熱大蒜和長蔥，使香味釋入其中，另一種是使用白蝦、大蒜和三種魚乾粉，具有濃厚的魚鮮味。營業時將這兩種香油混合，再次加熱即可。該店表示加熱能使香味油產生變化，風味更均勻融合，這樣更能增加拉麵豐富的美味。

醬汁

鹽味醬汁

材料

日高海帶、乾香菇、水、味醂、酒、海帶調味鹽、五島灘的鹽、鷹爪辣椒、胡椒粒

1 海帶和乾香菇浸水一夜，加入2：1：1比例的水、酒和味醂。

2 再加入兩種鹽，五島灘的鹽和海帶鹽是2：1的比例，再加入鷹爪辣椒和胡椒粒。

3 一面多次攪拌，一面煮至沸騰，等煮開後轉小火熬煮20分鐘，然後熄火。

4 將3用網篩過濾後，靜置到隔天早上，讓醬汁蒸發濃縮，置於常溫中1週後再使用。

調味醬油

將海帶、乾香菇、魷魚乾、黴魚乾和兩種醬油等混合，靜置1～2週。

香味油

在白絞油中加熱長蔥和大蒜，讓香味釋入油中。之後和下圖中的香油以1：10的比例混合。

讓白蝦和大蒜的香味釋入過濾後的白絞油中，再加入各類魚乾粉。

地址●東京都板橋区高島平1-62-6-101
電話●03-3934-3016
營業時間●11時～14時30分、17時～20時30分
例休日●每週日

東京・西台

欣家

魚香湯頭和自製麵條深受高齡顧客的歡迎

位於東京西台的『欣家』拉麵店所推出濃郁的魚香湯頭，深得老年人到小孩各年齡層顧客的喜愛。該店的老闆齋欣三先生的目標，是希望做出「連自己母親都覺得好吃的拉麵」。因此，他研發出的拉麵口味，讓一些平常吃不慣拉麵的老年人都能接受。

該店湯頭的特色是充滿了魚香味，讓人一吃就明白。齋藤先生當初的構想是，與其製作混合了各式各樣的食材，沒有任何明顯味道的複合式鮮味湯頭，倒不如製作讓人一入口就清楚嚐到魚鮮味，這樣反倒能讓更多的人接受。這種有魚鮮味特色的湯頭，作法是除了加入小魚乾和各種魚乾外，還加入齋藤先生當地特產的北青眼魚（Chlorophthalmus borealis），才能熬出濃郁、令人垂涎的魚香美味。對於平時吃慣風味清爽的中華麵的老年人來說，飄散著濃郁魚香的拉麵，能讓他們享受到美妙的新鮮口感。

另一方面，混入湯頭中的調味醬油，作法卻相當簡單。據老闆表示，調味醬油能使該店的湯頭，呈現最平衡、完美的滋味。

此外，該店的自製麵條價格平實，分量讓人十分飽足，日式沾麵一份是250g的超大分量。日式沾麵使用有著烏龍麵般滑潤口感的優質麵條，拉麵極富彈性，能讓人充分享受Q韌的嚼勁。

齋藤先生認為：一家店若想永續經營，最重要的是店內必須保有一種基本風味不斷發展進化，才不會被時代淘汰。因此該店自2000年開幕至今，基本的風味一直堅持不變，每天包括學生及附近居民等，大約有200名顧客前往品嚐。

特製日式沾麵
980日圓

特製沾麵是以該店基本的「欣家日式沾麵」580日圓，再增加配菜量組合而成。特色是充滿魚香味的湯頭及滑韌順口的優質麵條。

材料

豬大腿骨、豬腳、雞骨、大蒜、生薑、洋蔥、叉燒肉用豬肩裡脊肉、利尻海帶、日高海帶、飛魚乾、竹莢魚乾、日本鯷魚乾、青花魚乾、宗田鰹魚乾、柴魚、長蔥蔥青、前次的高湯、前次用的豬油、調拌生薑的北青眼魚、熱水

1

將豬大腿骨、雞骨和豬腳以沸水汆燙，在快浮出浮沫雜質前，將骨頭用水清洗，去除污物。

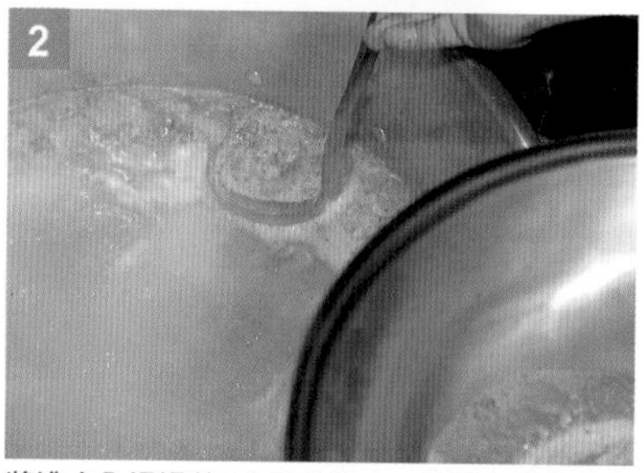
2

將沸水汆燙過的1中加入熱水，桶鍋加蓋後熬煮2小時，過程中要撈除浮沫雜質。

3

在熬煮2小時後的高湯中，加入洋蔥、大蒜和生薑。大蒜分成小瓣、生薑切碎。

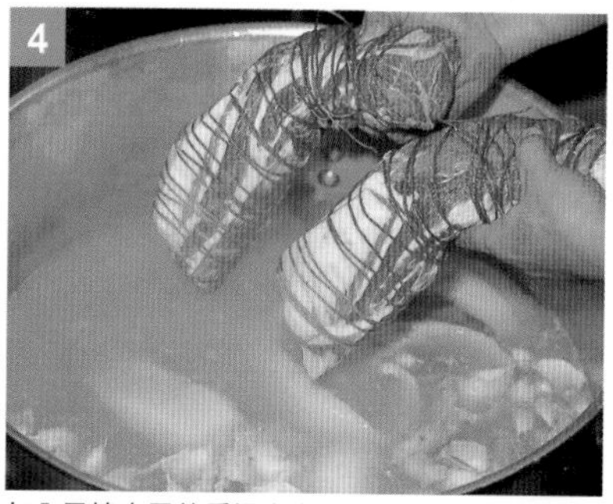
4

加入叉燒肉用的肩裡脊肉，這時也加入從叉燒肉剔除下來的脂肪。

5

加入蔬菜約50分鐘後，再加入兩種海帶和三種小魚乾，為了方便之後撈除，先在桶鍋中放網籃，再加入材料。

6

加入小魚乾約50分鐘後，再加入三種魚乾，以熬出濃厚的魚鮮味。

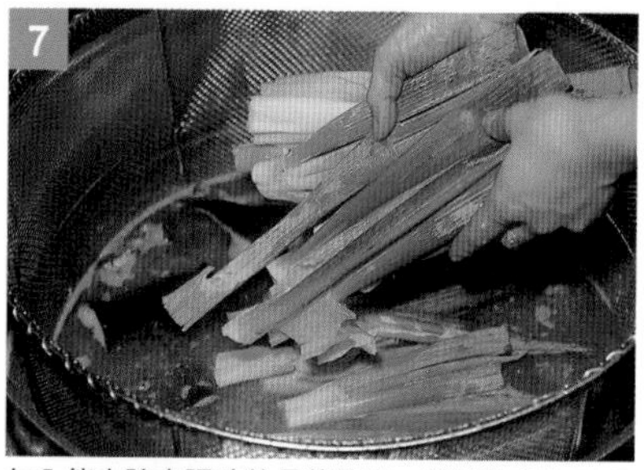
7

加入能去除肉腥味的長蔥蔥青，繼續熬煮約70分鐘。

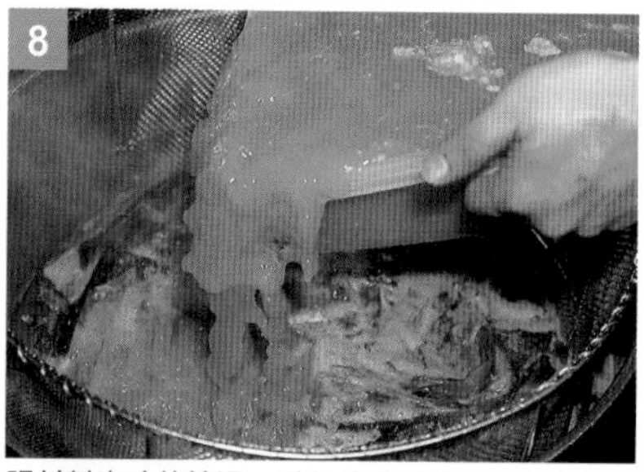
8

視材料出味的情況，避免讓湯頭味道不一致，加入前次留下的高湯。

9

融化前次自製的豬油，加入高湯中，將魚香味釋入高湯。

10

取出放有海帶、魚類和長蔥的網籃，另外也取出叉燒肉。將火候轉成極弱的小火。

湯頭

以魚乾類和北青眼魚熬出濃郁的魚鮮味湯頭

該店的高湯是在豬骨和雞骨中加入蔬菜和魚類，共熬煮5個小時而成。湯頭中大量使用各類魚乾，還加入富含脂肪的北青眼魚，使湯頭更有魚鮮味。

首先將汆燙過的豬大腿骨、豬腳和雞骨熬煮2小時，因為該店湯頭的主角是魚類，所以骨類用量較少。不過因為肉類材料要當湯底，所以加了能熬出濃郁高湯的豬腳。

撈除表面的浮沫雜質後，再加入蔬菜和魚類。

為了讓生薑和大蒜在短時間內出味，需先切碎再加入。洋蔥則不需切，因為它很快就會煮融。叉燒肉用的肩裡脊肉，和從叉燒肉上切下的脂肪也一起加入其中。

加入蔬菜50分鐘後，再加入海帶和小魚乾。海帶是使用味道香濃的利尻海帶，再以日高海帶補足分量。共使用飛魚、竹莢魚和日本鯷魚三種魚乾，分量是120人份的高湯中共加入3kg。其中使用最多的是，脂肪含量少，能煮出清爽頂級風味的日本鯷魚乾。

光這樣魚鮮味還不足，在不會產生苦味的前提下，適量加入富含油脂的竹莢魚乾，以及飛魚乾來提味。加入小魚乾熬煮50分鐘後，再加入各類魚

麵條

材料

準高筋麵粉、中筋麵粉、馬鈴薯澱粉、食鹽、蛋、鹹水、蛋白粉

1 在設備中加入水。為了加強麵的味道，平均1kg麵粉要加入1個蛋，水則是加分量的42%。

2 準高筋麵粉（外國產）、中筋麵粉（日本產）和馬鈴薯澱粉以6：1：1的比例混合。

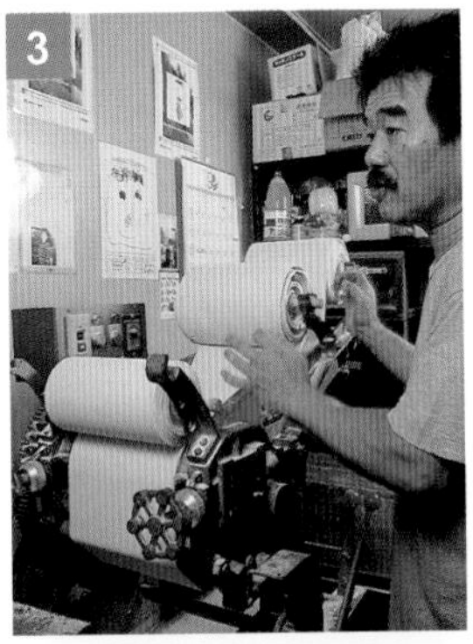

3 經過碾壓製成麵帶，全部一共進行3次的滾碾程序，最後壓製成2mm厚的麵帶。

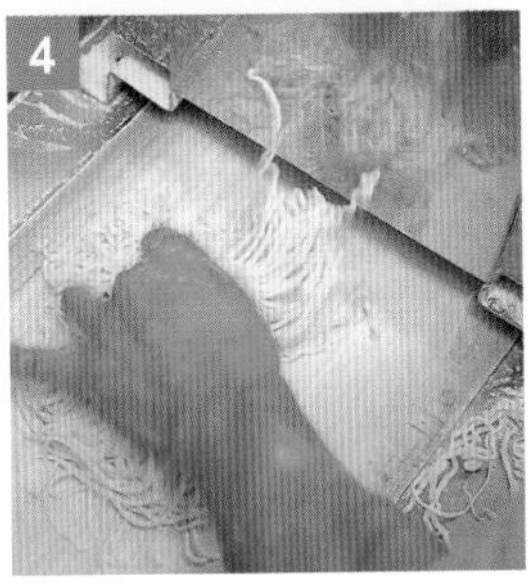

4 讓麵帶熟成36小時，再切成麵條，置放於常溫中一天後才使用。

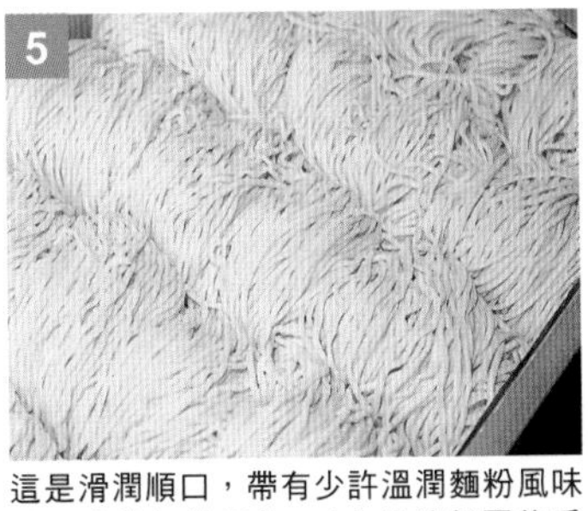

5 這是滑潤順口，帶有少許溫潤麵粉風味的日式沾麵的麵條。1人份的麵團約重250g。

調味醬油

材料

水、酒、淡味醬油、本鹽、粗砂糖

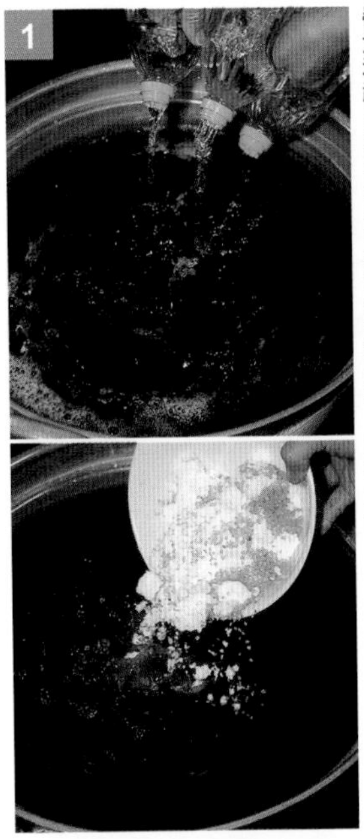

1 該店的調味醬油，據說自開店以來至今6年間都是一直添加補足後使用。首先，在鍋裡加入水、酒、淡味醬油和福島縣Iwaki產的本鹽和粗砂糖，然後加熱。

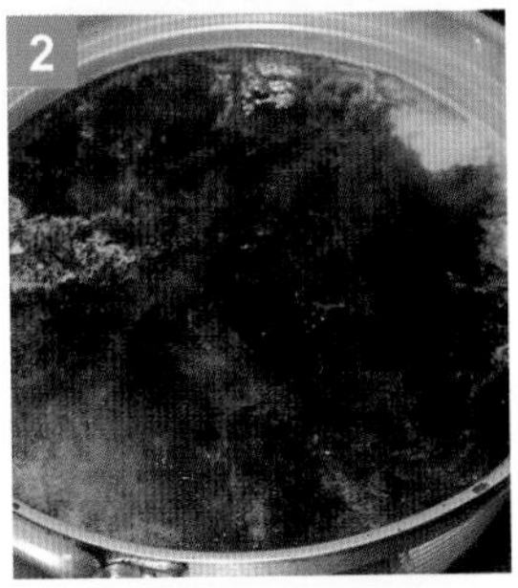

2 充分攪拌讓材料融合，等第一次沸騰後熄火，靜置一夜讓味道變得穩定均勻。

3 隔天，將冰箱冷藏保存的舊調味醬油，加入2，叉燒肉放入其中醃漬後，能夠增添鮮味。

11 將去頭的北青眼魚放在烤網上，慢慢地烤成焦黃色。

12 將烤好的北青眼魚弄碎，加入磨碎的生薑攪拌，以去除腥味。拿掉網籃，將碎魚肉直接加入高湯中，充分混合。

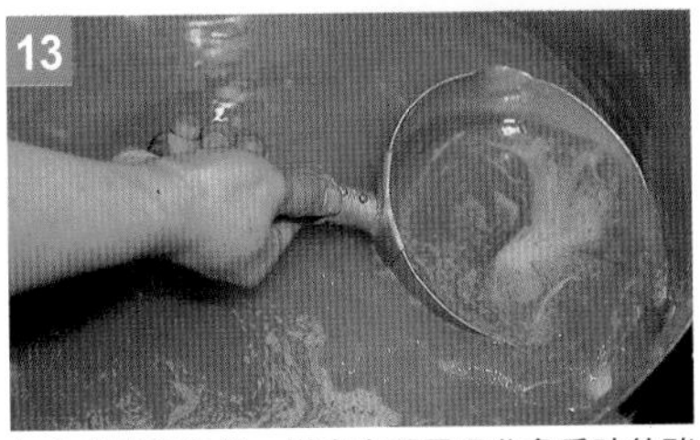

13 加入北青眼魚後，撈出表面已吸收魚香味的豬油，保存備用。

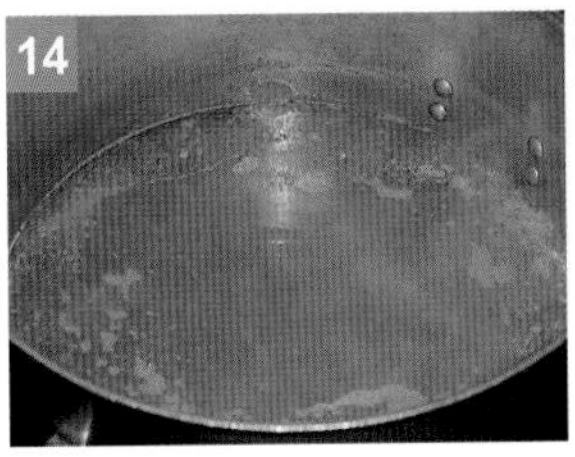

14 這是完成的湯頭。當天要用的湯頭是從前一天熬製到當天早上，晚上要用的湯頭，是早上熬到中午。

乾和青蔥。魚乾主要是加入風味獨特濃郁的青花魚乾，另外也加入柴魚和宗田鰹魚乾。

熬煮70分鐘後加入豬油，海帶、魚類煮太久會產生苦味，這時要取出。之後轉小火，要完成時再加入北青眼魚。

北青眼魚是在當地的福島捕獲，味道類似沙鮻魚，富含脂肪，能熬出濃郁的湯頭。北青眼魚烤好後加入生薑拌勻，過程中加入的豬油在營業前撈出，以作為香油使用。該店費心地讓顧客能同時嚐到湯頭和香油的雙重魚香味。

用來調味的調味醬油，是以醬油和鹽等材料混合煮沸，再倒入之前的醬油中補足，這種作用最能展現醬油的風味。

乍看之下，它似乎平淡無奇，但卻是該店試做了上百回，才摸索出來的最好方法，它能讓店裡的湯頭更添美味。該店自開幕以來至今的六年間，

都是不斷添加補足使用。

該店的麵條也是自製，特別受歡迎的日式沾麵使用的麵條是水分較多的粗麵，口感像烏龍麵一樣滑順。他們表示使用這種麵條，是希望讓顧客一面享受魚香高湯的滋味和香味，一面享受滑潤順口的口感。

配菜

使用調味醬油調味的筍乾和叉燒肉

該店的筍乾燉煮得既柔軟又富嚼勁，是齊藤先生的得意之作。料理的重點是使用沒切過的筍乾，然後花很長時間徹底去除鹽分。

首先，將鹽漬的筍乾泡水一晚去鹽，根據硬度切成適當的粗細，這時要切除靠近竹節較硬的部分。筍乾買回後才分切成方形小條，比買已切好的口感更佳。

接著花三天時間泡水去鹽，到第四天時才調味。使用調味醬油燉煮，既不會破壞拉麵風味，又能使筍乾有甜味，之後醃漬一天才使用。

叉燒肉是直接用調味醬油醃漬而成。當初採用這種料理法，是因為此法比用燉煮的方式更能使味道穩定，而且還能有效運用豬肩裡脊肉。

而滲入調味醬油中的肉鮮味，還能增添拉麵的風味，可說是充分活用調味醬油，來統一整體味道的作法。

筍乾

材料

鹽漬筍乾、調味醬油、粗砂糖、酒、味醂、鮮味調味料、麻油

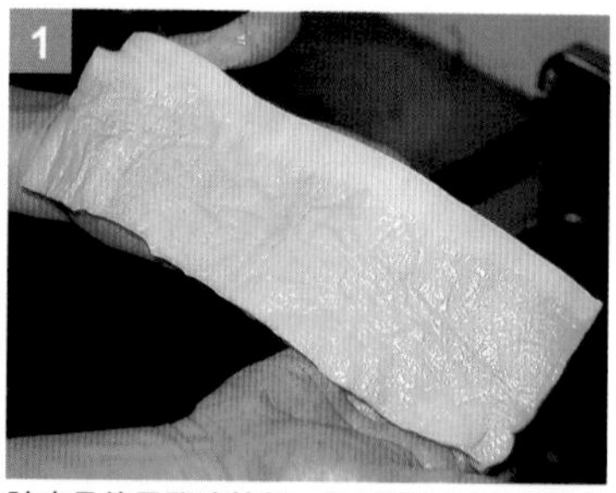

1 該店是使用鹽漬筍乾。為了讓年長者容易食用，要削除靠近筍節的部位。

2 泡水一晚去鹽分，切成恰當的大小。再花3天的時間，一面換水，一面讓筍乾中的鹽分釋出。

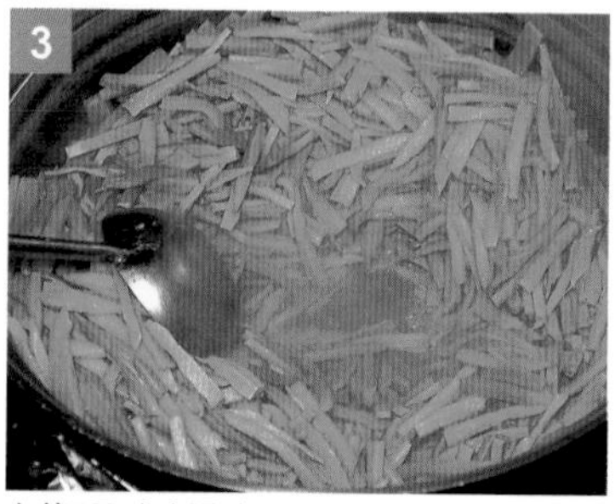

3 在第5天時才調味，先充分拌炒以去除筍乾的水分，鍋子中央空出空間，一直炒到鍋中水分收乾為止。

4 加入調味醬油、粗砂糖、酒、味醂和少許鮮味調味料熬煮1小時，使其入味。

5 完成後淋上麻油，以增加光澤和風味。放置一天，讓味道變均勻穩定，就完成口感柔軟好吃的筍乾了。

沾麵汁

材料

調味醬油、胡椒、辣椒粉、蔥花、砂糖、豬油、加味白煮蛋、叉燒肉、筍乾、高湯

1 沾麵汁的調味料有調味醬油、胡椒、辣椒粉、砂糖和豬油。先不要加醋，而是放在餐桌上備用。

2 加入筍乾等配料，倒入高湯。高湯表面的豬油，會沾附到麵條上，一入口立刻讓人嚐到魚香味。

自製豬油

豬油加上北青眼魚的香味，可以在熬湯期間重複加入調整口味。

叉燒肉

剔除生肩裡脊肉的脂肪後，放入高湯中熬煮，再放入調味醬油中醃漬4個小時。

地址●東京都文京区千駄木4-1-14
電話●03-3827-6272
營業時間●11時30分～15時（材料用畢即打烊）
例休日●每週一、第2個週二

東京・千駄木

つけめん 哲

紮實的粗麵搭配充滿魚香的濃郁沾麵汁

顧客在沾麵汁中加入魚高湯時，可一併放入「烤石頭」，讓沾麵汁溫度升高至喜歡的熱度。

日式沾麵套餐　800日圓

這是能夠同時享受「日式沾麵」和「熱麵」的套餐。圖片左方是熱的「粗麵」，右方是涼的「細麵」，兩者都是200g。

『つけめん 哲』的老闆小宮一哲先生表示，日式沾麵的魅力，就在於「能充分享受麵條的美味」。它的烹調重點在於，專家（製麵廠）製作的美味麵條，另一位專家（拉麵店）該如何料理才能讓顧客覺得好吃，這也是小宮先生窮究心力研究的主題。他覺得與拉麵相比，日式沾麵有較多未完成的部分，因此製作起來也更有趣。

2005年開幕時，該店的銷售主力是拉麵，然而現在，約有九成以上的顧客都是點日式沾麵。該店的豬骨海鮮風的沾麵汁中，還加入調味醬油、柴魚粉和柴魚油等，味道濃郁得讓人震撼。該店的麵條是使用粗麵，共準備充滿小麥味的兩種麵條。

「哲」的日式沾麵特色是，他們花了許多工夫，成功地克服了這種麵到目前為止所有被視為「缺點」的部分。

在日式沾麵食用過程中，沾麵汁不可避免的一定會逐漸變涼。因此，他們一直以來都採取加入「烤石頭」的作法。

烤熱的石頭放在蓮花上供應給顧客，顧客將石頭放入沾麵汁中，即可加熱湯汁。此外，剛盛出的熱麵條，經過一段時間後會開始發黏。小宮先生心想，如果將它泡在高湯裡，麵條不但不會沾黏，高湯還可用來稀釋沾麵汁。因此，他決定在麵條中加入魚高湯。

這麼一來，既解決了麵條沾黏的問題，還能讓顧客額外享受到魚香味，而且吃的過程中，魚高湯也能加入沾麵汁中，讓口味有不同的變化。

目前，該店每天中午僅賣120人份，都銷售一空。

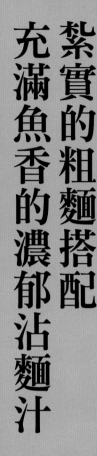

湯頭

湯汁濃厚 充分散發魚香

該店研發日式沾麵時特別顧及幾項重點，像是如何煮出夠濃稠的沾麵汁，直接喝沾麵汁時怎麼調節才不會太鹹，以及如何才不會讓顧客覺得麵吃起來味道太淡等。

小宮先生認為所謂的「濃厚」，並不是濃縮鮮味的意思，也絕不是指湯頭中含有超出所需的大量脂肪。

他為了使湯汁變濃厚花費許多工夫，將需要以大火長時間熬煮的豬大腿骨和雞骨，以及不太受火力強弱影響，主要是熬出膠質的豬腳和雞爪，分成兩個時段，視各別狀況依序放入湯中熬煮。

他表示這種作法才能煮出完全乳化的成功湯頭。

高湯製作的流程如下，營業結束後的下午3點，開始熬煮汆燙處理過的豬大腿骨，以大火持續熬煮到6點左右，然後放置一晚。

隔天早上5點左右開火，加入叉燒肉用肉和雞骨，熬煮到下午3點左右，然後過濾出來。過濾後的高湯中，加入以沸水汆燙過的雞爪和豬腳，熬煮到下午6點左右，放置一晚。

隔天早上5點開火，再加入背脂、蔬菜、海帶、小魚乾和各類魚乾，熬煮到9點左右，過濾後就完成了。放

湯頭

材料

豬大腿骨、叉燒用豬前腿肉、雞骨、雞爪、豬腳、背脂、洋蔥、胡蘿蔔、海帶、小魚乾、宗田鰹魚乾、青花魚乾、熱水

將豬大腿骨切好，以沸水汆燙，然後放入熱水中開始熬煮。圖中是開始熬煮的狀態。

以大火熬煮，一面混拌以免煮焦，豬大腿骨若不長時間以大火熬煮，便無法熬出高湯。

若有浮沫雜質就仔細去除。不過這時，要注意不要撈掉骨髓。

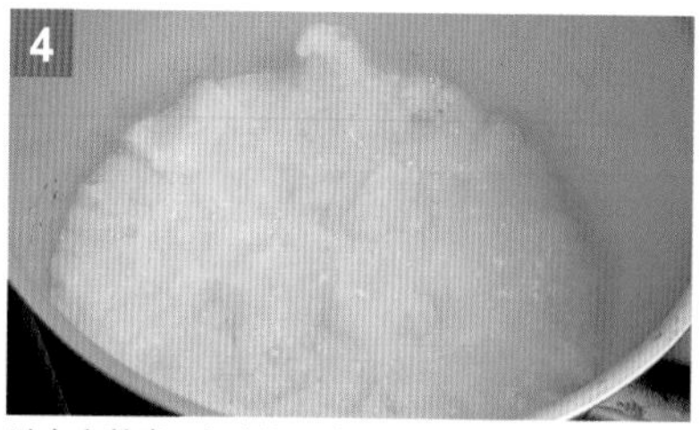

以大火熬煮3小時後，會變成圖中的狀態。這時熄火，加蓋放置一晚。

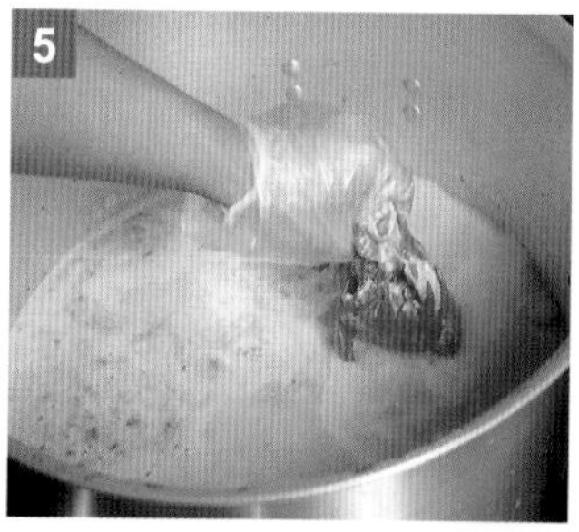

隔天早上開火加熱，放入叉燒用肉。約煮1小時30分鐘後取出肉塊醃漬。

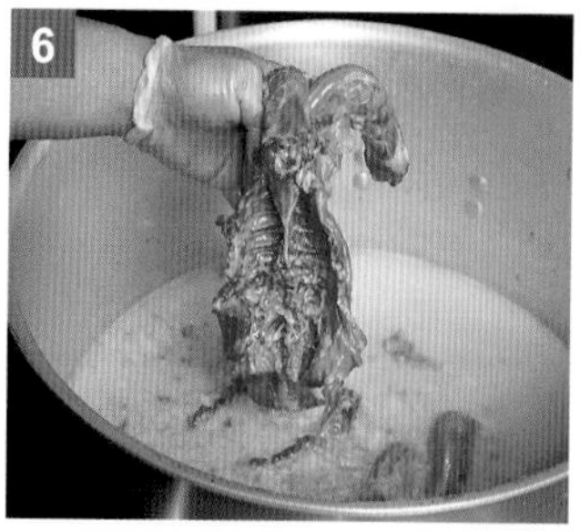

取出叉燒肉，加入已去除血水，清洗乾淨的雞骨。

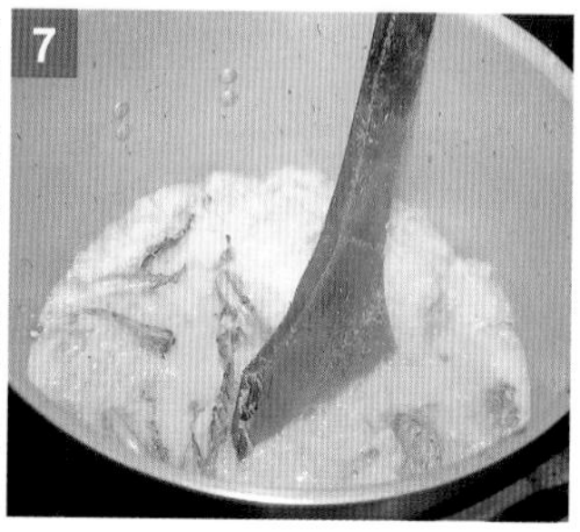

一面不時攪拌以防焦鍋，一面熬煮到下午的3點左右，然後熄火，過濾到大桶鍋中。

再加入已汆燙處理好的雞爪。雞爪事先先放入沸水中汆燙1分鐘。

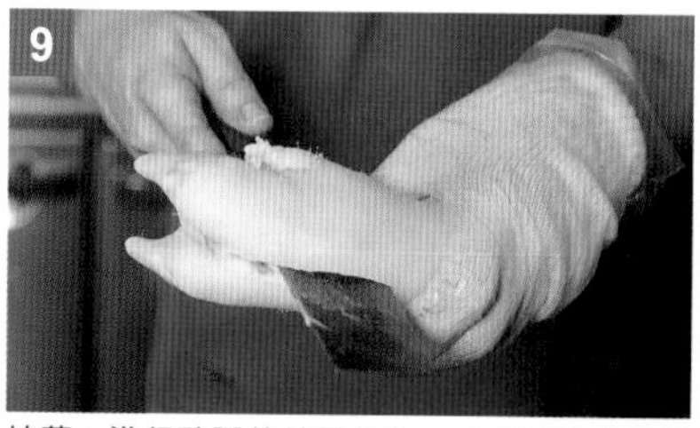

接著，進行豬腳的前置作業。豬腳以沸水汆燙後，蹄間用刀切開，讓膠質容易釋出。

加入豬腳後，邊煮邊攪拌，以免焦鍋，若水量變少就加水。

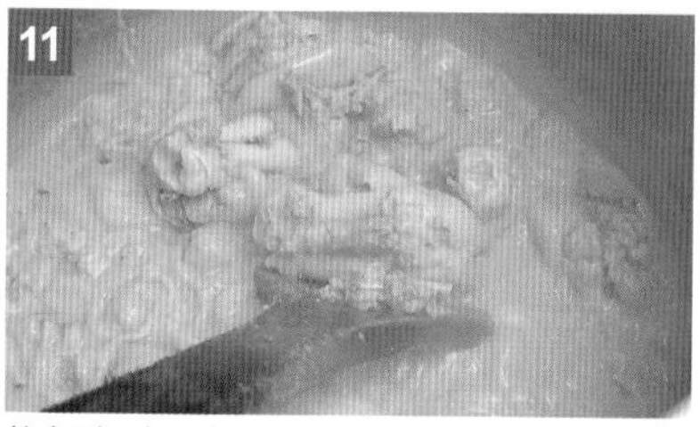

熬煮到下午6點時熄火，這時湯汁的顏色已明顯呈褐色。

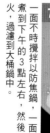

入冷凍庫一晚，以供隔天營業用。

熬煮湯頭的作業，使用了直徑45cm和42cm的桶鍋各一個，這樣能增進熬湯的效率，但在此是逐一介紹作業步驟，以便讓讀者清楚了解流程。

小宮先生希望湯頭能散發魚香，所以在完成階段，還加入浸泡過水的海帶和小魚乾，以及已煮出味道的宗田鰹魚乾和青花魚乾。

他考慮到如果是分別將魚高湯和肉類高湯混合使用，會降低湯頭的黏性，使湯頭無法與麵條完美交融。而且，他希望魚高湯的濃稠度與肉類高湯差不多，能夠相得益彰。因此，沾麵汁在最後完成階段時，他還加入混了徽柴魚的柴魚粉及自製的柴魚油來調整味道。

沾麵汁

用柴魚粉和柴魚油增加海鮮香味

如前所述，沾麵汁的作法是，在調味醬油、自製柴魚油、三溫糖和混入徽柴魚的柴魚粉中混入湯頭製作而成。其中柴魚油和柴魚粉能增強魚香味。

沾麵的配菜包括有叉燒肉、筍乾、調味白煮蛋和蔥。

另外，該店還提供混入徽柴魚的柴魚粉、宗田鰹魚乾和青花魚乾熬煮的魚香高湯，顧客可以用來稀釋湯頭，讓湯頭喝起來十分清爽。

隔天早上，開火後加入切碎的背脂，每隔15分鐘就攪拌一次，小心別煮焦了。

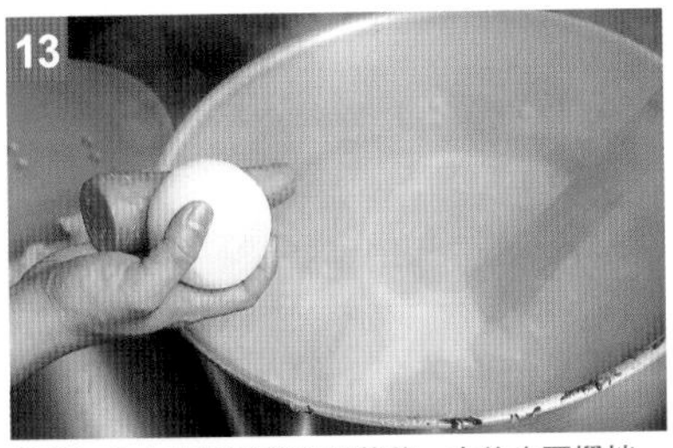

繼續加入去皮的洋蔥和胡蘿蔔，之後也要攪拌，以免焦鍋。

加入已泡水一夜的海帶和小魚乾，連同水也一起倒入。因為小魚乾熬煮約40分鐘就要撈起，所以要放在網籃中再放入桶鍋中。

拿出小魚乾後，在網籃中加入已煮40～50分鐘的宗田鰹魚乾和青花魚乾。

等各類魚乾加入後就轉極小火，過了40分鐘後撈出節類和蔬菜。

加入背脂約4個小時後，濾出背脂。用能搖晃的濾網舀起骨頭，左右搖晃一下，或是從濾網上壓一下骨頭，讓其中所含的膠質和高湯能充分釋出。

湯頭過濾後放入冷水中冷卻，然後放入冷凍庫一晚，供隔天營業使用。

麵條

這種麵條口感Q韌，嚼勁十足。它以14號切刀切製，屬於含水量少的麵條。每天限量供應30客。

以16號切刀切出的麵條，口感滑潤，是正常規格的麵條，比粗麵的加水量多。

沾麵汁

沾麵汁是在調味醬油、柴魚油、三溫糖和柴魚粉中加入高湯混合而成。

東京・春日

信濃神麵 烈士洵名

地址●東京都文京区西片1-15-6
電話●03-5684-2263
營業時間●11時30分～隔天1時30分最後點餐
（湯頭用畢即打烊）
例休日●每週一

採用信州食材的「信州白系拉麵」

2004年8月開幕的『信濃神麵　烈士洵名』，是已在長野市區開設八家分店的「笑樂亭集團」，進軍東京所開設的第1號分店。

該公司董事長塚田兼司先生，堪稱振興拉麵業界的第一人，他不只希望自己的店有所發展，也希望長野的拉麵業界更加勃蓬。他常以主辦人的身份，集合長野縣內、外的著名人氣拉麵店，共同舉辦研發創新口味的大型活動。

塚田先生表示，他們這次研發出適合東京人，令人震撼的拉麵口味。那就是『烈士洵名』開幕時所推出的招牌「信州白系拉麵」。這道拉麵中，不論是湯頭、醬料和配菜，都完全選用長野當地的食材製作，充分展現信州的風味。

「拉麵」和「信州白味噌麵」是他們推出這兩大招牌，前者是使用榮獲信州大師榮譽的民野泰之先生製作的「Marui醬油」（中野市）中的白醬油製作的醬油味拉麵，後者則使用了兩種信州味噌混製的味噌調味醬。「拉麵」的湯頭，是先分別熬煮肉類、魚類和海帶等三種高湯，然後再混合成具有三重風味的獨特湯頭。

善用食材美味熬煮出的鮮味湯頭，相當受顧客歡迎。其中，魚類湯頭的特色是使用梭魚乾來熬製，梭魚乾特有的精緻甜味，使湯頭的滋味更上層樓。

除了拉麵外，店內還有自製醬料製作的「烤肉套餐」及「烈士炒飯」等米飯料理，另外還備有向皇室御用的飯店主廚所學的「烈士布蕾」作為餐後甜點。該店深受附近居民的喜愛，業績正持續成長中。

拉麵　650日圓

湯頭中使用信州白醬油製作的調味醬油，味道十分清爽。挾起拉麵的瞬間，散發出濃濃的梭魚油香，另外還加入乾羅勒葉。圖中是使用「大麥焙煎麵」。

信州白味噌麵　750日圓

這道拉麵以信州味噌作為醬料，美妙的滋味讓人一吃上癮。該店以信州產杏鮑菇取代筍乾作為配菜，更突顯出信州拉麵的特色。店家特別推薦圖中這種「黑麵」麵條。

湯頭

活用精選食材 精緻頂級風味充滿魅力

該店「拉麵」的湯頭特色是使用三種高湯混合而成，一是隱隱散發梭魚鮮甜味的魚類高湯，二是以羅臼海帶細火慢熬出的海帶高湯，三是以雞骨為底，再加入豬大腿骨熬製的肉類高湯，三合一的頂級鮮美湯頭，讓顧客留下深刻印象。儘管它的湯頭清爽透明，但卻鮮味十足。

食材的品質是製作這種湯頭的重點，塚田先生從各地精選優質食材，運用這些高級材料，熬製出前所未有的頂級湯頭。

其中，他特別講究小魚乾和各類魚乾的品質，一定購買有產地證明的產品。

為了充分發揮優質食材的原味，他採取分別熬煮各類高湯，再將三種美味混合的技巧。

調味醬油中他使用白醬油，目的也是為了增進高湯的美味。塚田先生將白醬油比喻為「美味的鹽水」，他表示因為它的鮮味較少，所以完全不會破壞湯頭的味道，且能充分引出魚類高湯的鮮味。

該店的魚類高湯不用柴魚或青花魚熬製，而是使用長崎產的梭魚乾，其特色是能散發高雅的香味與淡淡的甜味。不過，為了不讓拉麵的湯頭太過清淡，他們還加入一種稱為Yurishita的鰹魚燻製的魚乾肉屑，以增加魚類特有的香味。另外，他們還在拉麵中，添加以豬油和梭魚乾製作的香味油。讓顧客開動的瞬間，就能聞到撲鼻的芳香。

熬製海帶高湯和魚類高湯時，最重要的是別讓湯頭產生澀味，以小火慢慢熬煮1小時，不要升高溫度，這樣才能煮出完美的高湯。

先將魚類和海帶高湯以15L：5L的比例混合，然後將混合過的高湯再與肉類高湯以1：3的比例混合，這麼做的目的，是為了讓湯頭散發柔和的海鮮香味。而且使湯頭呈現絕妙調

叉燒肉

材料

豬五花肉、補充用叉燒醬（自製調味醬油〔濃味醬油、鹽、味醂、柴魚〕、味醂、八丁味噌、大蒜）

1

五花肉是使用信州 SPF（Specific Pathogen Free）豬隻，大塊購入後每片再分切為八等份。

2

將醬料加熱後，在補充用叉燒醬中放入豬脂煮融，這樣和之前醬料更容易融合。

3

把五花肉先放入完成的肉類高湯中煮30分鐘，期間要撈除浮沫雜質。

4

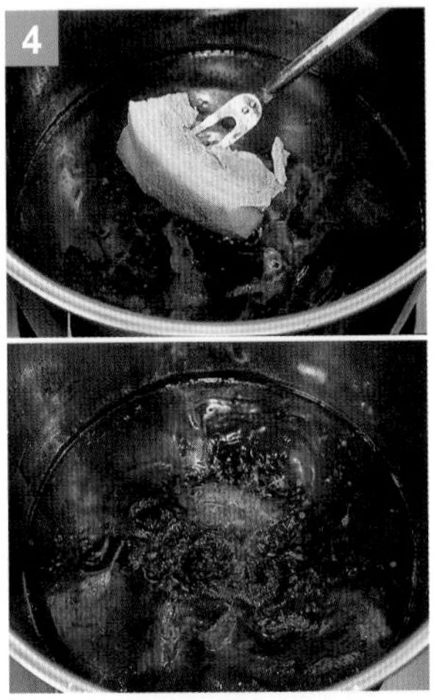

將3的五花肉放進加熱的叉燒醬汁中，以小火燉煮20分鐘。放在陰涼處一晚，隔天每塊分裝在袋中，再放入冰箱冷藏保存。

5

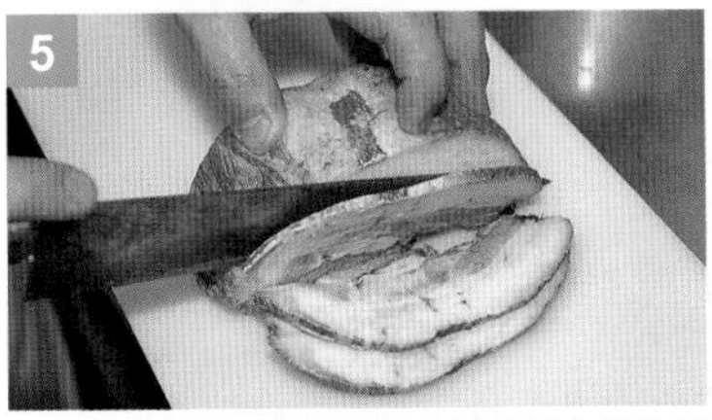

為了保持鮮度，營業期間肉塊分三次切片使用。

梭魚油

材料

梭魚乾、豬油

1

豬油加熱後，放入折斷的梭魚乾，這麼做是為了快點炸出魚中的香味。

2

用小火將魚乾炸至上色的程度便熄火，放涼後濾出油，放入冰箱冷藏保存。營業時一次少量取用，煮麵時將它裝在容器中保溫使用。

魚類高湯

材料

梭魚乾、竹莢魚乾、海參、厚青花魚乾、厚柴魚、柴魚片、水

1

以7種小魚乾熬製高湯。從各地購入精選的食材。

2

在15L的水中放入備長炭，再將柴魚片以外的材料全部放入水中，靜置一晚。除去梭魚、竹莢魚和海參的內臟，乾炒後加入其中。

3

隔天早上，以大火加熱並撈除浮沫雜質，等快要沸騰前轉小火，再加熱1小時。

肉類高湯

材料

雞骨、豬大腿骨、雞油、背脂、乾香菇、胡蘿蔔、洋蔥、大蒜、生薑、長蔥蔥青、水

1

因為水質對味道的影響很大，所以先在淨水器濾出的45L水中，放入備長炭靜置9小時。

2

將雞骨以沸水汆燙約5分鐘，雞骨是精選「信濃地雞」、「信州香草雞」和「福味雞」這三種商品，包括附雞頭的雞脖子骨頭、雞身骨、小骨和雞爪等。

3

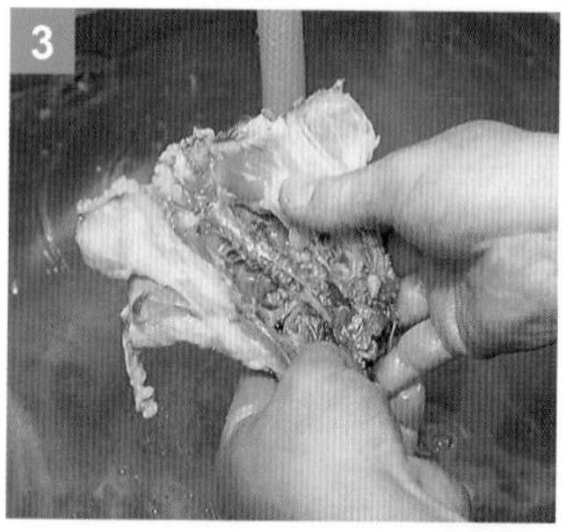

接著將骨頭浸泡涼水，仔細清洗去除殘留的內臟，再放入除去備長炭的1的桶鍋中。

4

豬大腿骨和雞骨一樣，以沸水汆燙後用水清洗，再放入桶鍋中。豬大腿骨是使用橫濱的「大豬」（後側）及「信州Miyuki豬」（前側）這兩種。

5

將桶鍋加蓋以大火加熱約1個半小時，撈除浮沫雜質，攪動骨頭，除去骨頭上及積存在鍋底的雜質。

6

以能使湯汁對流但又不會沸騰的小火熬煮7個小時，接著加入雞油和背脂，再加入蔬菜。

7

再熬煮約1小時後，取出背脂和蔬菜就完成了。營業期間以微火加熱使用。

和的頂級風味，而非只是突顯出某種高湯的味道。

肉類高湯是以雞骨為主，用比例10：7的雞肉與豬大腿骨熬製而成。為了不使湯汁變混濁，用小火慢煮7小時，再加入「信濃地雞」的雞油，以及「信州SPF豬」的背脂來加強鮮味，之後再燉煮約1小時即完成。

肉類高湯充分運用信州當地的雞與豬，雞骨來自以安全飼料與飼養法細心養殖出的三種信州雞。

其中，美味的核心「信濃地雞」，塚田先生之所以決定使用，是因它具有以天然水飼育，脂肪沒有腥味這項優點。

他表示這種雞養在平地有充分的運動，所以骨頭結實，骨髓中充滿鮮味。

因為雞的風味濃郁，所以豬骨也要選用鮮味濃厚的「信州Miyuki豬」。

麵條

大麥焙煎麵

這種麵富含食物纖維，麵筋成份較少，口感Q韌有彈性。屬於扁平粗麵，一團重130g。

黑麵

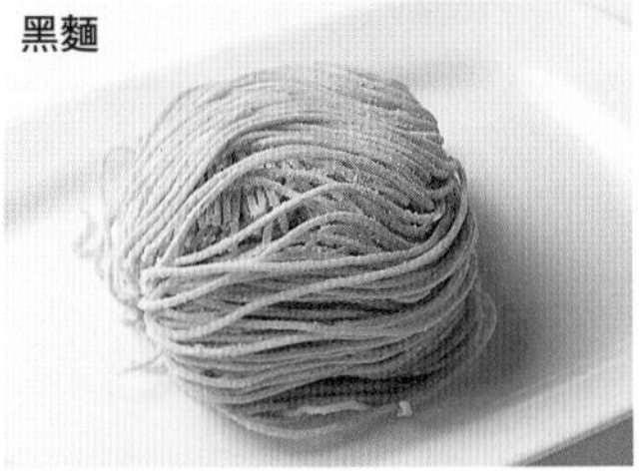

這種細麵散發「黑麥」的濃厚香味，一團重130g，其中還加入當地麵粉增加顆粒感。

低澱粉醣（amylose）麵

這是用品種改良過的小麥製成的麵條，特色是非常Q韌，為日式沾麵專用麵條。一團重200g。

加熱1小時後，加入柴魚片增加香味就完成了。

這時高湯會逐漸泛出酸味，用冰水立即冷卻，可以延緩高湯劣質化。

海帶高湯

材料
羅臼海帶、水

羅臼海帶切塊，放入有備長炭的5L水中靜置一夜，隔天早上以大火加熱，在快要沸騰前轉小火，再加熱1小時。

混合魚類高湯和海帶高湯

在冷卻的魚類高湯中加入海帶高湯，過濾後放入冰箱冷藏保存。隔天再次過濾，以小火加熱後使用，但為了避免氧化變質，一天分三次加熱。加熱後要裝在保溫器皿中，保持90℃的溫度，以防香味散失。

完成拉麵湯頭

●拉麵

在大碗中放入醬料、油、乾羅勒，以及分量3：1的肉類高湯和「魚類加海帶高湯」。

●信州白味噌麵

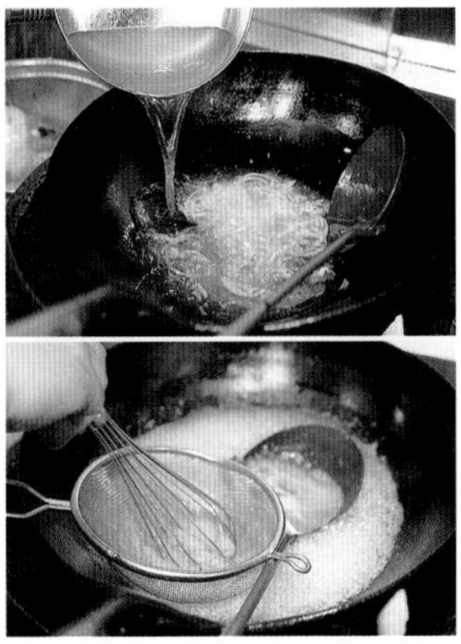

鍋裡倒入豬油，放入洋蔥、豬絞肉和蒜末拌炒，再倒入肉類高湯，加入胡椒和麻油後，放入兩種信州味噌煮融。

不過這種豬產量有限，所以該店還選用橫濱飼育的「大豬」，「大豬」是經過嚴格檢驗精選的母豬，粗大的骨頭中富含骨髓。

相對於「拉麵」充分呈現湯頭的美味，「信州白味噌麵」著重在表現味噌的風味，不讓味噌濃郁度降低的祕訣，在於將味噌做成味噌調味醬。然後只搭配肉類高湯，這樣樸素溫馨如味噌湯般的湯頭就完成了。

叉燒肉

在良好環境中飼育 無肉腥味的「信州SPF豬」

該店叉燒肉用的豬五花肉也是信州的食材，他們大塊購入在優良環境中飼育無腥味的「信州SPF豬」後，再分切烹調。

先以營業用高湯熬煮，除了肉鮮味能釋入高湯外，同時五花肉中也會滲入高湯的鮮味。

為了不讓叉燒醬料中的濃味醬油味道太突出，醬油中還加入柴魚和味醂等調味，並混入味醂、蒜泥和八丁味噌增加風味。

麵條

與湯頭相互爭輝 風格獨具的芳香麵條

不考慮麵條和湯頭是否對味，讓顧客一入口就感受到兩者彼此間的拉扯，從頭到尾不斷體嚐麵與湯之間你來我往的「戰爭」，這樣的特色也是店家當初企圖呈現的新創意。

他們特別選用風格獨具的麵條，讓湯頭和麵條在碗中相互爭輝，形成另一番趣味。

該店備有「大麥焙煎麵」和「黑麵」兩種麵條，顧客可依自己喜好選擇。兩者均為長野的「謝謝製麵」公司的產品，都能讓人充分享受原料的美味與芳香。

地址●東京都千代田区西神田2-1-8
電話●03-3221-1232
營業時間●〔平日〕11時30分～16時、17時30分～22時
〔週六〕11時30分～15時〔國定假日〕11時30分～20時
例休日●每週日

東京・神保町

麵者 服部

特製香味油「Juicy」構成主要的香味

Juicy日式沾麵套餐
940日圓

這是該店最受歡迎的拉麵，豬骨海鮮湯頭中加入「Juicy」香味油，搭配「大榮食品」生產Q韌彈牙的麵條，一團160g。套餐是叉燒肉和筍乾分量都增加，還加入海苔和滷蛋。

2003年1月開幕的『麵者　服部』拉麵店，位於都營新宿線的神保町車站和JR水道橋車站之間，因鄰近有大學和許多辦公大樓，因此主客源多為學生和上班族，是一家每天能吸引二百位顧客光臨的人氣店。店內採用如咖啡館設計般的明亮木質裝璜，讓單身女性也可以輕鬆進店吃麵，因此吸引了許多女性顧客。

該店的拉麵是店主服部恆夫先生自學研發的。開創新口味的服部先生，開業當時推出尚非主流的豬骨海鮮湯頭，而備受拉麵界矚目。他預測這種湯頭未來可能成為一種新趨勢。服部先生認為，以雞高湯為底的湯頭儘管比較清爽、好製作，但是豬骨高湯比它的做法更複雜、更富風味。因此，他使用豬骨高湯的作法也更具挑戰性。

此外，『麵者　服部』還推出調味的要角「Juicy」，它是以辣椒、大蒜等香料製作的特殊香味油。獨特的橙橘色，誘人食欲的香味及奇特的命名，處處都展現它與眾不同的特色，讓人吃起來興味盎然。

決定開設『麵者　服部』拉麵店時，服部先生便抱持著一定要研發出有別於其他拉麵店，前所未有的新口味的決心。在他的心裡，還想到要研發至今都不曾出現過的香味油「Juicy」。

目前該店推出的「拉麵」和「日式沾麵」的湯頭，是在豬骨和海鮮高湯混合成的湯頭中，再加入調味醬油。另外菜單中，兩種麵都備有加入「Juicy」的湯頭。該店日式沾麵尤其受歡迎，點選「Juicy日式沾麵」的顧客，約占總顧客量的六成。

材料

【豬骨高湯】豬大腿骨、豬皮、豬腳、豬軟骨、雞爪、雞骨、乾香菇、大蒜、生薑、蘋果、胡蘿蔔、洋蔥、長蔥、胡椒粒、水、花柴魚【海鮮高湯】柴魚、宗田鰹魚乾、青花魚乾、小魚乾

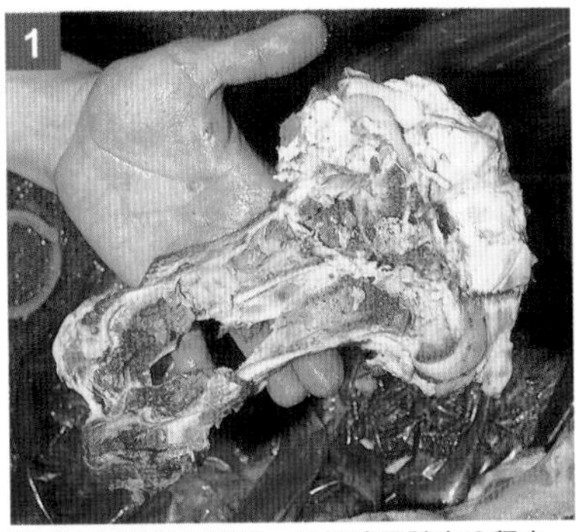
1 將豬大腿骨縱向剖開，以便讓骨髓充分釋出，可用小型斧頭來進行切剖。

2 豬大腿骨放入桶鍋中，加入能蓋住骨頭的水量，先氽燙。等煮開後轉小火，約煮40分鐘。

3 把湯汁倒掉，一面用清水和鬃刷刷洗豬骨和桶鍋，一面沖洗雜質和油脂，來回共4次。

4 將3平均鋪於桶鍋，以大火熬煮5個小時。加熱3小時後水位會降至能看到豬骨的程度，這時要補足水量。

5 隔天早上再開火加熱，沸騰後加入豬皮、豬腳和軟骨，讓水位高過材料10cm以上熬煮。

6 1個半小時後，加入雞爪並補足水量，雞爪是購入已去皮的。

7 熬煮2小時後，加入已仔細去除內臟的連頸雞身骨，繼續補足水量，熬煮2小時。

8 加足水後轉小火，加入蔬菜和胡椒粒。蘋果、胡蘿蔔和洋蔥需打成泥後再加入。接著一面補足水量，一面熬煮3小時後過濾。

9 放入冰箱冷藏，隔天早上再加熱至70℃即熄火，加入花柴魚，加蓋靜置20分鐘。

10 營業前將9一面過濾到較小的桶鍋中，一面加入海鮮高湯混合。

湯頭

靈活運用「Juicy」風味均衡的豬骨高湯

『麵者 服部』的湯頭，是以豬大腿骨為湯底，在營業前再分別舀取肉類和海鮮高湯混合，屬於豬骨海鮮混合湯頭。該店的沾麵和拉麵都共用這種湯頭。

他們活用獨創的香味油「Juicy」，構成湯頭的基本風味，嚐起來口味十分清爽。尤其，為了不讓肉類高湯的肉類、蔬菜和高湯的風味與濃度，被「Juicy」的香味抵消，讓兩者充分平衡就成為製作的重點。

此外，因湯頭中不使用化學鮮味調味料，為了加強鮮度，除了豬骨外，該店還使用雞骨。同時加入富膠質的豬皮、豬腳、豬軟骨和雞爪，讓湯頭呈現適度的濃度與黏性。其中雞骨的鮮味對湯頭美味有極大的影響，所以該店都特選高品質，能熬出鮮味的帶肉雞骨。

製作肉類高湯需要兩天的時間。第一天先將豬大腿骨以大火持續熬煮5個小時，第二天再依序放入雞爪、豬皮、豬骨、軟骨、雞骨和蔬菜。

豬大腿骨要先以沸水氽燙40分鐘，剔除骨頭上殘餘的肉和脂肪後才開始熬湯。

熬煮豬大腿骨的前3小時，水量大約要保持在比骨頭高10cm以上，若低於這個標準就要加水，所以平均每40

分鐘～1小時便要勤於補充水量。他們表示高湯濃度低時，以大火少量熬煮的方式，較容易煮出豬大腿骨的精髓。

熬煮過程中，水並非一口氣加足，而是每當加入新的材料時，才補足水量，如此反覆熬煮，一面稀釋湯頭，一面熬煮，最後才能熬出濃度均勻的高湯。

在完成前3小時加入蔬菜，以消除高湯的肉腥味，並補充甜味。大火會使蔬菜的味道散失，所以這階段的重點是轉小火熬煮。

將蔬菜切碎，胡蘿蔔、洋蔥和蘋果以食物調理機打成泥，再加入高湯中，以便讓少量蔬菜能充分釋出味道。

目前該店使用的蔬菜量，比當初開始開店時企圖加強湯頭濃度不斷增加的量，已經減少了八成。

因為有一次服部先生覺得蔬菜味似乎已破壞湯頭風味，於是請拉麵同行來品嚐，經討論後他決定接受減量的

Juicy

這是該店開發出的香味油，具有獨特香味，能夠促進食欲。材料包括鷹爪辣椒、大蒜等香料。

筍乾

材　料

鹽漬筍乾、醬料（乾香菇、日高海帶、粗砂糖、味醂、淡味醬油、水、柴魚）

1 將切小塊的海帶、乾香菇和粗砂糖放入鍋中，再加入味醂、淡味醬油和水來製作醬料。

2 加入前一天以沸水汆燙4次，已去除鹽分的筍乾。去除鹽分時避免汆燙過度，以免筍子口感變差。

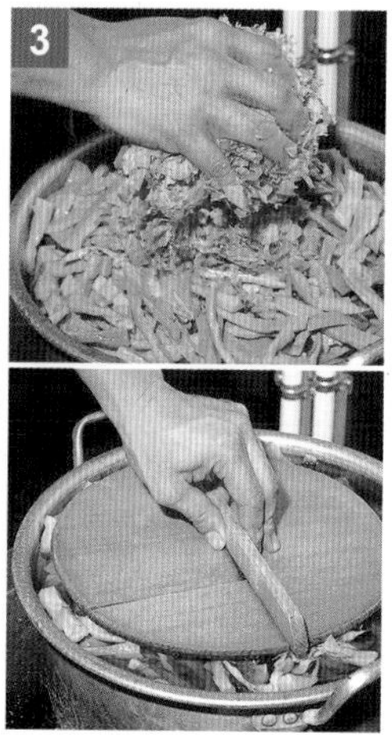

3 在2的筍乾上放上柴魚片，蓋上內蓋後，以大火加熱。煮開後轉小火燉煮1小時即可。離火後，整鍋暫放讓筍乾入味。

叉燒肉

材　料

豬肩裡脊肉、醬料（酒、濃味醬油、日高海帶、乾香菇、長蔥、生薑、大蒜、紅茶葉、補充用叉燒醬、水、粗砂糖）

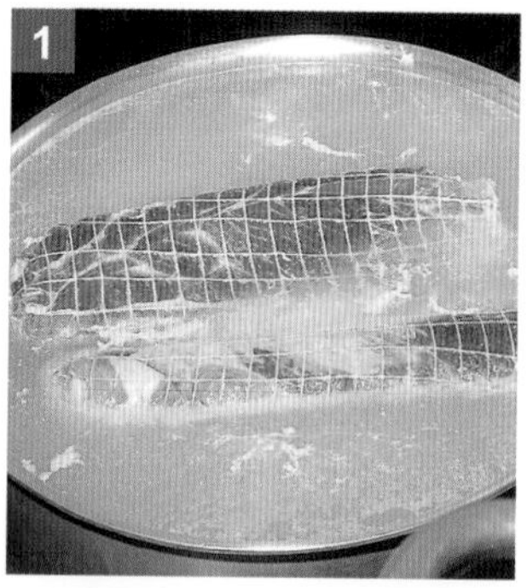

1 豬肩裡脊肉以大火煮1個半小時，進行汆燙處理。汆燙後不要馬上取出肉，先直接靜置讓肉質變軟。

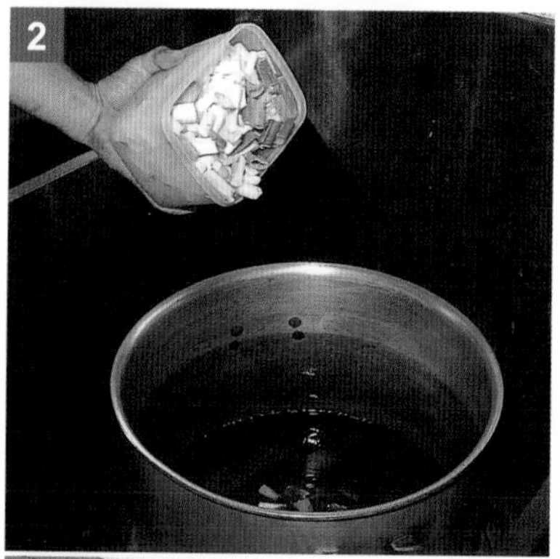

2 製作醬料，在酒和醬油中加入蔬菜、海帶和紅茶葉，蔬菜切碎以便讓味道釋出。而加入茶葉能使肉變軟。

3 在2中加入補充用醬料，接著加水以大火熬煮，粗砂糖也一併加入。

4 當3的醬料煮沸後，加入汆燙過的肩裡脊肉，加入肉後溫度會下降，這時要轉大火加熱。

5 再次沸騰後轉小火熬煮1個半小時，使肉塊充分入味。圖中是要熄火前的情形。

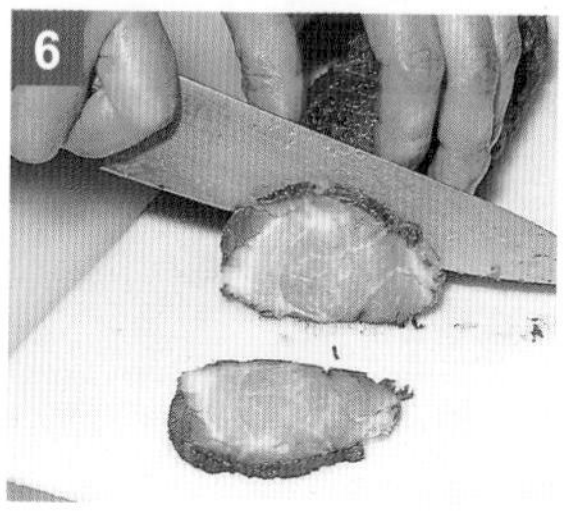

6 熄火後放涼，接著放進冰箱冷藏保存。營業時一次取出一條使用，隨點單需要再切片。

調味醬油

材料

叉燒醬汁、水、鹽漬豬五花肉、乾香菇、海帶、洋蔥、胡蘿蔔、長蔥、大蒜、生薑、鷹爪辣椒、濃味醬油、淡味醬油、味醂

1

將叉燒醬汁、水、海帶、蔬菜和鹽漬豬五花肉，一起放入壓力鍋中燉煮40分鐘。使用壓力鍋為了是在短時間內，有效煮出鮮味。

2

在1中加入濃味醬油、淡味醬油和味醂。同時使用兩種醬油，才能調和出均衡、理想的味道。

3

使用大火會煮出醬油的雜味，所以要用小火熬煮30分鐘，沸騰後香味會散失，在快要沸騰前即熄火，將鍋子加蓋至少放置3天。

建議。

服部先生說增加食材雖然能增進風味，然而減少雜亂的風味也像增添風味一樣，是相當重要的一環。

在混合肉類和海鮮高湯的階段，需嚴格控制溫度，他們會使用溫度計以便讓溫度確實維持在70℃。因為一旦超過70℃，之後加入的柴魚和海鮮高湯的香味都會揮發掉。而且營業時也要使用微火保溫，運用溫度計測量，注意隨時保持70℃的溫度。

服部先生是以味蕾是否留下海鮮味為標準，來衡量肉類和海鮮高湯的比例是否均衡，尤其在無法決定混合比例時，他時常憑藉湯頭的濃度和整體感，來斟酌調配。

服部先生基於兩項原因才不固定高湯的比例。一是讓拉麵風味有強弱輕重之別，老顧客習慣後，就不會在意湯頭風味是否一致。二是為了打破料理人的慣性。

這是因為避免自己固定比例後，開始不注意湯頭變化，不知不覺間讓湯頭走了味，這麼做也可提醒自己要常品嚐來謹慎製作。

最近，該店肉類和海鮮高湯是以8：2的比例混合，肉類高湯佔較大的比例。

調味醬油

風味統一簡單 再以材料增加鮮味

拉麵風味主要有兩種構成方式，不是以醬料就是以湯頭來呈現變化。服部先生選擇後者，將重點放在湯頭上。

因此調味醬油風味單純，只用來增加鹹度而已。不過它和湯頭一樣都不加化學鮮味調味料，所以會補充食材以增加鮮度。

作法是先在壓力鍋中，放入能提高鮮味的叉燒醬、海帶、乾香菇和鹽漬豬五花肉，再加入能釋出甜味的洋蔥、胡蘿蔔，以及能突顯風味的長蔥和大蒜等香味蔬菜和鷹爪辣椒，在短時間內熬出鮮味。

加了醬油後，為避免醬油香味散失，要改用小火加熱至快要沸騰即熄火。

配菜

豐盛的配菜 一碗就讓人十分飽足

服部先生認為配菜讓人感到飽足，不過，他擔心配菜會改變湯頭的風味，所以只稍微調味，以免破壞湯頭。

該店有許多顧客是學生和上班族，所以他們很重視叉燒肉本身的風味，以便讓顧客有「吃肉」的滿足感。

最近，該店還將筍乾換成外觀看來較夠分量的鹽漬粗條筍乾。事先用熱水進行去鹽作業4～5次，燉煮後還保留清脆的口感。

和「Juicy」一樣，添加拂手柑香味的滷蛋，同樣是源於服部先生的豐富創意。

服部先生老聽到有顧客反應，日式沾麵應該要搭配涼的配菜，他所研發的這種香味滷蛋，確實要涼了吃才美味，因此將它加入日式沾麵中當作配菜。

地址●東京都北区赤羽2-65-11
電話●03-3598-2326
營業時間●11時30分～15時、18時～22時左右
例休日●每週一〔遇國定假日改成隔日休〕

東京・赤羽岩淵

らーめん工房 赤羽 胡山

以豬、雞、牛和魚製作湯頭 超人氣的香濃味噌拉麵

2004年9月在東京赤羽正式開幕的『らーめん工房　赤羽　胡山』，推出具有當地特色的獨創口味拉麵，深受顧客好評。該店目標是希望開發出從小孩到老年人都能接受，味道鮮美、清爽的拉麵。店主小山清先生過去長時間任職於食品相關公司，他計畫未來要開設拉麵店，曾進入橫濱「大勝軒」拉麵店學習。

該店基本拉麵有「拉麵」和「日式沾麵」，分別又有醬油和味噌兩種口味，其中，以獨門味噌調味醬調味，香濃味美的「味噌拉麵」最受歡迎。

另外還有在「味噌拉麵」中加入辣味噌的「辣味噌拉麵」，讓人一吃就上癮的美味，讓該店的老顧客不斷增加。

店內只有10席座位，每到週末120人份的湯頭很快就銷售一空。

提供肉類和魚類高湯比例均衡，香濃味美又清爽的湯頭，是店主小山先生所追求的目標。他將豬、雞、牛三種肉類的鮮味，混合青花魚乾、飛魚乾和海帶等的海鮮風味，以及蔬菜類等的甜味，熬煮出理想的湯頭。

此外，他為了避免每天的湯頭風味不統一，在製作細節上十分謹慎。不僅肉類和海鮮類，甚至連蔬菜類的分量都經過仔細計量。此外，在熬製湯頭的過程中，每種材料出味的時間也經過精確測量。

由於食材品質和當時狀況的不同，會使高湯味道產生變化，為此熬煮時，小山先生也會一面嚐味道，一面調整分量。

每天如此認真仔細製作的拉麵，很少發生走味的情形，而這樣穩定、美味的拉麵，也是它深深吸引老主顧的主要原因。

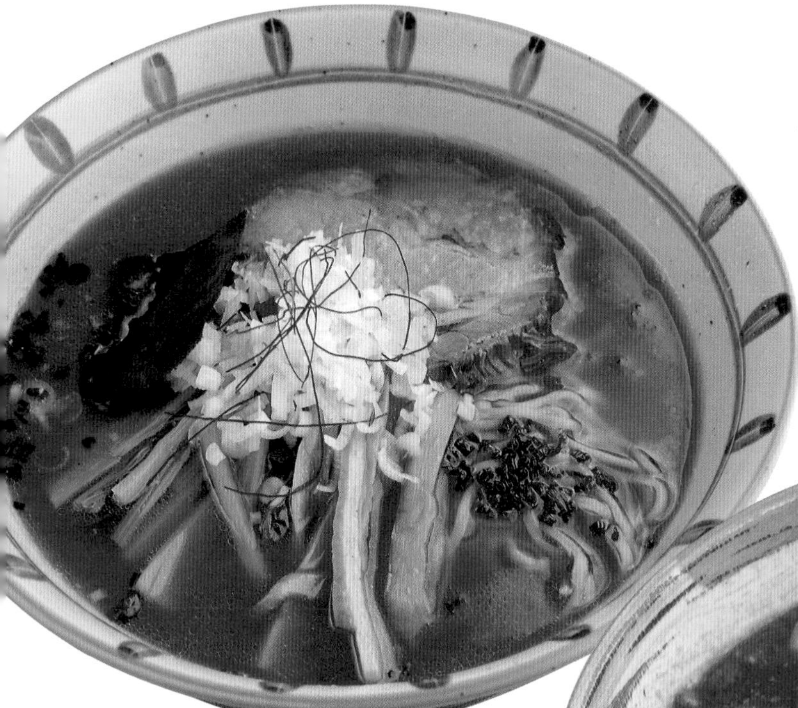

正油拉麵　650日圓

以淡味醬油為底的調味醬油，需放置3天才使用。它不但鮮味濃郁，又十分清爽，從小孩到老年人都喜愛，是最具人氣的拉麵。

味噌拉麵　750日圓

湯頭中使用五種味噌製作、味道極香濃的味噌調味醬。配菜包括軟爛的叉燒肉、自製筍乾、蔥白絲，以及用沸水汆燙過的菊花和焦蔥等。

基本高湯

材料

水、豬背骨、豬大腿骨、背脂、雞骨、全雞、雞爪、豬腳、牛腱、叉燒用肩裡脊肉、生薑、大蒜、長蔥、洋蔥、胡蘿蔔、青花魚乾、飛魚乾、小魚乾、雞油、豬絞肉

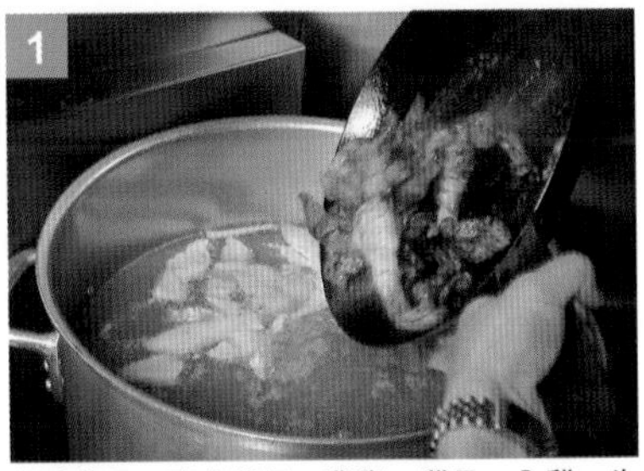

將豬背骨、豬大腿骨、背脂、雞骨、全雞、牛腱等放入水中加熱，進行汆燙處理。

將已烘烤上色的豬肩裡脊肉，用繩子繫在桶鍋邊，再放入鍋中。火候維持大火加熱。

等湯煮沸後撈除浮沫雜質，充分攪拌，讓鍋底的雜質也能浮出去除。

熬煮1個半小時後，放入生薑、畫出切口的大蒜及對摺的長蔥。

再煮30分鐘後，加入切塊的胡蘿蔔和對剖的洋蔥，以增添蔬菜的甜味。

用網杓仔細撈除浮沫雜質，殘留的浮沫雜質會讓湯汁變成渾濁的褐色，也會有肉腥味。

取出豬肩裡脊肉，撈除浮沫雜質後，放入裝有海鮮材料的棉布袋。飛魚要事烤香。

加足水後再加入雞油。持續撈除浮沫雜質，熬煮30分鐘後，加入用水調拌過的豬絞肉。

加入第二次的香味蔬菜（生薑、大蒜、長蔥），熬煮30分鐘，完成基本高湯。

和風高湯

材料

水、海帶、乾香菇、酒

在水中加酒，放入海帶、乾香菇醃漬一夜。隔天加熱，沸騰後轉小火熬煮1小時。

完成

將和風高湯過濾到基本高湯中混合，湯汁表面沸騰後，將火轉小一點。

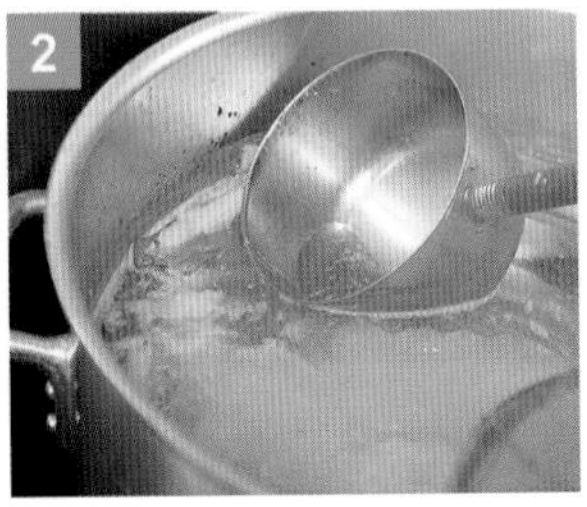

再煮1個小時湯頭就完成了。壓一壓其中的材料，讓雞油釋出，然後撈除浮在表面的雞油。

湯頭

以大火持續熬煮 將浮沫徹底撈除乾淨

該店的湯頭，是在豬背骨、雞骨、豬骨、牛筋等熬煮的肉類高湯中，加入蔬菜和各類魚乾等煮出基本高湯。然後在基本高湯中，再混入海帶和乾香菇煮成和風高湯，才完成營業用的湯頭。

首先介紹基本高湯的作法，將仔細洗淨汆燙過的豬背骨、雞骨、全雞、豬大腿骨、雞爪、背脂和豬腳等，放入水中加熱。

為了充分熬出高湯，先用錘子將豬大腿骨敲裂，豬腳上畫出切口。雞爪要剝除薄皮才加入，否則會有腥臭味。

容易熬出高湯的牛腱，要先用小火慢炒過後再加入，以便能鎖住肉的鮮味並散發香味。叉燒用豬肩裡脊肉也是烤過後才加入高湯中。冬天時需煮1小時、夏天則需40～50分鐘才會沸騰，然後用杓子撈除浮出的浮沫雜質。

湯汁沸騰後加入生薑、大蒜和長蔥等香味蔬菜，煮30分鐘後再加入胡蘿蔔和洋蔥，在此期間也要不斷以網杓撈除浮沫雜質。

然後撈起叉燒肉，放入裝了各類海鮮的棉布袋。

袋中材料有青花魚乾、飛魚乾和小魚乾。風味高雅的飛魚乾事先要以細

火慢慢烤黃，讓香味散出再加入，該店表示加入海鮮時要留意，若加得太多會產生苦味，而且並不會增加海鮮風味。

在桶鍋中一點一點加水，以避免湯汁的溫度下降，在湯汁中放入能釋出雞油的雞油塊，30分鐘後再加入用水調拌的豬絞肉。

放入絞肉後再加入第二次的蔬菜熬煮，這樣基本高湯就完成了。製作基本高湯的重點是以大火持續熬煮，還要徹底撈除表面的浮沫雜質，以免湯頭有浮沫雜質的肉腥味。

接著在裝有基本高湯的桶鍋中，一面過濾和風高湯，一面將它混入其中。

和風高湯是將海帶和乾香菇浸泡一夜後，再熬煮1小時而成，它不但能加強湯頭一部分的味道，也能補足因蒸發變少的湯汁。

與和風高湯混合後將火轉小，熬煮1個小時，表面浮有雞油的營業用湯頭就完成了。

白天營業期間，是直接在桶鍋中加入材料後使用，但營業結束後，要將湯裡的材料過濾出來。若材料一直浸泡在湯裡，湯頭就會變濁、走味。

此外，該店會將早上熬製的高湯，保留一部分晚上用，並與前一晚所剩的高湯混合，這麼做為的是儘量保持一樣的風味。

叉燒肉

肩裡脊肉經3小時熬煮 肉質軟爛入口即化

叉燒肉的製作也和熬製高湯一起進行。

先將豬肩裡脊肉表面烤至上色，放入基本高湯中燉煮1個半小時，再放入叉燒用醬汁中，繼續燉1個半小時。燉煮3小時的叉燒肉，先暫時浸泡在醬汁中。

叉燒肉要煮到用筷子挾起就會碎裂的軟爛度，而且味道不會太重。可調節浸泡時間，以製作出這樣的叉燒肉。

拉麵的調味醬汁是由味噌和2種醬油混合而成。為了製作濃厚而不膩口的「味噌拉麵」，該店特選紅味噌、白味噌、八丁味噌、中式甜麵醬和韓國辣味噌等五種醬料。

以這些醬料製作成的味噌調味醬，在收到顧客點單後才放入裝湯頭的小鍋中煮融。再將韓國辣味噌和豆瓣醬調味的絞肉及綠豆芽拌炒後加入其中。麵碗中先舀入該店自製大蒜油和湯頭中的雞油，加入麵後倒入湯頭，最後放上配菜。

調味醬油以淡味醬油為底，加入濃味醬油、酒、味醂、大蒜和絞肉等，放置3天後才使用。

叉燒肉

材料

水、豬肩裡脊肉、醬油、酒、味醂、鹽、鮮味調味料、生薑、大蒜、蔥

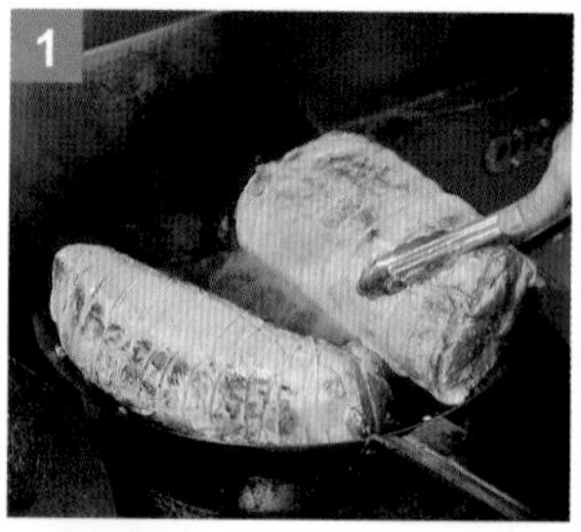

1 將豬肩裡脊肉表面烤到上色，加入基本高湯中，以大火燉煮1個小時。

2 將叉燒醬汁的材料放入鍋中加熱，再加入事先已烤出香味的長蔥。

3 將高湯煮過的豬肩裡脊肉，放入即將煮沸的醬汁中，煮沸後將肉翻面加蓋，以小火熬煮1個半小時。

4 趁肉還未完全涼透前，用保鮮膜包捲塑形，注意別包太緊，以免切肉時會裂開。

醬料

味噌醬

在紅味噌、甜麵醬等5種味噌中，混入15種調味料，放置1天使其融合。

調味醬油

以淡味醬油為底，加上淡味醬油、絞肉和烤好的蔥等，至少放置3天。

地址●靜岡県富士市青葉町604
電話●0545-60-5333
營業時間●11時～15時、17時～21時
例休日●每週五・第3個週三

靜岡・富士

らぁめん 大山

善用靜岡當地食材 展現獨創的美味

㊕豬骨拉麵　600日圓

這道拉麵的豬骨湯頭「白湯」中，還加入富含小魚乾、海帶等海鮮風味的調味醬油，它和「鹽味拉麵」都是該店的超人氣招牌麵。

駿河鹽味拉麵
800日圓

自開業以來一直最具人氣的「鹽味拉麵」中，添加了櫻蝦香味油，風味獨樹一格。它使用加水率少的自製細麵，湯與麵的組合美味絕倫。

以油熱炒櫻蝦製成的蝦油，和充滿干貝鮮味的鹽味湯頭最對味。

『らぁめん 大山』這家人氣拉麵店，離靜岡縣富士市中心區不遠，假日能吸引多達300名顧客，許多上班族及家庭都會前來捧場，顧客層分布十分廣泛。2005年12月，在川崎車站大樓「川崎BE」內集合7家拉麵店的「拉麵Symphony」中，也開設了分店『らぁめん大山　川崎店』。他們未來計畫進軍東京地區，是一家近年來備受注目的拉麵店。

店老闆影島好美先生，在開業之前，一直都在以豬骨拉麵店聞名的東京巢鴨『千石自慢らーめん』和『ラーメン二郎　武蔵小杉店』學習，還曾擔任『ラーメン二郎　町田店』的店長。具有旺盛創作企圖的影島先生，希望未來能製作自己獨創的拉麵。於是2003年時，他決定在能看到日本第一山——富士山的地方開設『大山』拉麵店。

影島先生研發拉麵的基本原則，是善用靜岡當地的食材。他希望自己不斷研發創新的口味，未來有一天能成為靜岡最具代表性的拉麵。

目前『大山』的菜單上，有「清湯」和「白湯」兩種口味的湯頭，兩者都是用靜岡當地飼養的雞隻熬製的。「清湯」拉麵中，還加入充滿干貝鮮味的鹽味醬汁和海鮮味的調味醬油來增加風味。另外，日式沾麵也會搭配鹽味醬汁。而影島先生累積過去深厚經驗熬製出的豬骨湯頭「白湯」，也可點選醬油風味。

此外，影島先生為增進『大山』拉麵的獨特性，還使用櫻蝦香味油。它是使用在著名的櫻蝦特產地駿河灣捕獲的櫻蝦製作，散發獨特的香味與紅色色澤。其美味讓人一吃便難以忘懷。

清湯

雞湯加入有濃郁干貝鮮味的鹽味醬汁

在學習時期就一直致力研發豬骨拉麵的影島先生，首度挑戰開發清澄湯頭，所完成的就是「清湯」。

使用這種湯頭的該店招牌拉麵「駿河鹽味拉麵」，在富士商工會議主辦的「富士品牌認證審查會」中通過審核，成為經認證的富士品牌拉麵。

影島先生製作「清湯」時，是用加了干貝萃取的干貝鮮味精的鹽味醬汁，來展現拉麵最基本的鮮味。因為豬脂味道濃重，會掩蓋干貝珍貴的鮮味，所以，他以雞身骨、小骨、雞爪、全雞等作為主材料，與豬大腿骨合併使用，並運用良質雞脂，完成美味的湯頭。

美味重要來源的雞隻，該店是精選富士山麓富士宮市的青木養雞場、在寬廣優良的環境中飼育出的「富士雞」，以及比一般飼料雞飼養天數超出一倍的「駿河小鬥雞」。他們表示這家養雞場距離較近，再加上出貨態度非常嚴謹，因此店內所進的材料都非常的新鮮。

該店從早上7點開始熬製湯頭，一直煮到開始營業為止，在不到4個小時的短時間內完成「清湯」的製作。

影島先生表示，要在這麼短的時間充分熬出鮮味高湯，是有其祕訣的。那就是加入全部材料後，以不會使湯

清湯

材 料

豬大腿骨、「富士雞」的雞骨和雞爪、「駿河小鬥雞」全雞、羅臼海帶、利尻海帶、生薑、大蒜、乾香菇、洋蔥、蘋果、水

將豬大腿骨、整副雞骨（連頸雞身骨與小骨）、雞爪和連頭全雞放入桶鍋中，加入80L的水。將豬大腿骨切開，讓骨髓容易熬出。

開大火加蓋熬煮，約1個小時煮開後，撈除浮沫雜質，撈完浮沫雜質後轉小火。

加入2片羅臼海帶和1片利尻海帶，再加入生薑、大蒜、乾香菇、蘋果和洋蔥。

以湯汁不會煮混濁的火候加熱，加蓋煮沸2小時，在短時間內熬煮出鮮味。

熬煮2小時後，加水調整濃度即完成。這時差不多快開始營業。

營業時以小火加熱，直接舀取過濾到麵碗中，再加入能浮在湯面的雞油。

白湯

材 料

【第1天】豬大腿骨、背骨、背脂、豬五花肉、「富士雞」的雞骨和雞爪、清湯使用的全雞和雞爪、水【第2天】背骨、背脂、大蒜、水

「白湯」要製作兩天份，從第一天開始使用，隔天再添加背骨、背脂和大蒜來補充味道。儘管第一天和第二天的湯頭濃度不同，不過店家表示第一天營業時湯頭就已非常鮮美了。圖中是第二天早上開始加熱的狀態。

第二天追加背骨和背脂，等1煮開後才加入。從開始加熱到開始營業為止，持續以大火熬煮4小時。

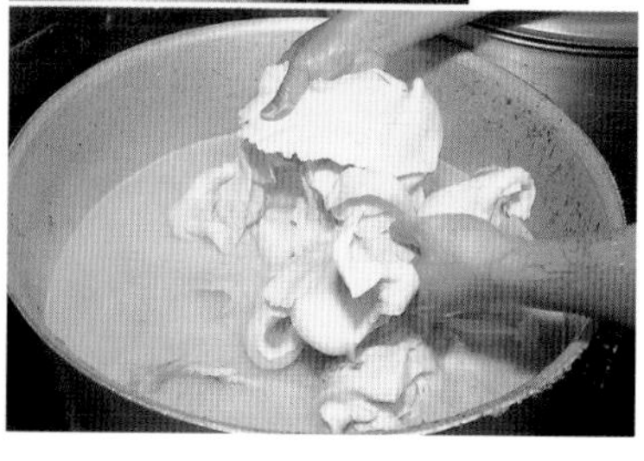

汁混濁的火候，加蓋一口氣熬煮2小時。

此外，影島先生認為，由於湯頭很容易走味，所以就算用同樣的食材和方法，也不一定能做出相同的味道。因此還不如朝前看，將重點放在新發現的風味上。

他不擔心湯頭風味產生變化，有時會多加點材料，有時則會減少一些，每天都會不斷變化。「經常保持進化」是該店創造拉麵風味的原則。

白湯

以豬骨為底兼用雞 完成清爽的風味

以豬大腿骨和背骨為主材料熬製的「白湯」，它最大的魅力特色是風味濃厚鮮美，但口感清爽、一點兒也不油膩。

第一天使用的材料包括豬大腿骨、背骨、背脂和叉燒用豬五花肉，再加上雞骨和雞爪，以及「清湯」用過的全雞和雞爪，豬和雞的比例是4：6。這個湯頭影島先生戲稱為「雞骨」，所以雞鮮味是絕對不可或缺的，製作重點在於，雖然以豬骨為湯底，但卻要熬製出較清爽的風味。

蝦油

以駿河灣特產的櫻蝦 創作令人上癮的美味

影島先生用櫻蝦製作蝦油的靈感，來自於熊本拉麵的「麻油」。

將大蒜炸焦製成的黑色「麻油」，更加突顯出熊本拉麵別具一格的風味。

櫻蝦為靜岡特產品，影島先生聯想到若在拉麵中加入蝦油，一定更能展現它獨特的風味。

搭配「清湯」的「駿河鹽味拉麵」、「駿河醬油拉麵」及「蝦子日式沾麵」中，都有使用蝦油，櫻蝦獨特的香味及鮮味，使拉麵更添魅力。

製作蝦油時，要先將乾燥櫻蝦泡水回軟後才開始作業，這樣才能增進櫻蝦的鮮美滋味。

之後將櫻蝦放在網篩上晾乾，用沙拉油和豬油各半混成的混合油，將櫻蝦炒到略微焦黃後，再將蝦與油混合即完成。

放入雞骨後很容易焦鍋，所以期間要混拌數次以防焦底。加入材料後會產生浮沫雜質，都要撈除乾淨。

熬煮過程中減少的水份要重複補足，這和3一樣有防止焦鍋的作用。

營業前2小時加入大蒜。營業期間要加水數次，開大火加熱。

自製麵條

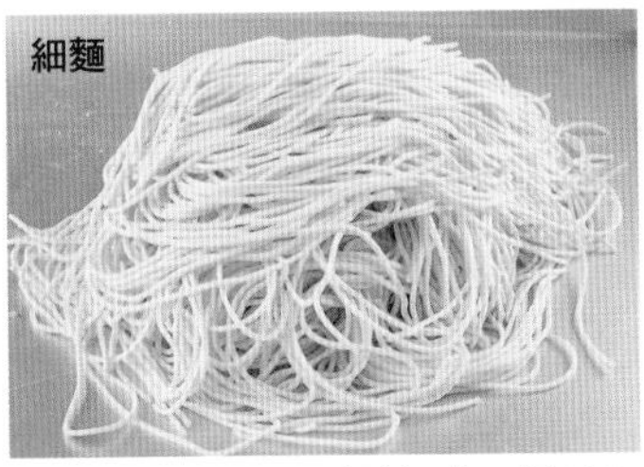

該店是使用22號切刀切製，為一團130g的細麵條。它是在兩種麵粉中，加入能增強口感的蛋白製作而成。加水率只有27%，吃起來小麥風味十足。

該店的日式沾麵是使用12號切刀切製，為一團200g的粗麵條。它和細麵相同，是在兩種麵粉中加入粗粒小麥粉（Durum Semoline），以增加麵條的美味。38%較高的含水量，使它的口感更黏Q。

蝦油

這是用駿河灣櫻蝦製作的獨特香味油。作法是先炒香櫻蝦後，再以油醃漬而成。

鹽味醬汁

鹽味醬汁中主要的風味來自干貝中萃取出的干貝鮮味精，添加的鹽是蒙古產的岩鹽。

地址●長野県松本市征矢野2-5-5
電話●0263-28-6300
營業時間●〔平日〕11時～15時最後點餐、17時～22時30分最後點餐
〔週六・週日・國定假日〕11時～22時30分最後點餐
例休日●每週二

長野・松本

凌駕　IDÉA

巧妙運用海鮮展現獨特的個性風味

濃味和風拉麵　700日圓

在白濁的豬骨高湯中，混合加入濃縮魚高湯的濃郁調味醬油和柴魚粉，散發令人震撼的美味。麵條是搭配中粗直麵。

小魚乾醬油拉麵　650日圓

這道拉麵除了呈現清爽、令人懷念的醬油拉麵風味外，同時也納入新的要素，展現鮮美的海鮮風味。麵條是搭配中細捲麵。

『凌駕　IDÉA』拉麵店內展示著古典鋼琴及擴音器，內部裝璜得猶如咖啡廳一般，提供顧客非常舒適的用餐空間。2000年9月在長野縣鹽尻市開設『麺州ラーメン　凌駕』的店主赤羽厚基先生，經多年深思熟慮後，希望能開設自己理想中的拉麵店，於是在2005年又開設了這家2號店。白天顧客以上班族為主，晚上多數為情侶，到了週六、日則有許多含蓋各年齡的家庭光臨。該店極受女性的歡迎，女性顧客約占總客源的四成。在眾多拉麵中，「小魚乾醬油拉麵」是『凌駕』最具代表性的美味，也是引爆人氣的招牌拉麵。赤羽先生表示「絕不能和別人味道一樣」，他希望能開發出長野前所未有的新口味，不論湯頭、調味醬油和香味油，全以海鮮味為主，讓顧客能充分享受海鮮的美味。從小魚乾香味油所散發的香味開始，過程中感受到的陣陣濃郁海鮮風味，都是美味的關鍵。

2005年，該店僅在長野縣推出「小魚乾醬油拉麵」的杯麵，據說一週的時間13萬個便銷售一空，受歡迎的程度由此可見一斑。

「小魚乾醬油拉麵」使用的湯頭稱為「清湯」，另外該店還有以肉類和海鮮高湯混合成的白湯。與清澄的「清湯」相較，「白湯」的色澤白濁、味道溫醇，「濃味和風拉麵」便是使用這種白湯，也是充分散發海鮮風味的拉麵。『凌駕』菜單中的所有拉麵，都是運用這兩種湯頭製作，「清湯」除了有醬油味外，還有鹽味和味噌的口味。用於鹽味中的鹽味醬汁，使用鯛魚和貝類等材料製作。該店配合用途和想呈現的理想味道，巧妙運用各類海鮮，使拉麵具有更多元化的風。

滷蛋

材料

蛋（中型）、「清湯」的海鮮高湯、濃味醬油、味醂

1 為了讓蛋容易熟，用專用針先在較鈍的一端刺孔，以沸水煮6分30秒。

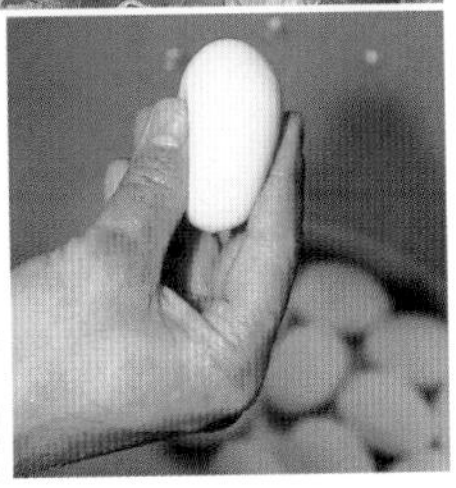

2 將蛋放入冰水中，等它稍涼後剝去蛋殼。要放在水中剝殼，才能剝出漂亮的蛋。基本上最理想的水煮程度，是用手指捏下去，蛋還有彈性的狀態。

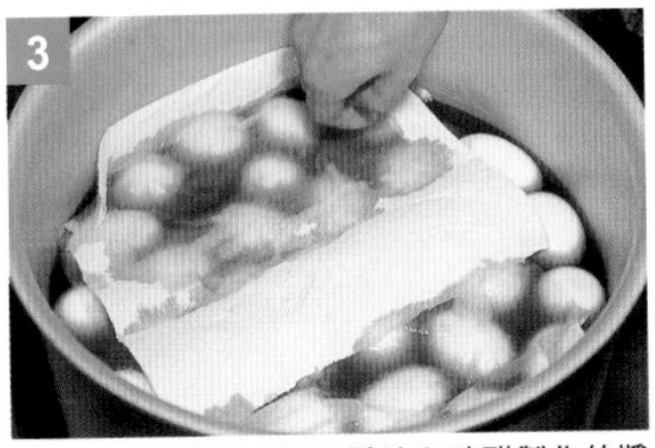

3 在加熱過的海鮮高湯、醬油和味醂製作的醬汁中，放入蛋浸泡，上面蓋上餐巾紙後靜置半天。

4 營業時，將滷蛋置於常溫中，由於蛋白部分已經凝固，所以只取所需的分量加熱即可，讓滷蛋上桌時保持柔軟有彈性的狀態。

調味醬油

材料

濃味醬油、小魚乾、大蒜、生薑、粗砂糖、厚柴魚、味醂、羅臼海帶的皺邊

1 在濃味醬油中放入去除內臟和頭的小魚乾，醬油使用當地松本生產的「Marusyu醬油」。

2 加入大蒜、連皮生薑片和粗砂糖，以大火加熱，並將湯汁充分混拌。

3 快煮沸前加入厚柴魚，以不會使湯汁冒泡的小火加熱25分鐘。

4 加熱25分鐘後，再加入濃味醬油，煮沸前都以大火加熱。

5 再加入小魚乾，以小火加熱25分鐘。

6 加熱25分鐘後以網篩過濾，再加入羅臼海帶，海帶是使用較薄的海帶皺邊部分。

7 約煮20分鐘後，撈除羅臼海帶就完成了。置放3～4天後，即可作為調味醬油使用。

香味油

將小魚乾為主的青花魚乾等，用豬油以低溫慢慢熬煮，即完成有海鮮香味的香油。

湯頭

用清湯和白湯兩種湯頭製作出各式拉麵

赤羽先生表示「我希望從小孩到老人，不論是誰都能享受我們店裡的拉麵」，基於這樣的想法，目前該店共準備10種口味的拉麵。任何人都能找到他自己喜歡的拉麵，多樣化的口味也是該店吸引人的地方。

將湯和醬汁等混合，舀入在麵碗中是拉麵最早完成的部分。在「凌駕」拉麵店，赤羽先生思考的重點，放在要如何利用種類很少的湯頭，設計出多樣化的口味，於是，他決定不讓湯頭風味太獨特，而改用醬汁和香油等來變化風味。

以肉類與海鮮高湯混製的清澄不濁「清湯」，又可分為醬油、鹽和味噌三種口味，而白濁的豬骨湯頭「白湯」，只提供醬油味。

海鮮高湯

材料

羅臼海帶、乾香菇、小魚乾、青花魚乾、柴魚碎屑、厚柴魚、水

海帶、乾香菇和小魚乾用水浸泡一夜，小魚乾放入冰箱冷藏保存，會含有水分散發腥味，所以要先乾炒過。

隔天早上和肉類高湯同時開始加熱，等浮沫雜質釋出時，要勤加撈除。

加熱1小時後，嚐一下味道以確認海帶鮮味是否已熬出，若熬出則取出海帶。

仔細撈除浮沫雜質後轉小火，煮2個半小時後取出裡脊肉，4個小時後取出五花肉。

保持原狀繼續以小火加熱3小時，然後熄火，放置一晚。圖中是隔天早上加熱的情形。

沸騰後將水加足至110L，加入去內臟的雞骨，煮開後將火轉小。

等雞骨浮到表面後即撈除浮沫雜質，然後加入蔬菜，約熬煮1小時備用。

肉類高湯

材料

豬大腿骨、豬肩裡脊肉、豬五花肉、雞骨（頸・身體）、洋蔥、胡蘿蔔、生薑、大蒜、水

放入豬大腿骨，沸騰後約煮10分鐘，撈除浮沫雜質，攪拌可讓浮沫雜質容易浮出。

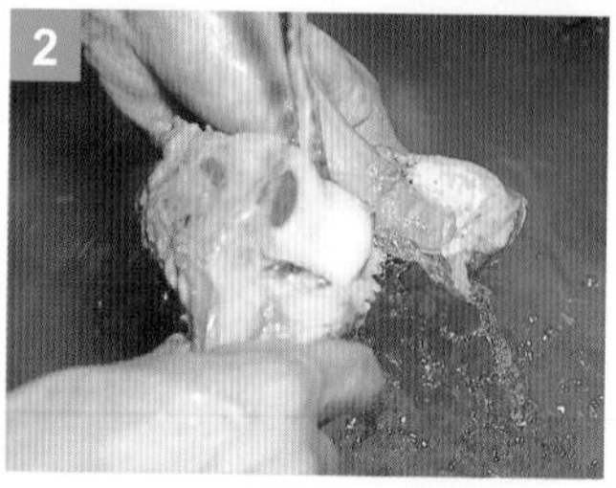

在水槽中裝水，放入桶鍋讓它降溫，用流水仔細沖洗骨頭與骨縫間。

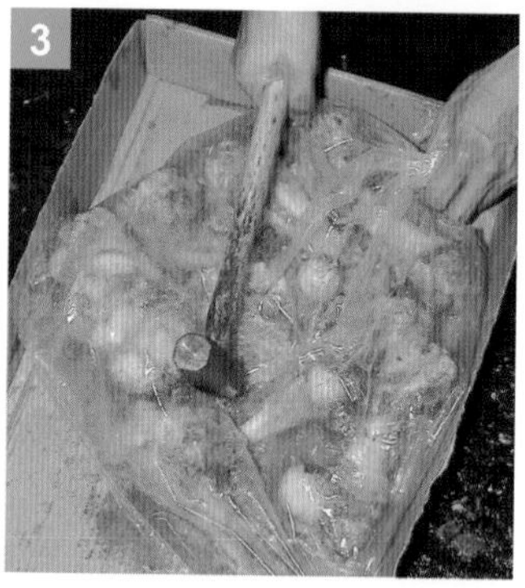

將骨頭直接放入袋中別弄散，用錘子敲成兩半讓骨髓容易熬出。步驟2的骨頭冷卻後較易敲斷。

在鍋中加入80L的水，以大火加熱，沸騰後加入五花肉和肩裡脊肉。

肉類高湯能引出海鮮高湯的美味，但重要的是「如何保留食材的本身風味，而讓湯頭又能不過份獨特？」赤羽先生將目標放在，熬製能和任何調味料搭配的萬能湯頭，只要分別加入醬油、鹽和味噌，便可呈現三種不同的風味。

熬製湯頭的材料包括豬大腿骨、雞骨、叉燒用豬五花肉、肩裡脊肉和蔬菜，內容非常單純。

不過赤羽先生表示，不能在一個時間裡放入所有的材料，否則熬出的湯頭會太濃郁，就不適合搭配各種醬料了。

豬大腿骨和雞骨的用量大致一樣，熬出的湯頭感覺以豬骨風味為底，表面又呈現雞的風味。

為了熬製清澄又完美的湯頭，骨頭事先一定要仔細汆燙處理，徹底去除浮沫雜質，尤其是放入叉燒肉熬煮階段，更要隨時將浮沫撈除乾淨。

熬製高湯的作業分兩天進行，第一天煮豬大腿骨，過程中兼煮叉燒用豬肉，隔天再加入剩餘的材料。赤羽先生表示在熬出豬鮮味的階段，放置一晚能提升湯頭的濃郁度。隔天早上再加入水和雞骨，則能增加湯頭的新鮮口感與質感。

為了讓雞骨充分釋出美味，過去店內是使用折斷的頭和身骨，現在則直接購入頭、身已分切好的商品。

海鮮高湯以海帶、乾香菇、小魚乾和三種魚乾類熬製，著重呈現魚香味，但卻沒有澀味。

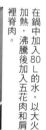

白湯

材料

「清湯」的肉類高湯的雞骨、水

1 「白湯」是使用取自肉類高湯的雞骨，所以能在短時間內熬煮成白濁色。

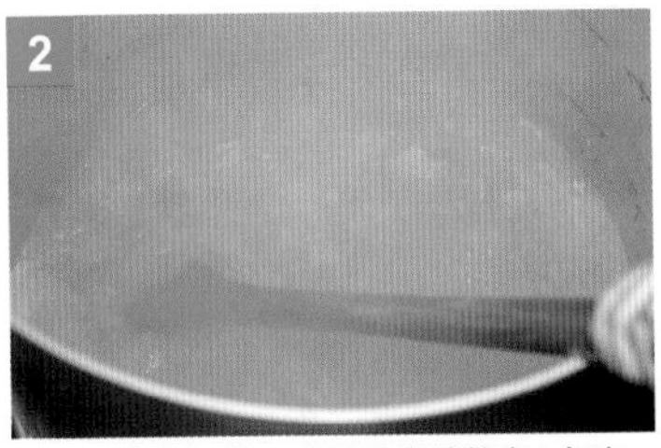

2 加水以大火加熱，煮開後繼續熬煮4小時，放置一晚。期間要時常攪拌以免焦鍋。

3 隔天早上再次加熱，一面觀察湯汁顏色，一面加水，要經常攪拌。

4 熬煮4～5小時後過濾湯汁，倒入容量24L的營業用桶鍋，剩下放冰箱冷藏保存。營業時以小火保溫，並隨時補充。

混合

1 將海鮮高湯過濾到24L的營業用桶鍋中，海鮮與肉類以1：3的比例混合。

2 避開油脂舀取肉類高湯倒入1中，肉類高湯放在小火上保溫備用，可直接舀取湯汁不需過濾。

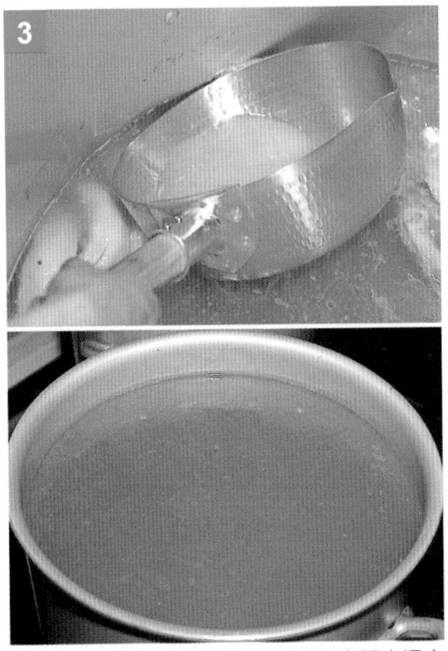

3 為避免湯頭太快氧化，可加入浮在肉類高湯表面的雞油，這樣清湯就完成了。放在小火加熱，保持90℃的溫度。

4 將煎焙柴魚時產生的柴魚碎屑炒過後，放在棉布包加入高湯中，它比一般的柴魚味道還要香。但因為混有魚骨，所以要用布袋裝著。

5 將青花魚乾和厚柴魚炒香，直到水分收乾後再加入。以小火熬煮，大約30分鐘釋出味道後即熄火，然後拿出網籃剔除材料。

魚乾類除了柴魚和青花魚乾外，還加入一種比柴魚更香的柴魚碎屑，目的是加強魚的香味。魚乾類使用前會先仔細乾炒一下，這樣不但能收乾水分，避免產生澀味，也能消除魚腥味。

強調海鮮風味的「小魚乾醬油拉麵」，雖然要有濃厚的魚鮮味，但是當海鮮高湯味道變濃後，又一定會產生澀味。

所以該店採取將小魚乾的香味，先釋入油中的方式來解決這個問題，這樣不但沒有澀味，還能增加魚的風味。

與湯汁清澈的「清湯」相比，脂肪已乳化的「白湯」特色是呈白濁色。

因為它使用已煮過肉類高湯的雞骨熬製，所以能在短短2個半小時～3小時內熬成白濁色。

它和「清湯」一樣需花兩天熬製，第一天要花4個小時，第二天需4～5小時，熬煮時還要一面補足水分，然後才大功告成。

這種「白湯」用於醬油味拉麵「濃味和風拉麵」和「濃味日式沾麵」中，相對於「清湯」製作的「小魚乾醬油拉麵」，在享用過程中逐漸感受到增強的海鮮風味，使用「白湯」的「濃味和風拉麵」，在其乳狀的湯頭中，因為還加入比海鮮味更濃郁的調味醬油和柴魚粉，所以只要嚐一口，就會被它的美味強烈震撼。

材料

豬肩裡脊肉、豬五花肉、補充用叉燒醬汁（濃味醬油、酒、大蒜、生薑）

肩裡脊肉塊

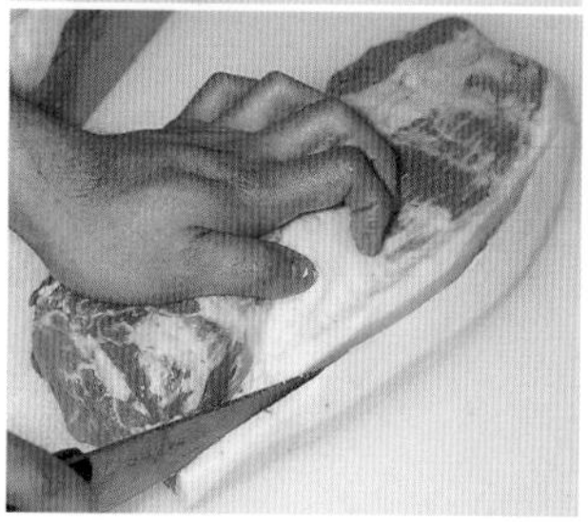

1 肩裡脊肉塊對切成半，切除多餘的脂肪。肉品特別選用日本產高品質生肉。

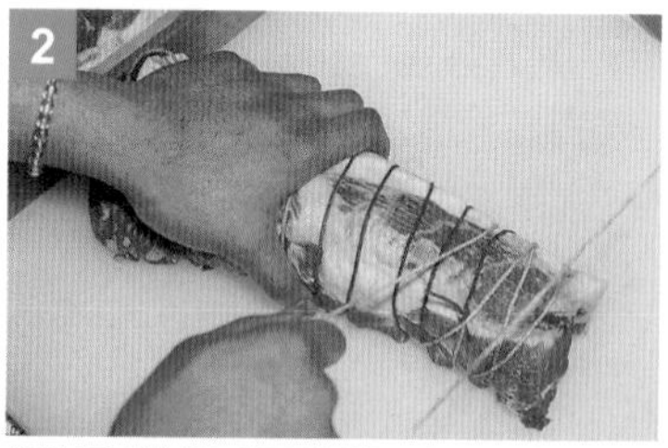

2 修整好形狀後用繩子綑綁固定，綑綁的重點是讓繩子之間保持等距，以免肉條彎曲。

3 放入高湯中熬煮2個半小時後，放入預熱好的醬料中醃漬，以小火滷20分鐘，再翻面滷20分鐘，共計40分鐘。

4 放入冰箱冷藏一夜，隔天就能使用了。叉燒肉冷卻後，表面的鹽分就能漸漸滲入肉中。

豬五花肉

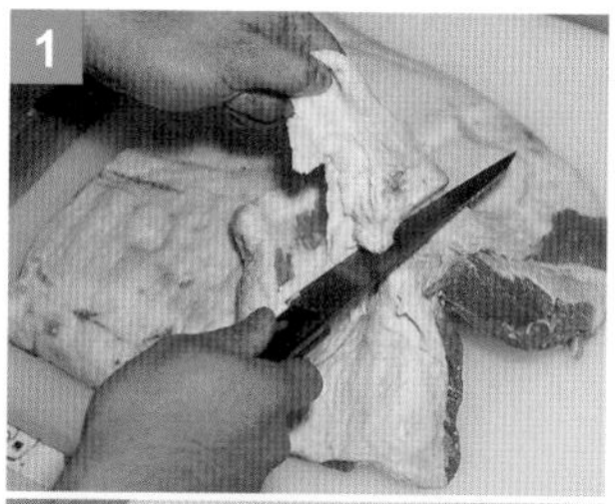
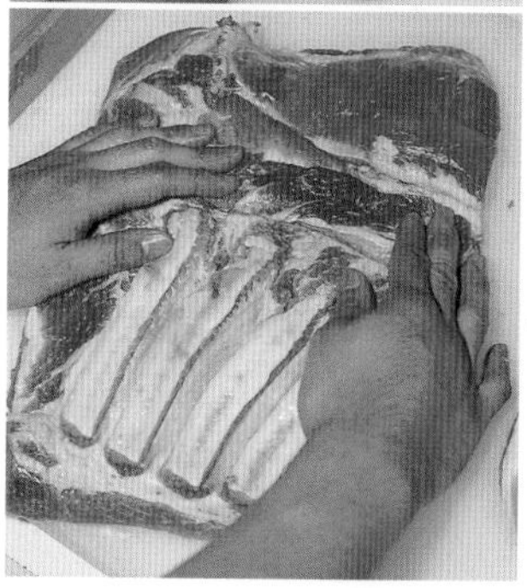

1 分切肉塊，剔除較厚的油脂，修整成圓條狀，然後將較厚的部分切薄，切下的肉放在較薄的地方，讓肉條變成厚度均勻的圓條狀。

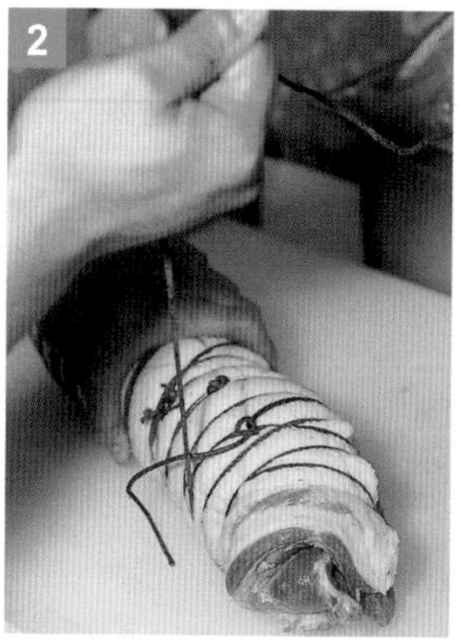

2 使用比綁肩裡脊肉還細的繩子仔細捲繞肉條，牢牢地綁好，繩子繞到肉條末端折返時，以及最後要打結時，都要特別勒緊繩子。

3 將五花肉放入高湯中熬煮4小時，之後放入醬汁中同樣每面各滷20分鐘，共滷40分鐘，放置一晚後再使用。

調味醬油

在不同時間加入材料 使味道更飽滿濃厚

赤羽先生想讓調味醬油呈現的特色是「猶如用醬油煮成的海鮮高湯一般」。他不讓醬油本身的味道突顯出來，而只利用它的風味與香味，將小魚乾、柴魚和海帶等海鮮味襯托得更加明顯。

海鮮類以小魚乾為主，和熬煮海鮮高湯一樣，為避免產生苦味和澀味，魚乾要先剔除內臟和頭部。

而且，為了使風味更濃醇，在不同的時間加入醬油的作法，也是該店製作調味醬油的獨道之處。

在最初的醬油中先加入小魚乾、柴魚和粗砂糖，熬煮出濃郁的美味，再加入醬油增加濃郁度。經長時間熬煮和後來才加入的醬油各有不同的作用，這樣能使調味醬油更醇厚有味。

配菜

美妙的半熟滷蛋 活用肉類的叉燒肉

滷蛋最理想的熟度，是將雞蛋的蛋白部分煮熟，蛋黃煮成黏稠的半熟狀態。如果蛋黃煮得太軟從中流出，會使拉麵的湯頭變腥。為了讓蛋煮到恰當的半熟程度，鍋裡的蛋不可放太多，這樣才能均勻加熱。煮的訣竅是從熱水開始煮起，赤羽先生表示這種方式能將蛋煮得十分漂亮。為了要迅速散熱，蛋在沸水中煮6分30秒後即撈出，立即放入冰水中冷卻。

另外，他還考慮到不要破壞湯頭，所以滷蛋的調味並不會太濃，只是像「清湯」所用的海鮮高湯一樣，散發高雅的風味。

由於叉燒肉是選用優質的肉品，所以調味上還是讓顧客享受肉的原味為主。使用濃郁湯頭和粗麵條的拉麵，是搭配油脂多、豐潤多汁的五花肉製成的叉燒肉，其他的拉麵則搭配較清爽的肩裡脊肉。五花肉若呈圓條狀，分布其間的油脂看來會很漂亮，所以該店都將肉修整成圓條狀。利用補充醬汁來滷，也使豬肉鮮味充分發揮出來。叉燒肉切片暫放和脂肪氧化都會使它變色、走味，所以該店在客人點餐後才會現切。上桌時肉片中還略呈粉紅色。

地址●愛知県名古屋昭和区花見通3-11
ハートイン（Heart in）杁中1樓
電話●052-833-0572
營業時間●11時30分～14時、18時～21時
例休日●每週三、第2、4、5的週二

愛知・名古屋

らぁめん 翠蓮

活用各式各樣食材 以獨特創意研發美味

『らぁめん　翠蓮』的拉麵充分運用各種調味料和食材，據說一碗拉麵中就用了60種食材，富獨創性的個性口味深受矚目。該店位於距離名古屋市營地下鐵Irinaka車站走路約3分鐘的住宅區，店內布置以巴里島風味的白、綠色作為基本色調，風格十分清爽。店面附近有國中、高中、大學等多所學校，不論是當地居民、學生等，都對該店獨特的美味讚不絕口，因此他們擁有廣大的忠實顧客。

原為上班族的店老闆矢口清一先生，在2004年時開設了這家拉麵店。矢口先生很喜歡到處走、到處品嚐美食，而且喜歡在家裡將外面吃到的料理原味重現。

到目前為止不論各類型的料理他都做過，其中，他最喜愛的料理就是拉麵。在超市買不到的食材，他會上網訂購，並在家庭聚會中請大家品嚐自己研發的拉麵。

矢口先生表示，這項興趣對他目前研發拉麵有很大的幫助。他不墨守既有的觀念，積極運用新穎的食材和靈活的創意，嘗試開發新的拉麵。

該店最具人氣的「鹽味拉麵」中，應用了法國料理的魚高湯的技巧，還加入雞絞肉煮汁製作的鮮美、清爽的鹽味醬汁。另外「醬油拉麵」和「鹽味拉麵」一樣，都是自開店以來就供應的口味，製作的靈感則是來自越南的河粉料理，同時運用泰式調味料製作調味醬油，風味新穎，獨樹一格。

菜單中的其他拉麵，還有深得女性顧客歡迎的「擔擔麵」、「味噌拉麵」和「芝麻辣醬油」等。該店所有的拉麵都使用共通的湯頭製作。

擔擔麵　880日圓

在以泰式調味品製作的調味醬油中，加入大量的芝麻和花生，氣味十分芳香。另外碗中還混入背脂、芝麻醬和香辣醬等。豆苗作為配菜使擔擔麵更具有特色。

鹽味拉麵　700日圓
＋炸白煮蛋　100日圓

在使用滋味鮮醇、口感圓潤的「蒙古岩鹽」的鹽味醬汁中，還混入焦洋蔥、背脂、海鮮等製作的香味油，使拉麵的風味相當清爽。湯頭和油中的蝦子香味更是一大特色。

肉類高湯

材料

豬大腿骨、全雞、雞爪、連頸的雞骨、大蒜、生薑、洋蔥、月桂葉、岩鹽、酒、黑胡椒粒、長蔥蔥青、水

1 將20 kg豬大腿骨以沸水汆燙，直至表面不呈紅色，清除污血污漬後，用專用切骨器將骨頭切開。

2 將用熱水洗淨的9 kg全雞，1的豬大腿骨和水全放入桶鍋中。

3 再加入5 kg的雞爪，以大火加熱。雞爪用水先洗淨後去皮。

4 將10 kg的連頸雞身骨以沸水汆燙，去除內臟用水洗淨，再加入3中。

5 繼續加入橫剖兩半的大蒜球、生薑片和橫剖的洋蔥等，以消除腥味。

6 加入月桂葉、「蒙古岩鹽」和酒。月桂葉能使雞湯增加香味，酒香能消除肉腥味。

7 煮沸後撈除混濁的褐色浮沫雜質，趁湯汁未劣化前撈出雞油。雞油可用於香味油中。

8 加入能消除腥味的黑胡椒粒，從步驟7之後也會浮現雜質，但因為具有鮮味成分所以不要撈除。

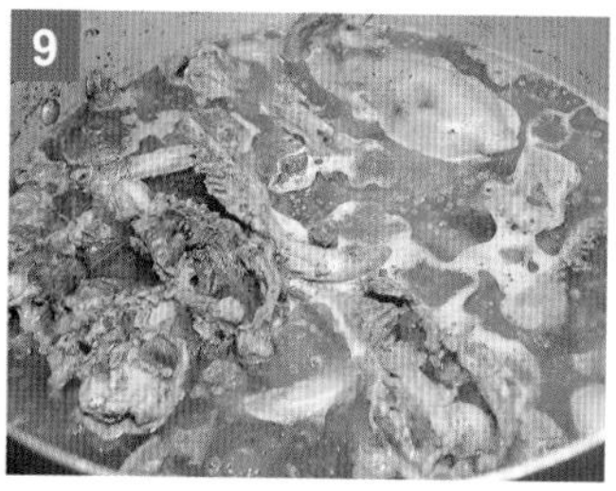

9 將火候轉成稍微小一點的中火，持續熬煮到隔天早上，共煮16個小時。

10 隔天早上再加入長蔥蔥青，高湯就完成了。營業中以小火到中火的火候加熱。

海鮮高湯

材料

海帶、槍烏賊乾、竹莢魚乾、青花魚乾、日本鯷魚粉、乾香菇、干貝、蝦米、水

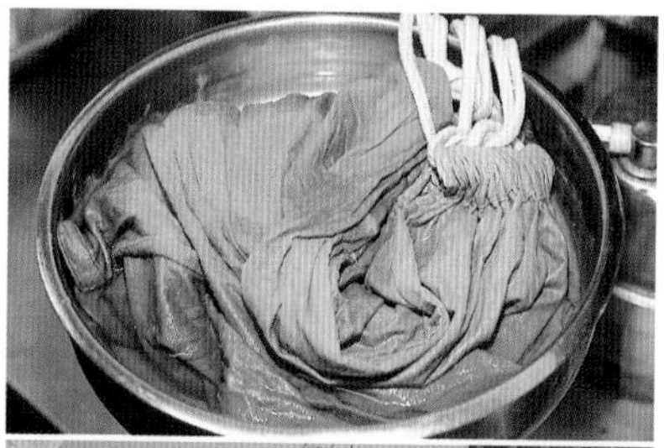

將材料放入棉布袋中，浸泡在4L的水中，放入冰箱冷藏一夜。隔天早上加入3L的水，大約煮20分鐘出味，將海帶撕碎，烏賊乾畫出刀痕後再使用。

湯頭

使用11種海鮮 鮮美至極的濃縮高湯

該店的湯頭是將雞肉為主的肉類高湯，和7種海鮮及乾香菇熬煮的海鮮高湯，在小鍋中混製成白湯。

矢口先生表示，在同一個桶鍋中熬取海鮮高湯，味道容易不均勻、品質較快劣化，而且海鮮香味也較易散失，所以他們決定採用事後混合的方式。

矢口先生的拉麵著重在表現海鮮風味。與肉類高湯相比，海鮮高湯主要在呈現鮮味，簡單來說，前者的作用是為了讓湯頭「增加濃度」，而後者的作用是「添加鮮味」。

海鮮高湯中靈活運用多種食材，熬製出的海鮮濃湯味道香醇飽和、鮮美至極。

海鮮高湯和肉類高湯是以1：5的比例混合。從比例來看海鮮高湯似乎太少，但因為它是濃縮鮮味汁，所以只加入少量，就能散發無比的鮮味。

高湯的材料包括海帶及各類魚乾等8種，所以不只能散發魚的美味，還有蝦米、干貝和魷魚等有別於魚的鮮味，如此多重美味交疊，形成極濃厚的味道。

矢口先生認為海帶和蝦米尤其是重點。海帶能去魚腥味又很鮮美，蝦米則能散發鮮明的香味。

混合後的湯頭中還加入飛魚和小鯛

魚等海鮮，讓香味「更上層樓」。飛魚和小鯛魚要先烤過，消除臭味並增添香味後再使用。

肉類高湯中使用稍多的雞，屬於以雞風味為主的高湯。

高湯大致的風味是豬骨味中，加入從雞熬出的濃厚膠質。矢口先生考慮到肉類高湯應有的濃度，特別用了9kg的全雞（約6隻）來熬湯，煮出的高湯極濃郁醇厚。而加入的10kg帶頸雞骨，也能使高湯富含膠質。

蒜和洋蔥除了能去腥味外，外皮還具有延緩高湯變質的作用。因為營業中不斷加熱肉類高湯，湯汁會逐漸氧化產生酸味。

矢口先生說，湯裡是否加入這些外皮，氧化變質的速度簡直有天壤之別。

同時，為了讓鮮味更易釋入湯頭中，湯中還加鹽以強化滲透壓的作用。另外加入月桂葉和酒，則能消除動物特有的腥臭味。

湯頭加熱期間，矢口先生堅持絕不加入會加速氧化的湯汁油脂，他表示只要加入已氧化的油脂，吃完麵後會讓人有沉重感。

為避免這種情形，首先得十分注意火候，以防油脂乳化。另外，利用下方附龍頭的桶鍋取湯，這樣湯頭完成後，就不會用到浮在湯汁表面的油脂了。

叉燒肉

以紅燒肉的調味和作法 讓肥肉部分入口即化

該店的叉燒肉是用五花肉製作紅燒肉的作法，將肥肉部分煮至入口即化的最佳口感。

肉塊並非切成圓條狀，而是切成有厚度的方形。

該店的拉麵湯頭中儘管用了多種材料，但因油脂少，味道十分清淡。加入富油脂、味道濃郁的叉燒肉後，能增加味道的變化。

調味方面是使用醬油和加入泰式調味品的自製調味醬油，調味醬油的材料有濃味醬油、酒和豆腐乳。此外也不用砂糖，以免叉燒肉呈現甜味，而且為了充分表現肉的美味，調味也很淡。

想讓肉質十分軟爛，必須長時間慢慢燉煮。

不過長時間加熱又會使脂肪氧化，所以該店選用壓力鍋在短時間內完成作業，以防脂肪氧化。

叉燒肉

材　料

豬五花肉、自製調味醬油、濃味醬油、酒、豆腐乳

1 日本產五花肉切塊，放入補充用醬汁中，加調味醬油、濃味醬油、酒和豆腐乳。

2 用壓力鍋加熱27分鐘，使用壓力鍋為的是避免長時間熬煮，造成油脂氧化。

3 完成後開蓋放涼，再將肉取至淺盤中放入冰箱冷藏保存。

混合即完成

材　料

肉類高湯、海鮮高湯、飛魚乾、厚柴魚、小魚乾、小鯛魚乾

1 肉類高湯是從桶鍋下方的水龍頭取湯，這樣可避免用到浮在表面已氧化的油脂。

2 肉類高湯和海鮮高湯混合的比例是5：1，以分別各舀取10杯的量來慢慢混合。

3 在已混合的高湯中，放入裝有飛魚乾、鯛魚乾、厚柴魚和小魚乾的棉布袋，煮至散發香味。

香味油

從高湯中取出已煮碎的蝦米、飛魚乾和柴魚粉，加入雞油和太白麻油，放入微波爐加熱即成。

地址●愛知県名古屋市中区橘1-28-6 近藤ビル（大樓）1樓
電話●052-332-5515
營業時間●11時～14時、18時～23時
（湯頭用畢即打烊）
例休日●每週一

麺家 喜多楽

講究素材的品質 以精確步驟和理論研發口味

在高山拉麵店累積多年經驗的店主林直治先生，一直致力研發獨特口味的拉麵，2001年時，他在名古屋市西區開設了人氣拉麵店『麺家　喜多楽』。2003年時遷到更接近鬧區，面對地下鐵東別院車站的筆直大馬路上。該店的顧客年齡層多為30歲以上，是較受成年人喜愛的拉麵店。

該店最具誘人的美味，是混合肉類和海鮮高湯製成的白湯。用於『喜多樂』的「拉麵」和「今昔中華麵」這兩大招牌中的肉類和海鮮高湯，分別混製各種口味共4種湯頭，組合出該店所有的拉麵口味。「拉麵」是肉類白湯中散發濃郁小魚乾芳香的人氣商品，顧客還可點選醬油味和鹽味兩種不同的口味。「今昔中華麵」的湯頭風味則十分高雅，它是將名古屋九斤雞（cochin）全雞熬煮的肉類高湯，混合秋刀魚乾為主的海鮮高湯。該店不使用化學鮮味調味料，完全以疊加材料來展現美味。其他，還有活用「拉麵」的肉類高湯的「喜多樂風擔擔麵」，以及在特定期間限定供應的拉麵等，每種都深受廣大顧客群的支持與喜愛。

林先生是一位非常認真積極研發拉麵的料理人。「顧客不論在何時來店都能吃到同水準的風味」，他以此專業態度要求自己，每天都認真謹慎、按部就班製作，費盡心思維持湯頭不走味，不劣化。

此外，他將拉麵視為「料理」，一定使用筷子仔細將材料排列盛裝，每天都以創作者的態度來面對自己的工作。

他非常講究材料的品質和鮮度，所以十分注重選用品質優良的材料，並趁新鮮時妥善運用。

拉麵（醬油味）
600日圓

這道拉麵使用的湯頭，是在以豬大腿骨、雞骨、雞爪和豬腳等材料熬製的無肉腥味白湯中，混入充分散發小魚乾鮮香味的海鮮高湯。醬油味是加入背脂，鹽味則加入蔥油。麵條是使用在日本產小麥中混入澳洲產「優質硬麥（Prime Hard）」所製成的中細捲麵。

今昔中華麵（加烤肉）
950日圓

這道麵用的湯頭是以名古屋九斤雞為主，並加入多種材料，味道香醇溫潤有層次。麵條是使用日本產小麥製作，加水率35～37%的直麵條。基本的「今昔中華麵」中，還可以加點「滷蛋」和「烤肉」。

湯頭

以名古屋九斤雞為主 熬出味道均勻的白湯

該店的「今昔中華麵」，是基於1950年代散發濃郁醬油味的中華麵的概念，再融入白湯這樣的新技巧，所研發出融合復古與新鮮感的現代版中華麵。

林先生有感於近來的拉麵，製作過程都變得太過複雜，因而回過頭去追求單純的美味。

研發當時，他即設定製作無化學調味的拉麵，同時挑戰不使用化學鮮味調味料等的作法。

湯頭的熬煮法，是將名古屋九斤雞為主的肉類高湯及秋刀魚乾為主的和風高湯，以2：1的比例混合，這個比例是要讓湯頭兼具濃度和鮮味。在肉類高湯的鮮味中能嚐到海鮮的清爽感，這種味道上的強弱層次，林先生認為是美味拉麵的必要元素。

肉類高湯使用名古屋的九斤雞，這種雞油脂非常美味。在不使用化學鮮味調味料的前提下，混合豬大腿骨、背骨、雞骨和雞爪等多種材料，便可層疊出鮮味。

全部材料在前一天就先處理好，冷凍保存。隔天再加水熬煮。許多拉麵店都以目測來加水，這樣常造成完成後濃度不一的問題，所以該店以小量杯來精確測量。

為了讓湯頭保持一致的風味，絲毫不走味，林先生可說是費盡心思。他認為讓湯頭維持恆定的味道，是身為專業者理應具備的觀念而且該做到的。

當水沸騰後，過程中一面加入背脂和蔬菜，一面熬煮8小時，但這時候火候大小，是材料能否熬出美味的成敗關鍵。

火若太大會使湯汁改變風味，火太小又熬不出適當的濃度，所以基本上火候要保持讓湯汁能咕嚕咕嚕滾沸的小火程度，這樣才能煮出鮮味與濃度兼具的清澄高湯。

高湯完成後用布過濾，儘可能除去雜質。經過這道手續，口感滑順的優質好湯才算大功告成。

為避免高湯品質劣化，讓它維持在最美味的狀態，高湯過濾後要立刻以冰水冷卻，再放入冰箱冷藏保存。營業中也是用小鍋以一碗碗的分量各別加熱。

為了維持穩定風味，除了要花心思防止湯頭走味外，避免它變質也相當重要。

和風高湯除使用秋刀魚乾外，還加入能增加豪華感與香醇感的柴魚，及有濃厚海鮮味的青花魚乾。林先生說秋刀魚乾其實不太容易熬出好高湯，若沒處理好還會產生苦味和腥味，但是這種珍稀食材，卻能提高和風高湯的附加價值。

這裡使用的魚乾是介於薄片與厚片之間的「中厚片」，因為厚片得花

叉燒肉

材料

和風高湯（烤飛魚、真海帶、干貝、青花魚乾、柴魚、黃帶鰺魚乾、水）、砂糖、鹽、濃味醬油2種、味醂

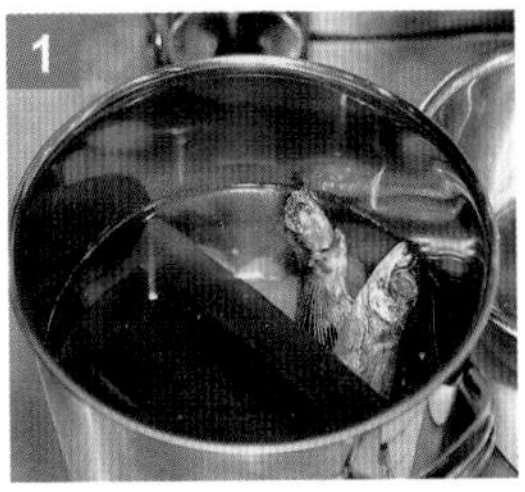

將烤飛魚、真海帶和干貝放在水中浸泡一夜。買不到烤飛魚時，就自行製作。

隔天加熱湯汁，沸騰後撈出海帶，再加入青花魚乾、黃帶鰺魚乾和柴魚。這裡魚乾屬於「中厚片」，是厚度介於薄片與厚片間的魚乾。

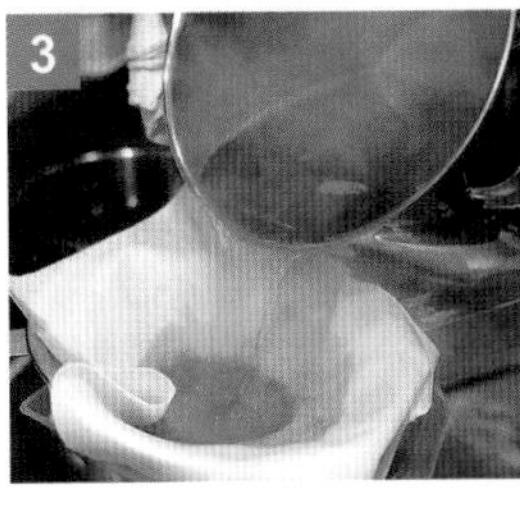

加熱30分鐘後取出魚乾，以鋪上餐巾紙的圓錐形網篩過濾。

在另一個桶鍋中放砂糖和內蒙古產天然鹽，用量杯計量好分量，再倒入3的高湯中。

加入2種濃味醬油和味醂。「Higeta醬油」公司生產的「麵條膳」和「濃味醬油」的比例是1.5：1。

因為醬汁有生醬油味，所以加熱至快沸騰前熄火，放置一夜後再作為醬汁使用。

和風高湯

材料

真海帶、秋刀魚乾、柴魚、青花魚乾、水

1 剔除秋刀魚乾的內臟，因內臟容易產生苦味、腥味和澀味。依序使用大量的秋刀魚乾、柴魚和青花魚乾。

2 真海帶用水浸泡一夜，隔天再加熱，煮沸後取出海帶，海帶要選天然製品。

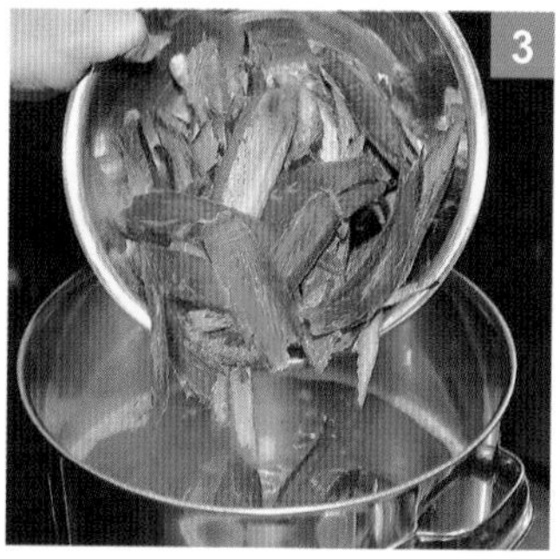

3 接著加入1的各類魚乾，秋刀魚乾先撕碎，以能使湯汁對流的火候加熱30分鐘。

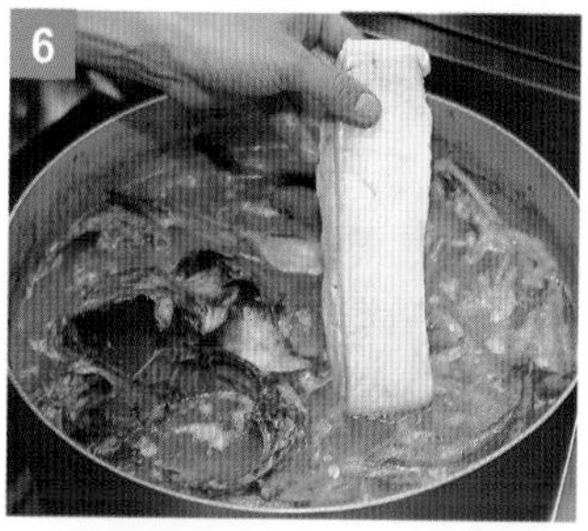

6 熬煮4小時後加入背脂，溫度下降材料可能會沉至鍋底焦鍋，所以火候要稍微加大。

7 加入能去腥味、產生天然甜味的蔬菜。從溫度回升後的時點算起，再加熱4小時。

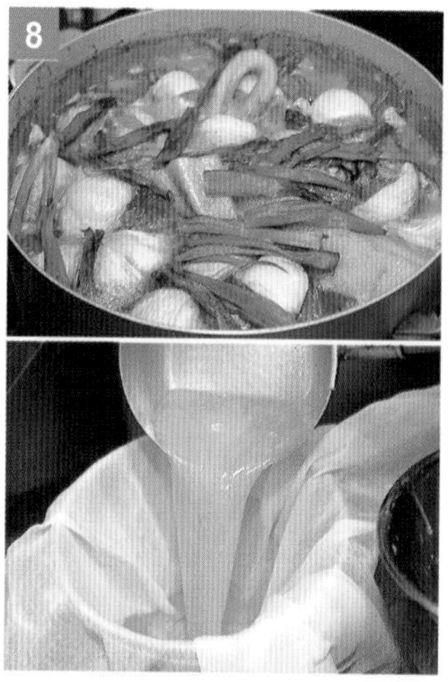

8 接著熄火，用布過濾出高湯。目的是為了避免湯中有雜質，使高湯完色澤清澄、美觀，口感更佳。

9 以冰水急速冷卻來預防高湯變質。急速冷卻也能維持剛煮好的最佳美味。

肉類高湯

材料

豬大腿骨、背骨、雞骨、雞爪、全雞、背脂、洋蔥、胡蘿蔔、長蔥蔥青、大蒜、生薑、水

1 豬大腿骨和背骨以沸水汆燙、清除污血，切開豬大腿骨，背骨則從脊柱部分切開。

2 加入稍微汆燙過的雞骨和雞爪。雞骨剔除內臟，雞爪剝除多餘的皮。

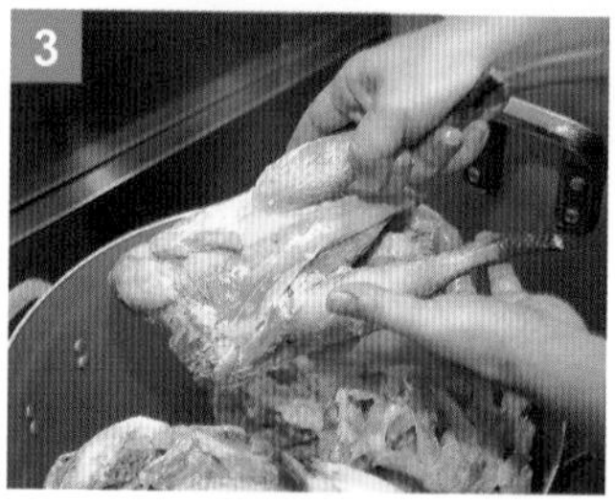

3 加入名古屋九斤雞全雞，雖購入已去除內臟的商品，但內部還是要清理乾淨。

4 一面用量杯量取淨水器過濾出的水，一面精確倒入22L的水量。

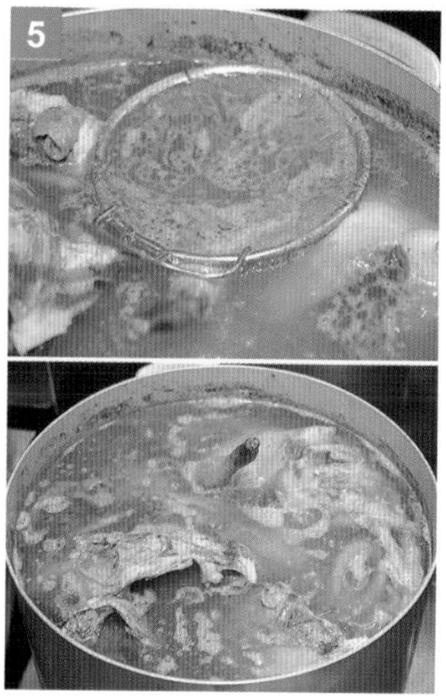

5 一開始以大火加熱，浮沫雜質一浮現即撈除。注意污血容易積留在油的下面，撈淨表面的浮沫雜質後，用能使水發出呼嚕聲的小火熬煮4小時。

40分鐘才能熬出高湯，但煮這麼久又會產生澀味，太薄則不耐煮，所以使用中厚片才能充分熬出沒有澀味的高湯。

調味醬油

加入烤飛魚和干貝 增加高湯的香味和鮮味

「今昔中華麵」的調味醬油，是在和風高湯中混入砂糖、蒙古產自然鹽、兩種濃味醬油和味醂而成。和湯頭一樣，它也不使用化學鮮味調味料，而是重疊材料來產生鮮味。

儘管中華麵給人的印象是強調醬油香，但若使用過度也會抹殺其他材料的味道。

因此，林先生想到加入使用烤飛魚、干貝和真海帶的和風高湯，來減少醬油味並突顯鮮味。相對於味道香

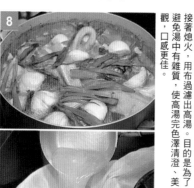

過程中要撈除浮沫雜質，此時若有散發香味，表示火候恰當。

撈出各類魚乾，用餐巾紙鋪成圓錐形過濾，細微的魚粉也要濾除。將湯汁放入冰箱冷藏，一次只舀取一點加熱使用。

混合

顧客點單後，將肉類、和風高湯以2：1的比例倒入，混合加熱後即可。

叉燒肉

材料

豬五花肉、水煮用材料（酒、燒酎、紅葡萄酒、白醬油、淡味醬油、長蔥蔥青、生薑、大蒜）、補充用叉燒醬汁（醬油、酒、味醂、粗砂糖）

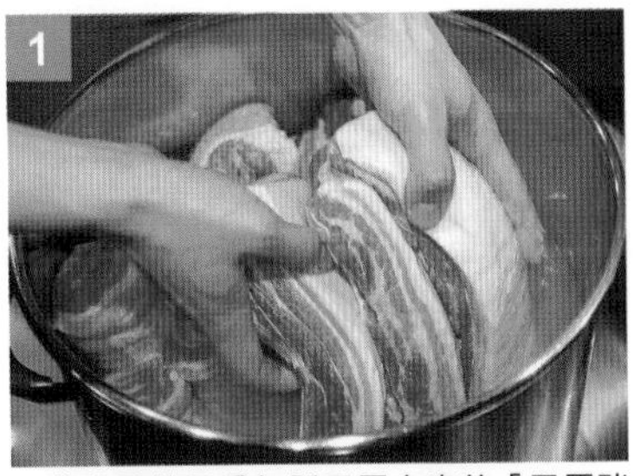

五花肉是使用愛知縣田原市產的「田原豬肉」。肉塊捲成圓條狀和切成塊狀使用。

在水中放入肉塊，加入預先混合熬煮用調味料。調味料能去除肉腥味和增加風味，並且使醬汁更易滲入肉中。

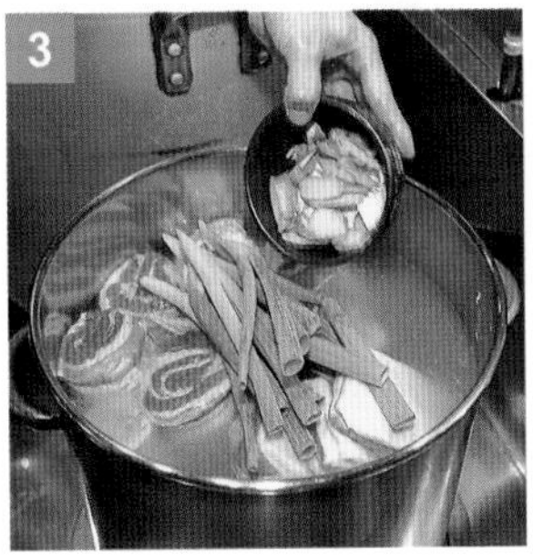

加入蔬菜，加蓋以中火燉煮2小時。將肉直立放入，這樣肉塊才會煮出均勻的色澤。

然後直接浸泡1小時，在讓肉質軟化、溫度下降的這段期間，也能消除肉腥味。

醬油、酒和味醂以1：0.5：0.5的比例混合，並加入少量粗砂糖，放入肉塊醃漬8小時。然後冷藏一夜，待脂肪凝固後使用。

烤肉

「今昔中華麵」的叉燒肉，會用瓦斯槍烘烤去除多餘油脂，製成芳香四溢的「烤肉」。

濃的烤飛魚，干貝是能與其抗衡的食材，它的魅力在於香味並不直接濃烈，而是非常輕柔高雅。

再加上干貝的鮮味，也為肉類高湯與和風高湯混合成的白湯，添加更柔和的風味。真海帶的使用量達100g這麼多，其甜味可以中和後來添加鹽分的尖銳感。

叉燒肉

不破壞湯頭色澤與風味 淡調味以呈現肉的原味

該店的叉燒肉選用愛知縣田原市產的「田原豬肉」製作。因為脂肪美味的五花肉，才能做出入口即化的誘人滋味。

以沸水熬煮時，加入能去腥味及增加風味的日本酒、燒酎、紅葡萄酒、白醬油和鹽，另外為加強滲透壓的作用，以利入味，還加入淡味醬油。因為肉本身已非常美味，為了不使「拉麵」的白湯染上醬汁的顏色，叉燒肉只有淡淡的調味。

「今昔中華麵」和「拉麵」一樣，加入捲成圓條狀的五花肉片作為配菜，不過它也可以點選分量十足的烤肉。該店的配菜不能加點，是因為擔心太多會破壞湯頭的味道，但是為了滿足顧客需求，該店嘗試提供經過燒烤，已去除多餘脂肪的烤肉，藉此方式使湯頭有更好的變化。添加大分量的厚片烤肉後，就不再加圓叉燒肉了。

地址●大阪府大阪市鶴見区鶴見4-1-18
電話●06-6933-9323
營業時間●11時30分～16時
例休日●每週一、第3個週二

大阪・今福鶴見

中華そば カドヤ食堂

徹底運用食材 完成風味深奧的中華麵

中華麵 680日圓

湯頭是將肉類高湯、和風高湯以3：1的比例混合而成。麵條是使用細捲麵，以便和高湯充分交融。特點是充滿了雞油香與風味。

特製日式沾麵 750日圓

調味醬油中加入酸味和甜味，將肉類高湯、和風高湯以6：4的比例混合。沾麵醬汁在小鍋中加熱後供應。麵條是全麥麵粉製作的。

店長橘和良先生，以往並沒有在拉麵店學習的經驗，拉麵口味完全是自學獨創的。他表示基本的調味他得自故鄉播州地方，以雞骨高湯為底、略帶甜味的醬油拉麵。

該店的基本招牌麵是醬油和鹽味的中華麵和日式沾麵。湯頭是豬腳和雞骨為底的肉類高湯，再混入濃郁小魚乾的和風高湯雙重湯頭，散發令人百吃不厭的美妙滋味。配菜有叉燒肉、筍乾和海苔等，雖然這樣的中華麵從外表看來沒什麼特別或豪華之處，但是，在湯頭、配菜、醬汁和麵條上，每個環節都盡力追求完美，同時也兼顧味道的均衡，因而吸引許多老主顧的捧場。

「希望在一碗680日圓的大眾化價格下，儘可能的使用高級食材，製作出讓顧客滿意的中華麵」橘先生基於這樣的信念，選用白金豬（譯注：「白金豬」是日本一種優質豬肉品牌名，為日本高源精麥公司所生產）製作叉燒肉，選用淡海雞的雞身骨，淡海雞（譯注：賀滋產優質種）、名古屋九斤雞和鬥雞的雞爪等熬製高湯。

和風高湯中也大量使用優質材料，他不但使用高級食材，還毫不浪費的將它們徹底運用。正是這種努力和用心，才讓理想付諸實踐。

橘太太娘家經營的食堂，自2001年重新開張為中華麵專賣店，一直致力尋求更完美拉麵的橘先生，足以堪稱是提振關西拉麵界的第一料理人。橘先生表示，今後將以現在的風味為基礎繼續改良，希望能持續研發新的口味。

湯頭

善用白金豬碎肉
鮮味濃縮的雙味湯頭

該店湯頭是肉類高湯，和散發小魚乾風味的和風高湯混合而成的雙味湯頭。開幕之初他們只用一個桶鍋熬製，但在三年前改為雙湯混合的方式。而現在的作法，是經過多方嘗試修正後，在一年前才確立下來的。

肉類高湯的材料是豬腳、雞身骨、附腳踝的雞爪、蔬菜類、白金豬碎肉片和背脂等。為了在當天營業前的6個小時內熬好要用的湯頭，都選用較短時間就能熬出高湯的食材。

雞身骨是使用淡海雞，是肉質十分美味的雞種。

據說這些雞沒什麼肉腥味，所以不需經過氽燙處理。雞爪除了使用淡海雞之外，也使用名古屋的九斤雞和鬥雞。

雖然豬腳和雞身骨都是基本熬湯食材，但最重要的則是叉燒肉用的白金豬。

該店會購入肉質鮮美的岩手縣產白金豬的肩肉塊（6～7kg）。雖然這些肉塊是分切為叉燒肉使用，但分切時產生的碎肉塊，和製成叉燒肉時脂肪少較不美味的瘦肉部分，都會切碎放入湯中。橘先生認為「湯頭濃度來自於骨頭，而鮮味來自於肉」，所以他採用白金豬的碎肉取代全雞來熬製高湯。

叉燒肉

材料

白金豬肩肉、醬汁（醬油、酒、味醂、粗砂糖、大蒜）

1

購入岩手縣產6～7kg的白金豬肩肉塊，到店裡才分切使用。

2

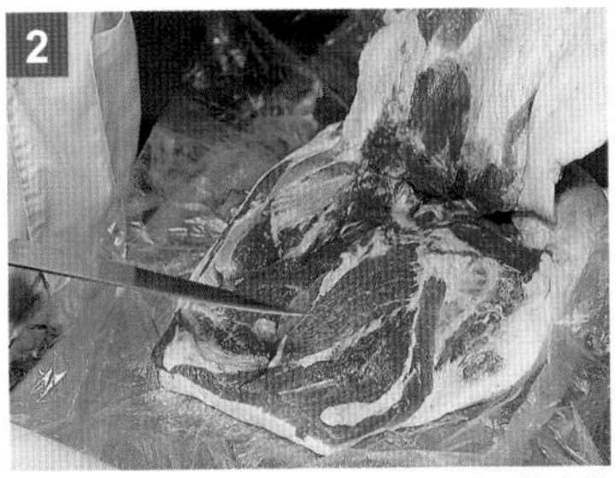

菜刀與菜板呈平行，從側面切開肩五花肉的部分，再切除多餘的脂肪。

3

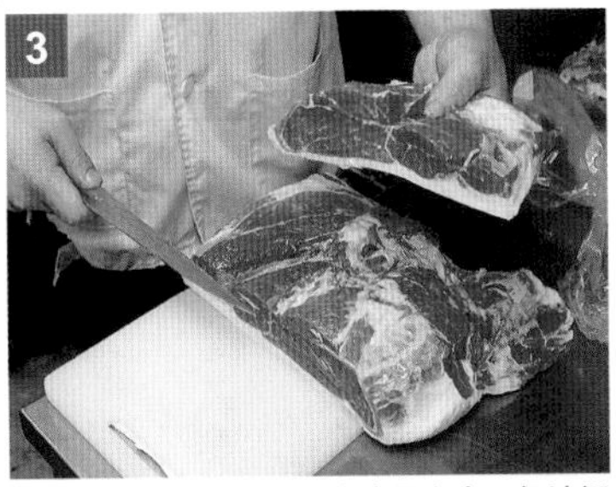

將肉塊分切成叉燒肉用的適用大小。無法切成固定大小的肉塊就切碎，煮過後用醬汁醃漬，靈活運用作為配菜（請參照p.85）。

4

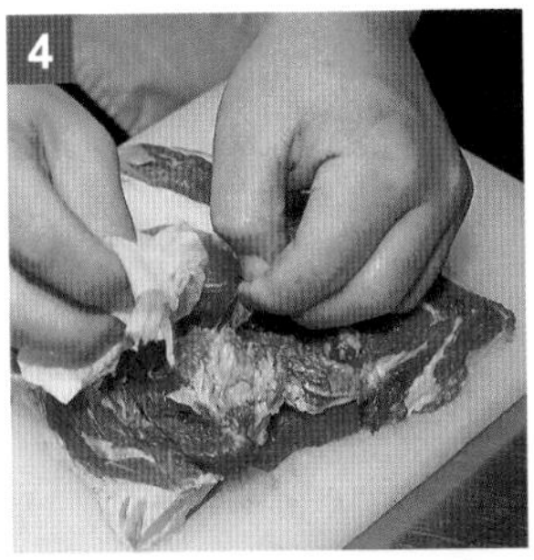

仔細剔除血塊和粗血管等，硬筋和淋巴腺等也要仔細剔除。

5

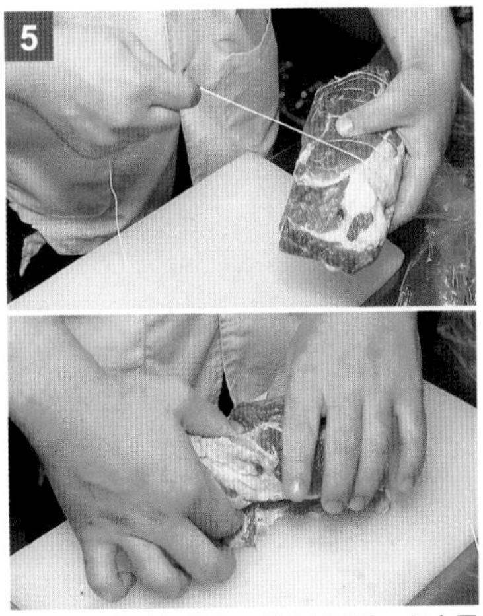

將肉塊用棉線綑綁好，較大較厚的，如上圖所示直接綑綁，但少數稍大的肉塊，要從邊端將肉捲起後再綑綁。

6

在煮沸的高湯中熬煮1小時15分鐘（請參照p.84），放入熬好的醬汁中醃漬7～8小時。

筍乾

材料

鹽漬的穗先筍乾、醬汁（醬油、味醂、粗砂糖、肉類高湯）

1

筍乾泡水2～3天，期間要不時換水，去除鹽分。製作當天用水清洗後瀝乾。

2

平底鍋中倒油抹勻，放入筍乾拌炒，炒到水分收乾，散發香味。

3

將醬油、味醂和粗砂糖混合成高湯，放入2的筍乾。

4

煮開後加蓋，轉小火加熱，這樣熬煮15分鐘後就完成了。

材料放入桶鍋中後，採用不像在「煮」，而像在「蒸」的小火慢燉方式來製作清澈的高湯。

途中浮出的雞油需撈出，以作為香味油使用。

撈出雞油的時間點相當重要，因為油煮太久會氧化，所以熬煮4小時的時候是最恰當的撈起時機。

和風高湯是用秋刀魚乾、魷魚觸足乾、真海帶和小雜魚乾慢慢熬煮而成。

高湯中若不用味道較鮮明的食材，和肉類高湯混合時，味道就會被它蓋過。

而柴魚若不使用非常大量，也會被肉類高湯蓋過，所以高湯中並不使用柴魚。

秋刀魚乾就沒有這些缺點，它最大的特色是能煮出完美的上等風味。不過高湯最忌諱油多，所以要選脂肪少的魚乾。

選購外表細長、乾燥和脂肪少的產品。

不夠乾燥是產生腥臭味的主因，為了熬出其香味和鮮味，絕不能讓它有腥臭味。

配菜

充分運用白金豬 一點也不浪費

該店製作的叉燒肉，最重視的是呈現肉原有的美味。

橘先生說選用白金豬不但因為它的

湯頭

肉類高湯

材料

豬腳、雞骨、雞爪、水、白金豬肩肉、白金豬背脂、大蒜、生薑、長蔥蔥青

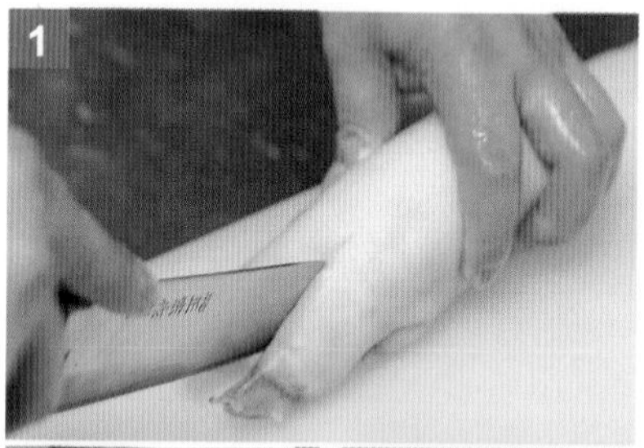
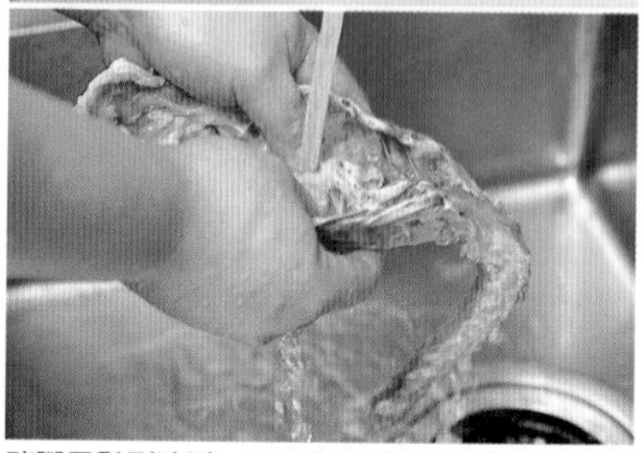

1 豬腳用鬃刷洗淨，從蹄之間切開。雞骨幾乎沒有肉腥味，所以不必汆燙，只要用流水將污血和髒污清洗乾淨即可。

2 將3kg豬腳、5kg雞爪（含腳踝）及5kg雞身骨依序放入桶鍋中。

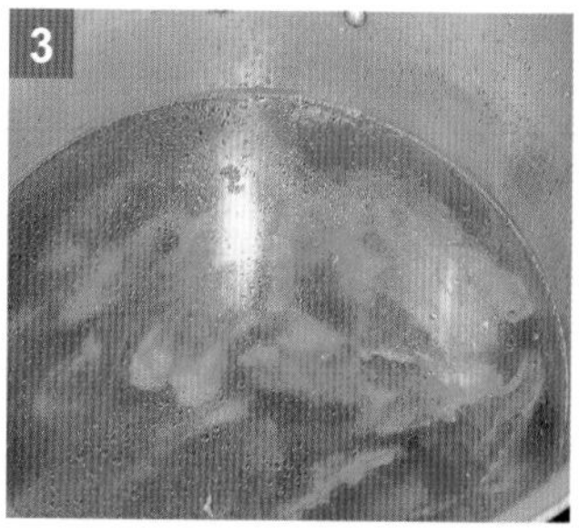

3 將水加至桶鍋一半的高度。開最大火力，加蓋讓它煮開。從早上6點開始加熱。

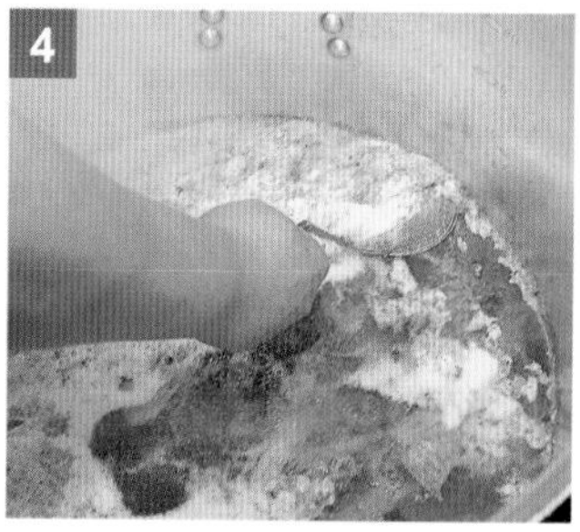

4 煮沸後轉小火，仔細撈除浮沫雜質。最初浮現的浮沫雜質呈褐色。

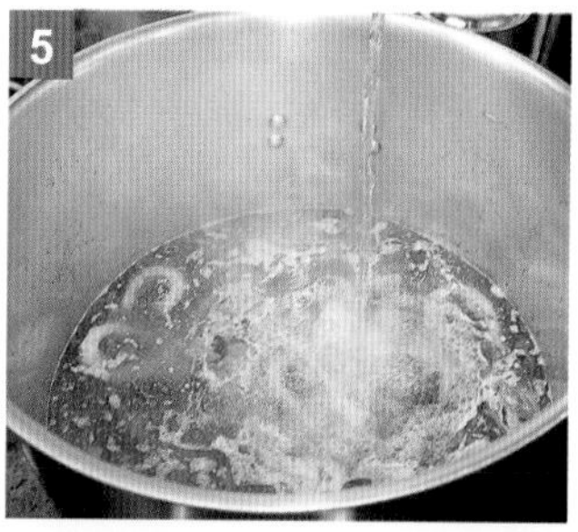

5 加少許水後再開大火熬煮，再出現的浮沫雜質都要撈除，如此來回進行3次。

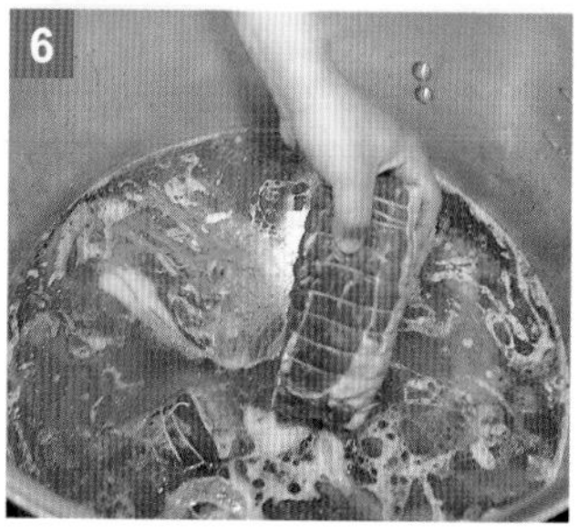

6 等浮沫雜質完全清除後，轉小火，放入用棉線綑好的叉燒肉塊。

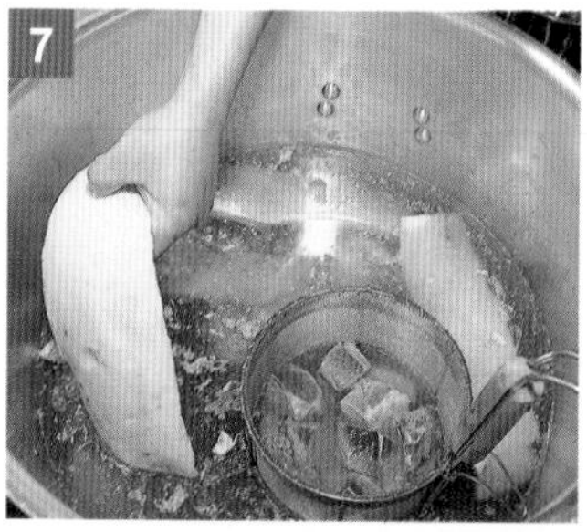

7 將無法製作叉燒肉的碎肉切小塊，裝在網篩中放入湯中，背脂也加入湯中。

8 接著加入蔥、生薑和大蒜。這時與其說熬煮，倒比較像用小火蒸。

9 加入叉燒肉1小時15分鐘後，將網篩拿起，再輕輕的夾出叉燒肉用肉塊。

10 將網篩放回湯中，趁尚未氧化前撈出雞油過濾備用。在開店前要熬煮好高湯。

肉質好，而且脂肪也非常美味。

為了不浪費這種優質豬肉，他們努力找出最佳作法，那就是將不能作為叉燒肉的小肉塊放入高湯中煮熟，再以調味醬油醃漬，靈活運用製成配菜。

使用的肩肉由於比五花肉的脂肪少，若煮太久會變得很乾澀。因此，叉燒肉放入湯中，要以小火如同蒸的方式般來煮。

從湯中撈出後，再放入同樣熱度的醬汁中醃漬7～8小時即完成。要配合叉燒肉撈出的時間，預先將醬汁加熱好備用。醬汁分量若減少，要加入醬油、酒、味醂、粗砂糖和蒜來補足。

無法作為叉燒肉的部分，該店也將拿來代替全雞，切塊後用於高湯中。因為肉塊以湯煮過後會留有鮮味，和用相同湯汁煮過的背脂一起放入以醬油為底的醬汁中醃漬，便能活用這種高級食材，讓它成為拉麵或日式沾麵的配菜。使菜單內容更受歡迎。

筍乾是使用穗先筍乾製作，顧客在享受它細長外形的同時，也可享受到柔軟的口感。

在以醬汁熬煮前，筍乾要先用平底鍋炒過，這樣能收乾水分，增加香味。燉煮時間最多不要超過15分鐘，然後一面放涼，一面讓它入味。

調味醬油

混合濃味醬油和淡味醬油，加入脂眼鯡燻魚乾入味，靜置一週再使用。

單點用配菜

叉燒肉用剩的肉塊切小塊，放入高湯中煮熟，和背脂一起放入調味醬油中醃漬作成配菜。

和風高湯

材 料

秋刀魚乾、魷魚觸足乾、真海帶、小魚乾、水

1

秋刀魚乾、魷魚觸足乾、海帶先浸泡水中，靜置一晚。

2

隔天早上加熱。仔細撈除浮沫雜質，同時浮現的油脂也撈除。

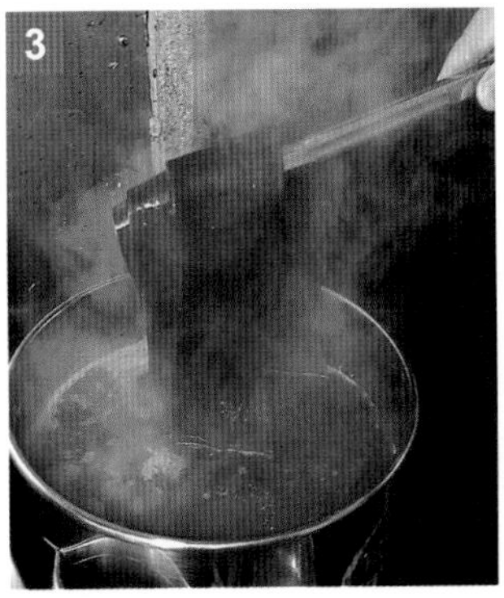

3

煮沸15分鐘後撈起海帶，秋刀魚乾和魷魚觸足乾繼續留在湯中。

4

為了讓高湯中有更濃郁的小魚乾風味，小魚乾連頭和內臟直接加入高湯中。小雜魚乾要選乾燥、脂肪少的。

5

以湯汁表面會呼嚕呼嚕的小火加熱1小時，浮現的浮沫雜質徹底撈除乾淨。

6

加熱1小時後即過濾放涼。讓魚味緩緩釋出，香味濃郁的和風高湯就完成了。

地址●大阪府大阪市此花区春日出中2-14-23
電話●06-6460-8566
營業時間●11點30分～13點30分、18點～22點
〔週日・國定假日〕18～22點
例休日●每週四、第3個週三

大阪・春日出中

醤油そば 一信

運用簡單的材料 以精湛廚藝完成美味拉麵

『醤油そば　一信』拉麵店的店主住田先生表示，我希望呈現「樸實的風味」。

這與時下為追求新鮮口味，強調使用新穎食材，不斷累加材料的潮流背道而馳，也呈現出他堅持販售平價拉麵的理念。

高湯的材料以豬大腿骨為主，再加上裡脊骨（靠近肋骨的骨頭）和雞身骨，蔬菜則用大蒜和白蔥蔥青。為了不讓湯汁變成白濁色，以咕嘟咕嘟小滾的火候熬煮8個半小時。完成前再加入真海帶和小魚乾的高湯。調味醤油中是以含鹽量高的濃味醤油製作。這是關西人喜愛的風味，喝湯時能感覺到湯頭味道比醤油味來得明顯。

「醤油麵」這個名稱，是因為麵中加入黑麥因而聯想到的命名。這種麵的顏色像日本麵，具有鬆脆的口感。在講究「樸實的風味」的理念下，該店從六年前開店以來就一直延用至今。

滷蛋的蛋黃以沸水煮成半熟狀態，再放入叉燒醤汁中醃漬2～3分鐘。

由於醤汁味滲入蛋黃會影響湯頭的味道，所以短時間醃漬後，就取出冷藏，主要著重在表現半熟的口感。另外的小松菜，是為了添加綠色而選用的配菜。將它以沸水迅速汆燙後，放入冰水中一下，色澤就能保持鮮綠，口感也很爽脆。瀝乾後灑上數滴麻油，分量只需讓人吃後隱約感受到麻油風味即可。

雖然說風味樸實，但該店在味道的細節上可是十分用心，為的是讓顧客完整嚐到湯頭和麵條的特色。

醤油麵（加蛋）
700日圓

「醤油麵」（650日圓）具有拉麵給人的滿足感及日本蕎麥麵的深奧風味，還融合了烏龍麵的清爽滋味。大多數顧客都會加點滷蛋（50日圓）。

日式沾麵　900日圓

沾麵汁中加有味噌塊，那是將製作高湯時煮過的牛脂和豬肩裡脊腱肉等，以味噌調味而製。將它慢慢地在湯汁中融化，味道就不會變淡。

湯頭

材料

豬大腿骨、裡脊骨、雞骨、背脂、牛脂、肩裡脊腱肉、青森產大蒜、白蔥蔥青、清酒、真海帶、小魚乾、花柴魚、雞和豬的濃湯

1 豬大腿骨、裡脊骨和蒜，加入清酒煮4小時，再加入雞骨、牛脂，肩裡脊的腱肉和白蔥蔥青，再煮4個半小時。用中火熬煮，湯才不會乳化。

2 煮了8個半小時後，將浸水2小時的真海帶和小魚乾加熱過後加入其中。

3 真海帶和小魚乾之後，再加入雞和豬熬煮的濃湯，調整整體的風味。

4 煮20分鐘後，避開油脂在湯面放入圓錐漏斗，放入花柴魚，約煮3分鐘後撈起。

5 取出花柴魚後，將湯汁過濾。用濾網將肉屑完全過濾乾淨。過濾好的高湯分成兩份各20L，其中一份冷卻後供隔天中午使用。

肉味噌

材料

牛脂、肩裡脊腱肉、黑砂糖、味噌、叉燒滷汁

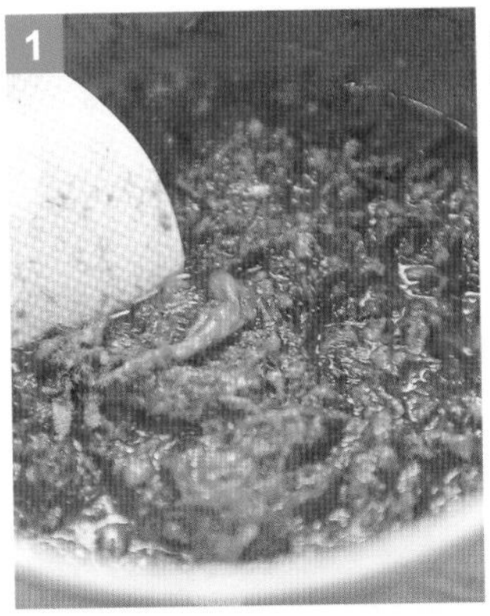

1 將和豬大腿骨等材料煮了4小時的牛脂，以及肩裡脊腱肉絞成肉醬，以味噌等材料調味。

2 將肉醬冷卻凝固後切成方塊狀，放入日式沾麵的沾麵汁中供應。

黑麥

該店使用含兩成黑麥的麵粉所製作的麵條，這種麵條的特色是具有鬆爽的口感。

湯頭
以豬大腿骨熬湯底 與和風高湯均衡混合

該店的湯頭以豬大腿骨為主材料，雖然與和風高湯均衡混合，味道也很濃郁，但他們希望客人吃完後會感覺十分清爽。

湯頭以直徑45cm的桶鍋熬製，豬大腿骨一次只用15kg。光用豬大腿骨高湯的風味較平淡，所以還加入肋骨附近的裡脊骨。

此外，附肉的豬大腿骨要切半後才開始作業，先以沸水汆燙，再用鐵籤掏出骨髓放在鍋底。

在鋪了預防焦鍋的網墊的桶鍋中，放入汆燙過的豬大腿骨，上面再放上裡脊骨，放的方式好像避免豬大腿骨浮到表面般的蓋上去，上面再放上青森產大蒜。

接著加入900ml清酒，以去除腥味。

熬煮4小時後，繼續加入雞骨、背脂、牛脂、從叉燒肉用肩裡脊肉清理下的腱肉，再撒入白蔥蔥青。雖然該店也試過加入胡蘿蔔、馬鈴薯和洋蔥，但因為它們的甜味與湯味不合，就不再使用了。

再繼續熬煮4小時，以咕嘟咕嘟滾沸的小火候就好，這樣湯頭才不會乳化。

一共熬煮8小時後，加入和風高湯。將切成5cm正方的真海帶，以及

連頭的小魚乾放入有柄鍋中，加入蓋過材料的水約浸泡2小時，製成和風高湯。

有柄鍋先加熱，讓和風高湯和豬大腿骨高湯的溫度一致，才加入桶鍋中。

這時，還要加入另外熬取的雞和豬的濃湯，以調整湯頭的味道。

再熬煮約20分鐘後加入花柴魚。避開油脂放入圓錐漏斗，再放入花柴魚約煮3分鐘，然後搖晃漏斗一下再從湯中取出。

不要榨擠柴魚，過濾後湯頭就完成了。

湯中若有殘餘肉屑會產生腥味，所以最後要用網篩仔細過濾，然後兩個桶鍋中各分裝20L。

其中一個立刻浸泡冷水冷卻，留至隔天中午使用，另一鍋則當天晚上使用。

叉燒肉

運用鎖住鮮味的技巧烹調出美味的冷凍肉

配合湯頭風味，該店叉燒肉採取呈現肉塊原有美味的作法。

他們使用進口冷凍肩裡脊肉製作，以免使用品牌豬肉造成鮮味太突出的反效果。同時為了讓滷肉有清爽的風味，特別將表面煎過以鎖住其中的美味。

最初的製作重點是肩裡脊肉的解凍方式。為了不讓肉塊流出湯汁，先放在負4℃的冷凍室中一天，然後換到4℃的冷藏室半天，讓它在不滴水的情況下解凍，再剔除血管等。

將大肉塊分切後煎一下，因為這裡的肉靠近頸部，較不易煮透，所以要分切成小塊。煎的方式是放入平底鍋中以足量的菜籽油來煎，油煎時不能像在炸一般，否則會流出血水，流失鮮味。

雖然也能用烤箱來烤，不過那樣較難判斷肉的熟度，所以才改用平底鍋來煎。

將煎好的肉放入快煮開的醬汁中，以一定的溫度熬煮，肉塊不能煮太老。熄火後放著讓肉入味。切片後剖面會變乾，所以都是依照點單的需要量來切片。

沾麵汁

肉味噌、滷汁凍風格十足的日式沾麵

該店7月～10月期間才供應「日式沾麵」。

沾麵汁是以用高湯稀釋調味醬油後，再加入醋和黑胡椒，並加入特製的肉味噌。

肉味噌的作法是，將湯鍋中熬煮4小時以上的牛脂和叉燒用肩裡脊腱肉絞成肉醬，混和味噌、黑砂糖和叉燒肉的滷汁調味，再冷藏使其凝固。

吃的時候讓它慢慢融化，沾麵汁的濃度就不會變稀。

另外，還搭配滷蛋、和叉燒肉一起滷煮、冷藏的滷汁凍。

最後添加在湯頭中的柴魚，也冷藏讓它凝結，它可以直接食用，也可以放在蛋上一起吃。

該店的日式沾麵，比其他店增多了許多食用上的樂趣。

叉燒肉

材料

豬肩裡脊肉、青森產大蒜、粗磨黑胡椒、菜籽油、醬汁（濃味醬油、鹽、黑砂糖）

1 筋絡處有粗血管，用烤熱的鐵籤戳挑，去除血塊，然後在表面塗上大蒜泥。

2 只在肉塊的上下切口上，撒滿黑胡椒，同時用手從上面按壓，讓胡椒滲入肉中。

3 在平底鍋中多倒些菜籽油，將肉塊的上下和側面煎至恰到好處。讓肉塊感覺像是炸過一樣。

4 將煎好的肉塊放入熱的醬汁中，溫度維持在快要煮沸前的程度，熄火後利用餘溫使其入味。

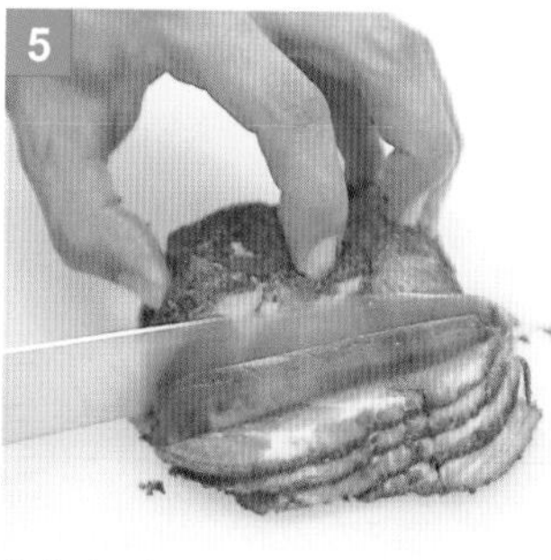

5 若能以70°～75℃滷煮，鮮味就能鎖在肉塊中。依點單需要再現切成片。

地址●大阪府大阪市中央区上本町西5-1-6 寛永ビル（大樓）1樓
電話●06-6761-9117
營業時間●〔平日〕11時30分～14時30分、18時30分～23時30分（湯頭用畢即打烊）
〔週日・國定假日〕11時30分～14時30分、18時～22時（湯頭用畢即打烊）
例休日●每週一、第3個週二

大阪・上本町

自家製麵の店 麵乃家

以烹調簡單、溫和的美味拉麵為目標

冷熱十八番（醬油）
700日圓

這道日式沾麵的口感十分滑潤順口。沾麵汁中不但加了醋橘汁，還會另外附上醋橘片。一碗麵的份量是兩團240g。

麵乃家拉麵（原味）
650日圓

這是該店的招牌拉麵，具有讓人百吃不厭的風味，深受眾人喜愛。調味醬油是用2種醬油、真海帶、味醂以及有叉燒鮮味的魚露混合製成。麵條份量一團重120g。

『自家製麵の店　麵乃家』店主瀨戶茂男先生心中最理想的拉麵，是具有任何年紀都喜愛的溫和風味。

他為了不讓拉麵的風味太複雜，將豬大腿骨、雞骨、全雞熬製的肉類高湯，和海帶、秋刀魚乾和宗田鰹魚乾熬製的和風高湯，以2：1的比例混合成雙味湯頭。另外他在選擇食材上也非常講究，儘量選用無人工添加物的商品，而且拉麵也不加化學鮮味調味料。

該店在2002年開幕之初，只有醬油味拉麵一項較受歡迎，但漸漸地，他想做的拉麵風味慢慢貼近顧客的口味，而不再只是自己滿意而已，之後又陸陸續續開發出許多新的拉麵。而且他的拉麵風味還不斷提升，因而贏得許多顧客的青睞。目前，除了有兩種醬油味、味噌味、鹽味和日式沾麵外，其他還有特定期間限量販售的拉麵，口味十分多樣化，經常一天吸引超過200名的顧客。

該店基本的醬油味拉麵，除了上圖介紹的「原味」外，還有特別為年輕人準備的「新味」650日圓。它是在「原味」中，加入背脂、紅柚子胡椒（譯注：這種胡椒中還加入紅辣椒和柚子皮）等材料，風味濃郁令人感到震撼，如今和「原味」一樣，也成為該店的超人氣口味。

2005年時，瀨戶先生終於如願改用自製的麵條，使得該店的拉麵風味更加豐富。製麵的技巧他完全自學，不僅使用不同的麵粉，還將兩種不同成份的鹽水混合，配合湯頭風味製作出獨樹一格的麵條。除了這裡介紹的兩種麵條外，其他還有用於日式拉麵中，以黑豆粉製作的黑豆麵條（一天限量10碗）。

湯頭

既清淡又濃郁的誘人美味

該店的湯頭是用肉類高湯與和風高湯，以2：1的比例混合而成。

營業中同時製作肉類高湯，一共花費7個小時慢慢熬煮，特色是湯汁十分清澄。

為了讓湯頭散發清爽的風味，選用雞作為基本材料。依風味選用8kg品牌雞骨，和3～4kg的全雞一隻，另外也使用雞油。

將汆燙過的5kg豬大腿骨切開，以利熬出骨髓，放入桶鍋的最底層，再加入其他的材料。等煮沸後撈除浮沫雜質，轉小火，再加入蔬菜。接著約熬煮1小時，浮在湯汁表面上的雞油會變成透明狀。

雞油也是增添拉麵風味的重點，加入蔬菜最主要的用意，是為了讓雞油增添香味。

仔細撈出雞油後，將它再次加熱，過濾後可作為香油使用。

高湯完成後將它過濾冷卻，留待隔天營業時使用。

營業當天才製作和風高湯，以保有其香味。高湯中共使用海帶、宗田鰹魚乾和秋刀魚乾三種材料。

各類魚乾要選用富脂肪的產品。

將材料泡水一夜，加熱2小時熬出高湯，不要撈除其中的浮沫雜質，魚乾中釋出的脂肪也要保留，這樣才能

湯頭

肉類高湯

材料

豬大腿骨、雞骨、全雞、雞油、水、蔥青、洋蔥、胡蘿蔔、生薑、大蒜、叉燒用豬肩裡脊肉

1

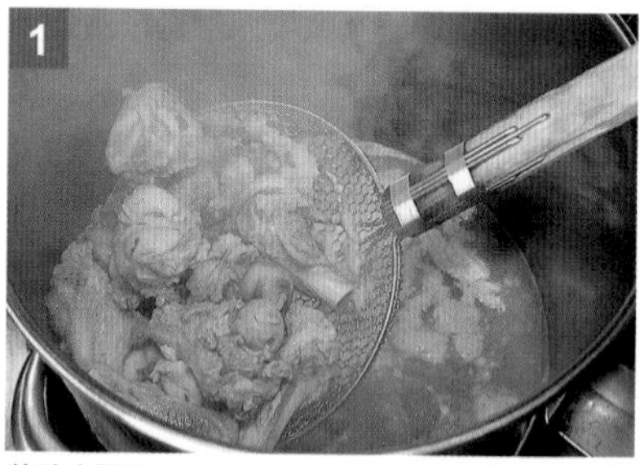

將豬大腿骨切開，放入熱水中。煮沸後撈起，放入水中浸泡。

2

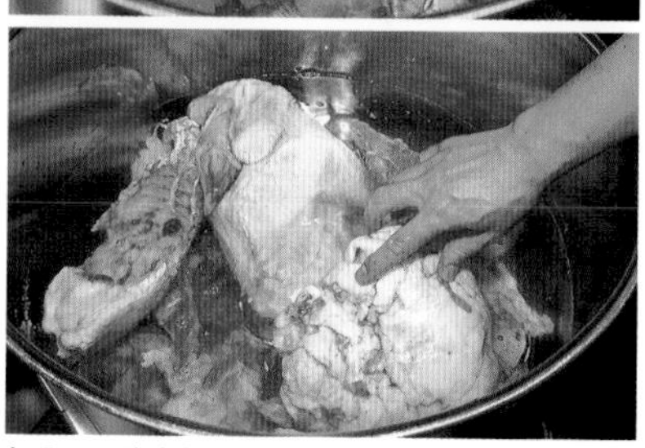

加入5kg豬大腿骨、8kg雞骨和3～4kg的全雞、雞油，因為購入的雞骨已清理乾淨，所以不必汆燙處理。

3

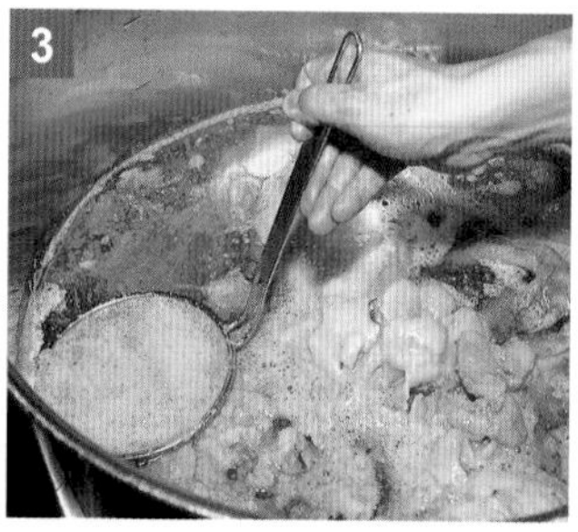

煮沸後會有浮沫雜質，只撈除褐色雜質，白色浮沫則不撈除。

4

將火轉小，放入蔥青、洋蔥、胡蘿蔔、生薑和大蒜，表面浮油呈現透明感。

5

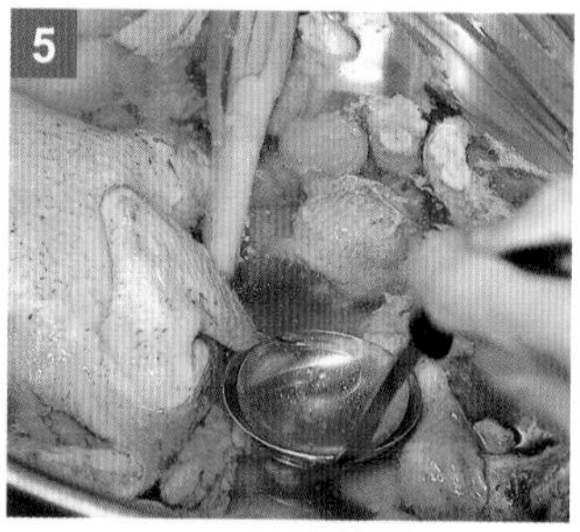

約熬煮1小時後，雞油會完全釋出，僅撈出透明的雞油。

6

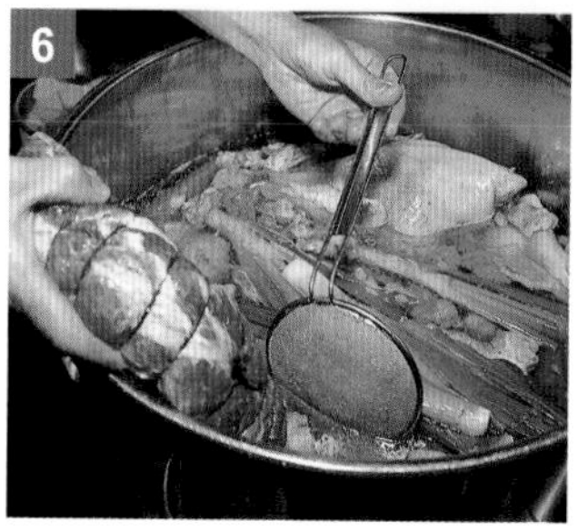

將用棉線捆好的叉燒用肩裡脊肉輕輕放入湯中煮熟，然後撈出。

7

高湯材料熬煮7小時後熄火，靜置約30分鐘。

8

雞油與湯汁分離，呈透明狀。撈出雞油以便讓高湯早點變涼。

9

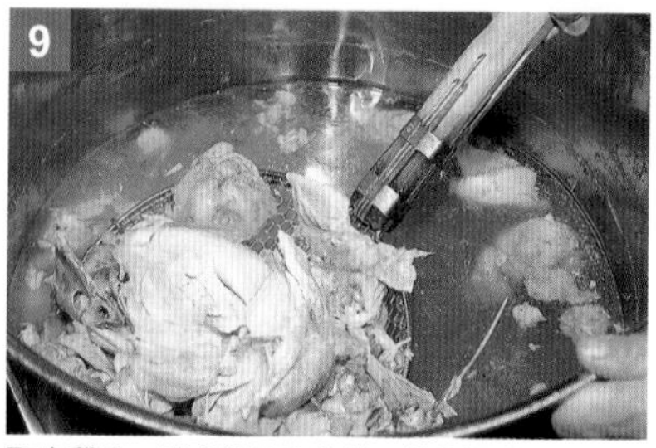

取出雞骨、豬大腿骨和蔬菜，然後過濾。為了濾出清澄的高湯，撈除過濾的過程都要慢慢進行。

10

高湯過濾後，連同桶鍋一起浸入水中待涼，變涼後冷藏保存，待隔天營業使用。

避免湯頭風味變得太過精緻。

製作麵條

含水量稍多 柔韌富嚼勁的麵條

原本瀨戶先生一開始就想使用自製麵條，在開店3年熟悉湯頭的熬製作業後，他開始正式自製麵條。

他最重視麵條能否和湯頭對味，而且是否有好的嚼感和喉韻。

為了製作出最理想的麵條，他將麵粉和鹽粉完美的混合，加水率還超過40%。

此外，由於是在特定的空間製麵，所以進行切製麵條作業時，室內的空調必須設在22℃左右，直到營業結束。做好的麵條，在設定的溫度下直接放置一晚讓它熟成。

隔天再放入冰箱讓它繼續熟成兩天，等於第四天時才可使用。

叉燒肉

將肩里脊肉放入肉類高湯中加熱，肉質不要煮老了，再放入調味醬油中醃漬即完成。

製作麵條

材料

中華麵用麵粉、鹽水、鹽、全蛋

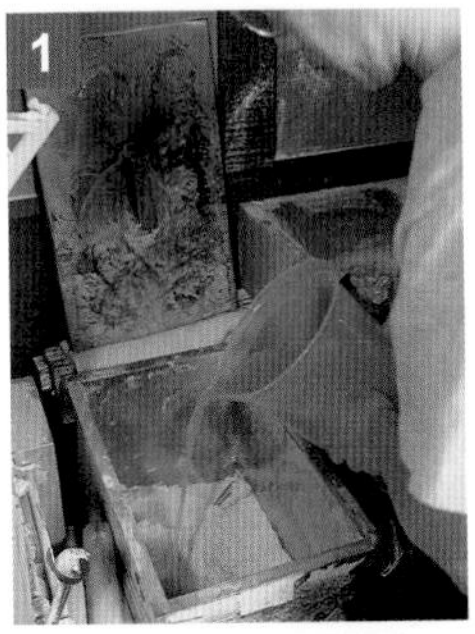

1 在2種混好的麵粉中，加入全蛋、水、2種鹽水和鹽攪拌10分鐘。加水量因不同麵條而有差異。

2 通過滾筒後，製成兩條麵帶，再將它們合為一條，此作業重複3次。

3 不必放置讓它鬆弛，就直接切割成麵條。空調溫度設在20～22℃，讓麵條放置一夜，隔天早上移放冰箱冷藏2天後再使用。

日式沾麵用

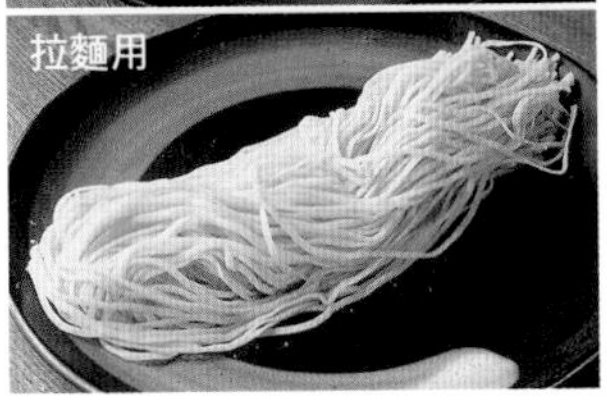

拉麵用

加水量要視氣溫、濕度和麵粉狀態而改變。拍攝時，「日式沾麵」的加水量是加41%，切刀為18號。「拉麵」的加水量40%，切刀為16號。

和風高湯

材料

海帶、宗田鰹魚乾、秋刀魚乾、水

1 材料包括海帶、宗田鰹魚乾和秋刀魚乾。宗田鰹魚乾和秋刀魚乾要選用富油脂的

2 將材料用水浸泡一夜，加熱至快要沸騰前，先取出海帶。

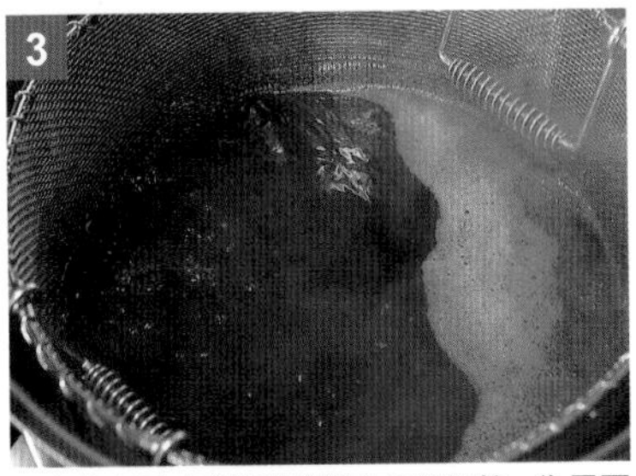

3 用會使水面咕嚕滾沸的稍大火候加熱，為了要取用魚乾的油脂，浮沫雜質不要撈除。

4 煮沸後再熬煮約1小時即熄火，撈取浮在湯上的魚乾類油脂。

5 撈起魚乾，將步驟4舀取的油脂再倒回高湯中。

完成

1 把前一天做好的肉類高湯加熱，仔細撈除多餘的油脂。

2 將和風高湯過濾到肉類高湯中混合，肉類與和風以2：1的比例混合。

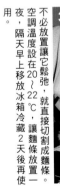

地址●大阪府吹田市岸部北5-39-17-102
電話●06-6877-9155
營業時間●〔平日〕11時～15時、17時～隔天1時最後點餐
〔週六・週日・國定假日〕11時～隔天1時最後點餐
例休日●每週一（遇國定假日改至隔天休）

大阪・吹田

麵家　五大力　吹田七尾店

使用西洋料理的技法 讓人上癮的清燉肉湯拉麵

『五大力』以正統的法式清燉肉湯（consomm）作為拉麵的湯頭，每天都引來大排長龍的人潮。在2000年開幕的1號店豐中店，店內共有23席，平時每天能吸引200名顧客，到了假日可多達300名。由於生意興隆，該店的知名度於是漸漸打開，到了2004年時，又在吹田七尾開設了第2號店。

店主久保昌利先生有製作法式與義式料理的經驗，他打出「溫和系清湯拉麵」的宣傳口號，推出自己研發的拉麵。所謂的「溫和系」，意指「清爽、優雅的美味」，他以法式清燉肉湯來表現那種風味。不過，那可不是類似清燉肉湯的「清燉肉湯式湯頭」，而是徹徹底底正統的法式清燉肉湯。

他表示這麼一來，還必須花心思製作與清湯搭配的拉麵醬汁，以及找出醬汁和湯頭混合的方式。另外，還要研究清湯適合搭配什麼樣的叉燒肉和佐料等，才能提供令人耳目一新的精緻風味。

該店湯頭清爽、單純的滋味，廣受年輕人、小孩和老人等各年齡層顧客的支持。

這兩家店的菜單內容不同，相對於豐中店以「山」作為拉麵主題，吹田七尾店則以「海」為主題。例如豐中店的「五大力（特鹽）」是加入培根、番茄乾等食材的義大利風味拉麵，而吹田七尾店的「五大力（Di Mare）」，則是使用龍蝦的蝦子風味拉麵。

其他，還有以西洋料理技術所研發的創作拉麵，極富流行感的菜單，使該店的支持者持續增加中。

五大力（Di Mare）
930日圓

這道鹽味拉麵中加了義式水餃風味的特製餛飩。龍蝦奶油的豪華風味與清燉肉湯非常對味。鹽味醬汁是用西西里產岩鹽、海帶和乾香菇等製成。

白蔥拉麵　730日圓

有鹽味和醬油味兩種口味，圖中是醬油味拉麵。調味醬油利用叉燒醬汁製作。湯頭和醬汁先混合，客人點單後再以炒鍋加熱。

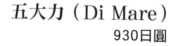

高湯

正統法式湯燉肉湯中設法混入醬汁

該店的湯頭，是以正統法式清燉肉湯的作法製作。先用手將牛豬混合的絞肉、蛋白和番茄醬混勻，蛋白有吸附雜質使其凝結，使湯汁變清澄的作用。

接著放入雛雞、雞爪、洋蔥、胡蘿蔔、芹菜片、月桂葉和水，開始熬煮到90℃，不時攪拌桶鍋中的材料。重要的是維持不要煮沸的狀態，只要讓湯汁從底部咕嘟咕嘟地往上小滾沸的火候就好。

這時上面會浮現凝固的蛋白及絞肉。

在湯面正中央撥開一個圓形空隙，以湯汁會咕嘟咕嘟小滾的火候熬煮4～5小時。

這個圓空隙是為了讓湯汁順利循環。若不留空隙，吸附在蛋白和絞肉上的浮沫雜質，又會混入湯汁中，使湯頭變渾濁。

湯汁熬煮4～5小時後以棉絨布過濾，放涼後湯頭就完成了。

清澄、透明的清燉肉湯，因為棉絨布也將油脂濾除，所以風味十分清爽。

不過清澄、無油的清燉肉湯很容易變涼，當作拉麵湯頭時成了一個問題。因為拉麵吃到最後湯頭變涼，也會隨之變味，而且，想充分發揮湯頭

湯頭

材料

牛豬混合絞肉、蛋白、番茄醬、雛雞、雞爪、洋蔥、胡蘿蔔、青蔥、芹菜、月桂葉

在60cm的桶鍋中，放入10kg絞肉、20L蛋白和番茄醬，用手充分混合。

再加入1.5kg雛雞、3kg雞爪、洋蔥、胡蘿蔔、芹菜片和月桂葉，將水加到130L水位線，開火加熱。

加熱到90℃，大概要花2個小時，過程中要混拌幾次。

至90℃時，停止攪拌。保持湯汁咕嘟嘟地往上沸滾的小火候，將中央的材料往旁邊撥開。

中央撥出空隙後，一面讓它保持循環，一面熬煮4～5小時。這是熬出透明、清澄高湯的訣竅。

以棉絨布慢慢過濾，清燉肉湯就完成了。油分也能一併去除。過濾好的湯頭放涼即可使用。

在涼了的清燉肉湯中，加入調味醬油和鹽味醬汁備用。依客人點單用炒鍋加熱後使用。

麵條

麵條是以混合粗粒小麥粉（durum semolina powder）的麵粉製作，Q韌順口，1人份重120g。

的味道，醬料的量也難恰當拿捏。

於是，該店決定先在湯頭中加入鹽味醬汁和調味醬油，讓湯頭風味變得完整。

這樣醬汁分量和溫度差異所產生的變味問題就迎刃而解了，而且客人點單後，混合湯頭和醬汁的作業也省了。

每次客人點好後，只要將備妥的一人份450ml湯頭，和配料白菜一起放入炒鍋中煮開。

麵條另外煮好放入碗中，再淋上煮開的湯頭，放上配菜即可上桌。

叉燒肉

和清燉肉湯超級合味 入口即化的叉燒肉

「叉燒肉」具有襯托湯頭的作用，滷肉用的醬汁也是以清燉肉湯為底，另外還加入醬油、紅酒、焦糖、海帶、乾香菇和生薑一起熬煮。

豬肉是使用鹿兒島的名產豬「茶美豬」。將五花肉有油脂的那一面，先用高溫的油充分煎過後，以網袋裝起來，再用醬汁滷煮。

熄火將肉取出，醬汁連同桶鍋放入水槽中冷卻。

冷卻後油脂會凝結浮在表面，撈除油脂後，再放回肉條浸漬約5個小時就完成了。補足減少的醬汁，隔天繼續使用。

調味醬油就是用這個「叉燒肉」醬汁製作的。鹽味醬油則是用西西里岩鹽、羅臼海帶、干貝和小豆島的醬油等製作。

佐料

致力研究不會破壞 細緻湯頭的佐料和奶油

因為細緻的湯頭是拉麵的主角，所以該店在研發能提引湯頭風味的佐料上，也下了一番功夫。

佐料是放在客席間，共準備有炸蒜片、黑胡椒和炒韭菜。

其中最受歡迎的炒韭菜，是用橄欖油熱炒韭菜和辣椒圓片。它既不會破壞湯頭的風味，又能添加辣味和香味。

「五大力（Di Mare）」中使用的龍蝦奶油，是用奶油細火慢炒龍蝦頭和蔬菜，再加水熬煮而成。讓它冷卻後，上層凝結的油即為龍蝦奶油。下層剩餘的煮汁熬煮後，加入龍蝦肉泥中，即製成作為拉麵配菜的義大利餃。

水餃一入口龍蝦風味立刻瀰漫開來，讓顧客享受到前所未有、時髦又豪華的拉麵滋味。

叉燒肉

材料

茶美豬的五花肉、沙拉油、醬汁（清燉肉湯、紅酒、醬油、焦糖、海帶、乾香菇和生薑）

1

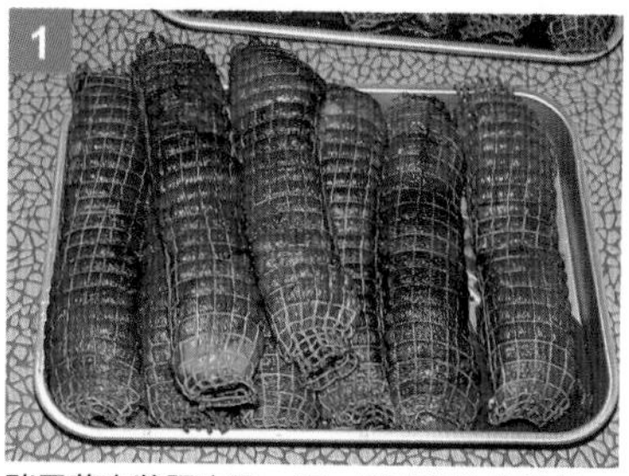

豬五花肉將肥肉那一面，用高溫油煎過後，用網袋裝好，放入醬汁中熬煮。

2

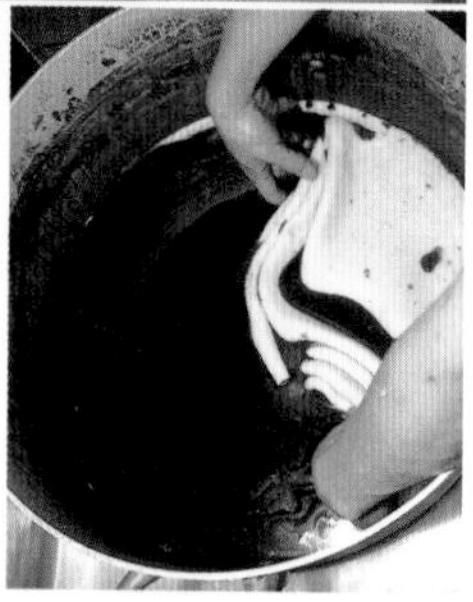

用醬料煮好後熄火，從醬汁中取出五花肉。醬汁連同桶鍋一起放入水槽中冷卻，等涼了之後剔除凝結在表面的油脂。

3

再將五花肉放回醬汁中，醃漬5小時。再補足醬汁，同時也可應用在調味醬油中。

龍蝦奶油

材料

龍蝦頭、洋蔥、胡蘿蔔、番茄、芹菜、荷蘭芹莖、奶油、水

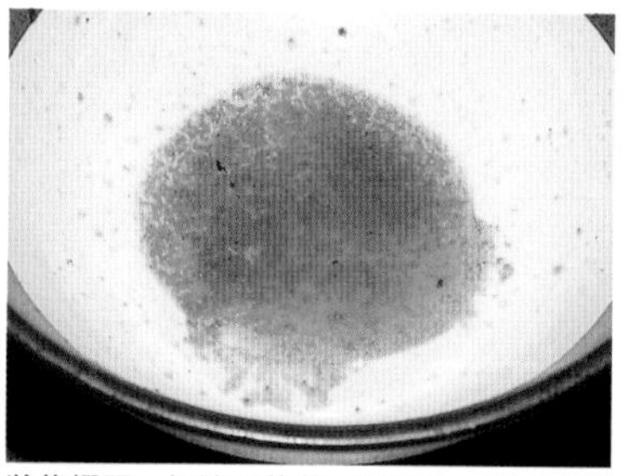

將龍蝦頭、奶油和蔬菜一起拌炒，再加水熬煮，放涼凝固後即完成。

佐料

佐料是置於客席的黑胡椒、炸蒜片和炒韭菜，其中炒韭菜最受歡迎。

炒韭菜是用橄欖油炒韭菜和辣椒所製成，是不會破壞清燉高湯，又能添加風味的佐料。

地址●京都府左京区一乘寺大新開町21-5
電話●075-702-0710
營業時間●〔週一～週六〕12時～15時、18時～隔天2時
〔週日〕11時30分～23時
不定休

京都・一乘寺

麵屋 新座

希望讓招牌「新座拉麵」成為「新京都拉麵」

這道拉麵在充滿海鮮香的濃郁湯頭中，加入原味醬汁、辣椒粉和背脂。配菜除了有九條蔥、白蔥絲、豆芽菜和海苔外，加入柚子風味也是一大特色。

京都市一乘寺附近是眾所周知的拉麵戰區。在被稱為「拉麵大道」的街上，櫛比鱗次著許多拉麵店，『麵屋　新座』正位於那裡。該店店主山岸新先生和原本是日本料理師傅的父親山岸一隆先生，於1998年一起創立這家店。開店當初他們推出當時還很少見的海鮮風味拉麵，為京都拉麵界帶來一股新氣象。原本他們是在京都市西陣區開店，但是那家店面容納不了太多客人，新先生說「我們希望讓更多的人來吃麵」，於是在2005年時，將店面遷到大學附近的住宅區，也就是現在這個地方。

新先生表示「我們想製作和京都其他店不一樣的拉麵」。他們推出自開業時數年前開始，就流行於東京的肉類和海鮮高湯混合成的白湯。那是在以豬和雞為主體，並使用大量蔬菜的圓潤肉類高湯中，混入以七種海鮮熬煮的和風高湯。

這樣的湯頭能成為京都的新口味嗎？一隆先生本於46年從事日本料理的經驗，再加上新先生年輕的感覺，「新京都拉麵」於是乎就誕生了。可是，因為京都人不習慣拉麵中混入海鮮高湯，所以他們想到製作海鮮味不太濃的東京口味，讓湯頭只是隱隱的散發柔和的海鮮香味而已。

該店著名的醬油味「新座拉麵」，正是使用這種湯頭。有近半數的顧客都會點這道拉麵，堪稱該店的人氣招牌麵。菜單中除了原味（醬油味）拉麵外，另有白味（濃味）和紅味（味噌味）等口味。此外，還有添加辣味腱肉的「腱肉拉麵」，以及加入許多蔬菜的「頂級拉麵」等，在配菜上的變化也十分豐富。

滷腱肉

材料

牛腱肉、紅砂糖、豆瓣醬、辣椒、韓國醋味噌、自製味噌調味醬（豆瓣醬、紅味噌、辣油、韓國醋味噌）、生薑、濃味醬油、酒、味醂

1 牛腱肉不切，以沸水汆燙、洗淨、切塊，再次汆燙去油脂。最後汆燙的湯要一起加入高湯中。

2 將1放在流水中清洗，放入鍋中調味熬煮。加入豆瓣醬和辣椒等添加辣味。

3 加熱約30分鐘，讓它入味。等放涼至某種程度後就分裝到保鮮盒中，放入冷凍庫保存。

滷肉

材料

豬五花肉、補充用叉燒醬汁（酒、粗砂糖、黑砂糖、八角、鷹爪辣椒、醬油3種、胡蘿蔔、大蒜、土生薑、青蔥、五香粉）

1 將豬五花肉放入高湯煮熟，肉是買現成的肉塊，清理捲好後，裝入網袋中。

2 在舊醬汁中加入補充用醬汁，所以每次都要調味，黑糖和八角香是調味的重點。

3 加入蔬菜，以小火加熱。因為使用和湯頭相同的蔬菜，所以味道不會相互干擾。

4 約熬煮5小時，煮到肉質大約能用筷子刺穿的軟度，就可取出放入3的醬料中醃漬。

5 撒入五香粉，用微火煮30分鐘，然後熄火直接燜3小時。加入五香粉可去除肉腥味。

6 取出放入淺盤中，盤子斜放，讓多餘的醬汁和油脂釋出，不讓其流出的的話，肉上就會裹著一層油脂。

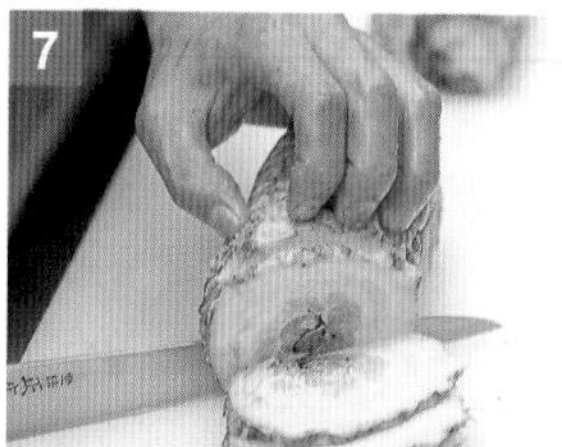

7 拿掉網袋，放入冰箱冷藏2天。肉質緊縮後會比較好切，也比較入味。

原味醬汁

混合20種以上的材料一起熬煮濃縮（左圖），和叉燒肉的醬汁以8：2的比例混合製作而成。

湯頭

從肉類高湯中散發和風高湯的淡淡香味

該店是用日本傳統的羽釜（譯注：為日本傳統的炊飯鍋，請參看98頁圖片）來熬煮高湯，這種飯鍋最大的優點是火力為一般瓦斯的兩倍。高湯一般需長時間才熬得出來，但用這種鍋只需花6～7個鐘頭，骨頭就能熬得軟爛。作業時該店使用兩種不同火力的鍋，最後再用火力強的那個鍋完成高湯。

該店的湯頭，是在豬、雞併用的肉類高湯中，加入以海帶、秋刀魚乾、竹莢魚乾等熬製的和風高湯。為了讓肉類高湯散發微微的和風高湯香，達到最佳的平衡狀態，該店的肉類與和風高湯以1：4的比例混合。開業當時由於京都人還無法接受拉麵有海鮮味，所以和風高湯的用量只有現在的一半，不過後來比例便慢慢增加了。

和風高湯的材料選擇，必須考慮到它們在肉類高湯中也能散發濃郁明顯的香味。不過並不能讓任何一種材料太突出，以免破壞整體均衡的風味。該店將豬與雞以3：2的均衡比例來熬煮肉類高湯，並利用和風高湯活化肉類高湯，希望能調配出濃郁又清爽，入口後甜味立即瀰漫開來的湯頭。

肉類高湯的材料包括：豬大腿骨、雞爪、雞頭、雞骨、豬腳、豬頭、滷

肉用五花肉。並加入大量的蔬菜，熬煮6～7個小時。該店表示材料中豬頭是一大重點，因為用豬頭熬湯，湯頭風味會非常圓潤。

而且，為了熬製沒有肉腥味的高湯，材料必須事先經過仔細汆燙處理。汆燙時因為已剔除會使高湯產生腥臭味的脂肪，所以熬煮時，湯汁幾乎沒有浮沫雜質和豬骨的腥味。因為該店是在白天營業時熬煮湯頭，所以這種作法也兼顧到顧客來店用餐時，不會聞到腥臭味。

桶鍋加蓋後連續熬煮1小時，再加上牛蒡和南瓜。山岸先生表示，牛蒡是用來調味的。它的香味隱而不顯，但是表面上隱約散發的香味，是內行人一吃便知的。

該店深知女性喜愛南瓜風味，因此將它加入材料中，讓湯頭風味變得更濃、更甜。而且它沒有什麼特別的味道，能與湯汁充分融為一體，取出南瓜後再將它搗碎，毫不浪費地充分活用於高湯中。

接著加入能消除腥味的蔬菜，熬煮4小時後取出五花肉，快到6小時時取出蔬菜，就進入最後的完成階段。

在高湯已完成95%的最後階段，首先要將火力大的羽釜中的湯汁，平均過濾到6個桶鍋中，然後將火力小的羽釜中的湯，倒入火力大的釜中，並用木杓將湯汁整體大幅度地混拌。這個「混拌」動作十分重要，目的是讓空氣混入湯中。山岸先生表示，讓空氣分子融入湯中，能使材料的分子變

半熟滷蛋

材料

蛋、叉燒醬汁

1 在水中加鹽，放入蛋煮3分30秒至半熟程度，放入水中剝去蛋殼。使用京都產的雞蛋。

2

使用滷肉相同的醬汁，醬汁放涼除去脂肪後才使用。將雞蛋放入醬汁中，以盤子加蓋放入冰箱冷藏5小時後使用。

九條蔥

「新座拉麵」中添加大量的京都傳統蔬菜九條蔥。該店也有用自己種植的九條蔥。

背脂

1 背脂以沸水汆燙5分鐘，再用清水清洗脂肪，以去除多餘的脂肪。

2 繼續一面汆燙3小時，一面補足水量。讓它充分去除多餘脂肪，留下美味的脂肪。

3 將背脂放入圓錐形網篩中，用木棍壓擠過濾。在鋼盆上放個網篩，分別接取背脂和油脂精華。

4 將濾出的油脂精華倒入高湯中，過濾的背脂倒入淺盤，放入冰箱冷藏，之後視所需少量取用。

筍乾

材料

鹽漬筍乾、濃味醬油、淡味醬油、紅砂糖、味醂、鮮味調味料、酒、水

1 筍乾浸水30分鐘去鹽，再以沸水煮30分鐘以去除異味，然後用水洗淨。

2 加入濃味醬油、淡味醬油、紅砂糖、味醂、鮮味調味料、酒和水。

3 用能讓筍乾滾動的中火，熬煮約1小時。然後將筍乾和醬汁倒入鋼盤中，直接隔水冷卻，放入冰箱冷藏保存。

②
①
使用大火力①和小火力②，共兩個羽釜來熬煮湯頭。基本上兩個鍋放入相同的材料，但較難熬煮的骨頭類都放入①中。湯頭的完成經常在1的鍋中，混合也是在①中進行。

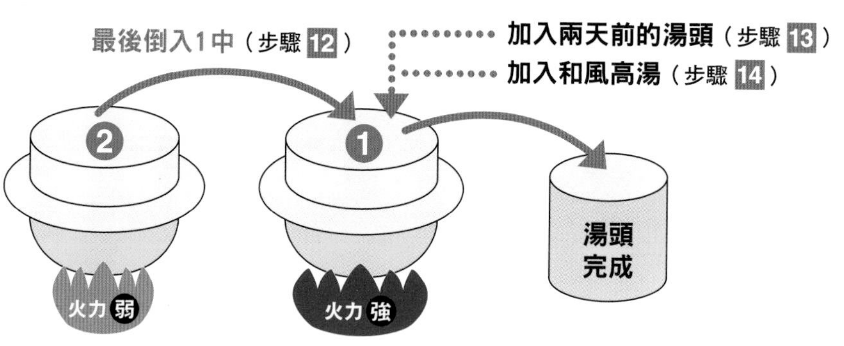
最後倒入1中（步驟12）
加入兩天前的湯頭（步驟13）
加入和風高湯（步驟14）
②
①
湯頭完成
火力弱
火力強

熬製肉類高湯和混合

材料

豬大腿骨、豬頭、豬腳、雞爪、雞頭、整隻土雞、豬五花肉、牛蒡、南瓜、青蔥、洋蔥、胡蘿蔔、包心菜、白菜、土生薑、大蒜、煮腱肉的湯汁、煮背脂的湯汁、之前的舊湯頭、和風高湯

1 豬大腿骨在前一天先切開，汆燙2回仔細清洗，以去除污血和油脂。

2 再加入雞腳和雞頭（上圖）、雞骨和豬腳（下圖）。全部和豬大腿骨一樣，在前一天用水洗淨，經過2次汆燙，再以流水仔細清洗乾淨。

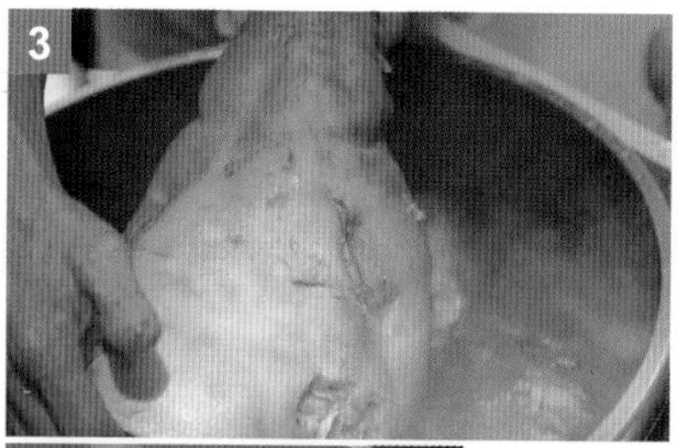
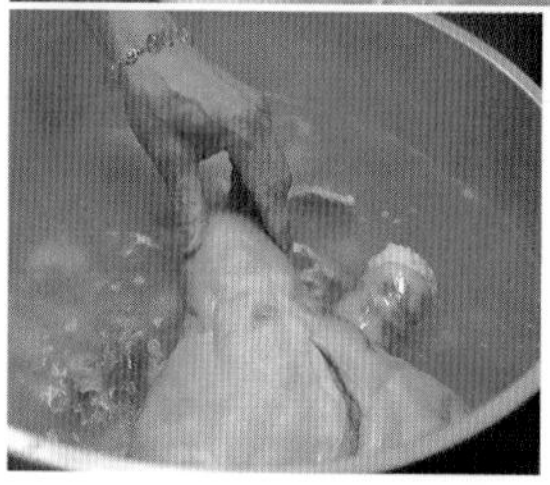
3 接著加入豬頭。豬頭是購入已分切成臉的上側和下顎兩部份的產品，將臉的上側放入大火力的①鍋中，下顎放入②鍋中。

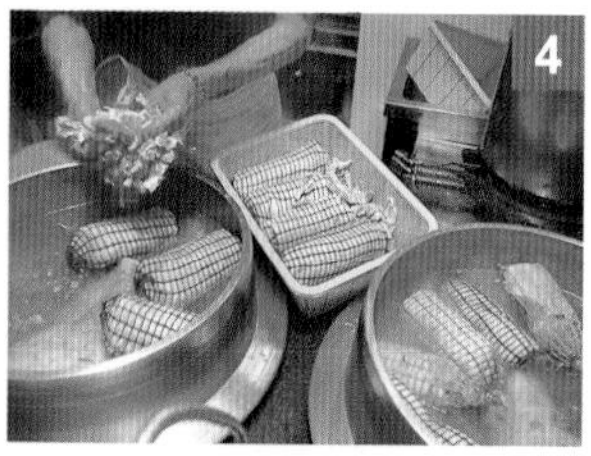
4 加入滷肉要用的豬五花肉。加蓋後一面熬煮，一面補足蒸發的水分。

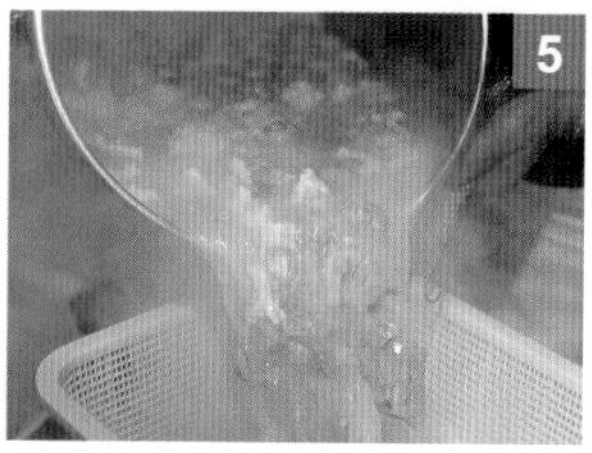
5 將汆燙腱肉的湯汁過濾到羽釜中，混入高湯中，讓材料毫不浪費地充分活用。

和風高湯

材料

乾香菇、真海帶、秋刀魚乾、小魚乾、竹筴魚乾、青花魚乾、柴魚、水

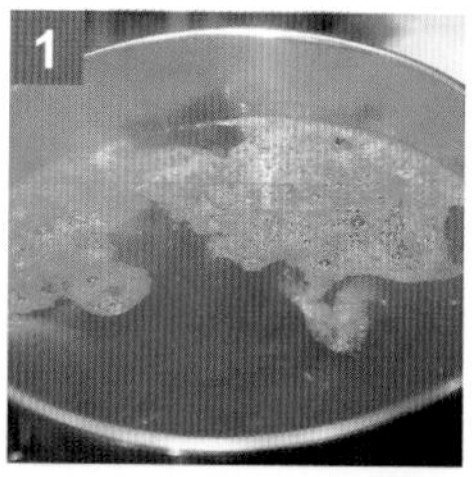
1 將青花魚乾和柴魚以外的材料，泡水一晚，隔天開火加熱40分鐘。

2 在步驟1完成後，撈出海帶，加入厚柴魚和薄青花魚乾，繼續熬煮。

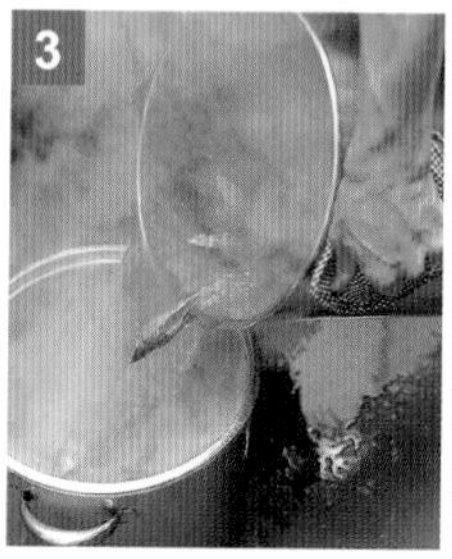
3 以小火約煮30分鐘後，以網篩過濾。之後就能用來和肉類高湯混合了。

得更細緻，湯頭變得滑順，這是他從化學理論書上得來的知識，經過親自實驗後，他發現這麼做確實能使湯頭口感更細滑，平淡的味道變得更圓潤。而且，在接近湯頭完成階段進行會更有效果。

接著，將湯汁過濾減少到外突出的鍋緣高度時，加入兩天前熬煮好的「回頭湯」，以便增加濃度。之後再重複進行「倒入、混合和過濾」的步驟，然後倒入和風高湯混合，最後再過濾所有的湯頭。

該店表示在湯頭完成過濾的階段，必須兼顧到湯頭100%完成的最後時間點。因為鮮味並非時間越長釋出越多，而是超過100%的最佳完成時間點，鮮度反而會下降。因此最佳的狀態是，鮮味完全釋入湯中時，剛好是達到95%完成度要開始進行過濾的時候。湯頭完成後，以冰水冷卻以防變質，然後放置兩天。剛煮好的湯頭風味較清爽，放置兩天後，味道會變得更鮮美、濃郁。

營業時，湯頭再次加熱、過濾。這次過濾要使用比兩天前剛完成時網目還要細的網篩。該店表示最初用粗目網篩過濾，為的是讓湯頭中保留一些雞骨殘渣，這樣放置兩天後，湯頭會變得更美味。

背脂

確實去除油脂 只利用美味的脂肪

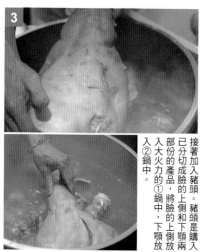

視湯汁的狀態，一面熬煮30分～1小時，再加入削薄片的牛蒡和切小塊的南瓜。

約煮30分後加入切小塊的蔬菜，為了方便取出，用網袋裝起來再加入湯中。

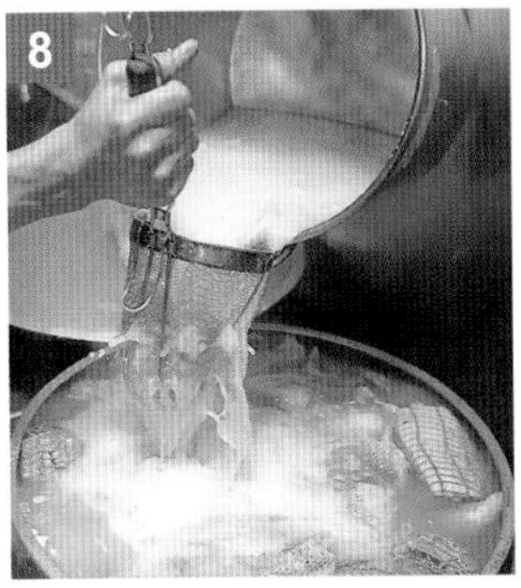

將汆燙背脂的湯汁過濾到羽釜中，和高湯混合。

熬煮4小時後取出豬五花肉，在熬煮達6小時後取出6和7的蔬菜。南瓜放在小鍋中搗成泥，再將它全部溶於高湯中。

這時高湯已達到95%的完成度，將火力大的①羽釜中的湯，少量過濾到桶鍋中。

將羽釜中的湯汁用木匙充分混拌，讓湯中含入空氣。同時也能讓骨頭裡的鮮味充分釋入湯汁中。

將羽釜②的湯汁倒入羽釜①中，同步驟11的作法，整體攪拌後，再和步驟10一樣，過濾到桶鍋中。

之後加入稱為「回頭湯」的兩天前熬好的湯頭，再重複步驟11、10、12的作業。

接著加入和風高湯。一面取出骨頭，一面混合過濾，再重複將羽釜②的湯汁倒入①中，這時湯頭才算１００％完成。

將湯頭全部過濾好後，讓它冷卻。先用涼水讓它稍涼後，再用冰水繼續冷卻。

第三天過濾湯頭後即完成

將放入冰箱冷藏兩天的湯頭取出加熱，三鍋中留下一鍋，作為步驟13中所稱的「回頭湯」。

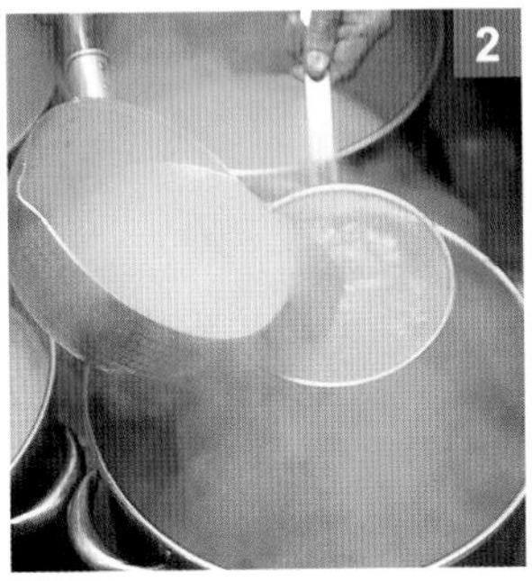

加熱後會產生浮沫雜質，要撈除乾淨。將湯頭混合均勻後，再平均過濾到兩個桶鍋中。

京都許多拉麵店都會加入大量的背脂。而該店會先處理背脂，只利用它美味的部分來熬製高湯。製作要點是先以沸水汆燙，然後用水清洗去除油脂，接著再以沸水煮3小時，徹底去除多餘的油脂。經過這樣的作業後，就能保留真正美味的脂肪。然後以網篩過濾到淺盤中，放入冰箱冷藏保存。營業時視需求少量取出，放在羽釜旁邊溫熱，配合顧客清爽、濃郁的喜好，調整分量加入湯頭中。

配菜

入口即化的滷肉 加上味道濃郁的腱肉

入口即化的柔嫩口感是該店滷肉的魅力。使用口感軟爛的豬五花肉，在高湯中熬煮4小時使它軟化後，再放入醬汁中醃漬，再以微火滷30分鐘。醬汁的調味重點，是以粗砂糖和黑砂糖的甜味為中心，將肉的風味展現出來。將滷好的肉放入冰箱冷藏兩天，這樣不僅能充分入味，而且脂肪凝固後也比較好切。

腱肉的調味是在醬油和砂糖等甜辣調味料，再加入辣椒和豆瓣醬，使它的辛辣味更濃郁。其中還包括該店自製如同土手燒料理般的味噌調味醬作為調味料。作法是將整塊購入的腱肉先汆燙，用水清洗後切小塊，將硬的肉塊煮4小時，軟的肉塊煮1小時後，再調味。腱肉每三天製作一次，完成後放入冷凍庫保存備用。

地址●福岡県福岡市中央区薬院2-16-3
電話●092-732-6100
營業時間●〔週一～週六〕11時30分～14時、18時～25時
〔週日・國定假日〕11時30分～22時（湯頭用畢即打烊）
全年無休
URL●http：//www.genei.jp

福岡・藥院

麵劇場 玄瑛

希望製作讓人吃完後會想吃飯的醬油拉麵

潮薰 醬油拉麵 800日圓

這道拉麵加入鮑魚乾、干貝、蝦米等製作的調味醬油和海鮮高湯，其中沒有添加任何化學調味料。麵條是使用用手搓捻、多加水的細麵。約有三成的顧客都會點這道拉麵。

用剩餘的湯頭泡飯是較成人式的吃法，大部分的顧客都會加點白飯。

位於非鬧區的小巷裡，也沒有店面的招牌看板，正如『麵劇場　玄瑛』這個招牌所言，店內的座位設計得如同劇場的觀眾席一樣。菜單中，除了以豬骨拉麵類為主外，還有招牌推薦的醬油拉麵。

這家店不僅話題性高，而且他們推出的無化學調味料的醬油和豬骨拉麵，引來了大排長龍的人潮，這家店就是赫赫有名的『玄瑛』拉麵店。2003年開幕當時，由於店面位置很不起眼，經營起來相當辛苦。儘管如此，但是在顧客表示「希望在博多也能吃到這樣的拉麵」等等熱情的支持下，該店依然努力堅持下去。為了製作出讓自己和顧客都百吃不厭的拉麵，該店大約自兩年前開始，依不同時令推出不同口味的拉麵。自此之後，顧客逐漸增加，大約在一年多前，開始出現大排長龍的景象。

店主入江瑛起先生，在熊本學習拉麵後，曾在福岡的宮田町開設『玄黃』拉麵店，那裡主要提供豬骨拉麵和日式沾麵。當時他也使用化學鮮味調味料。經營兩年後，他自己很希望能推出不添加化學調味料的拉麵，於是決定將店面移到福岡市內。首先，他從尋找無化學添加的醬油開始。不使用化學鮮味調味料的拉麵，容易讓人感覺到不夠味。為了彌補這樣的缺點，必須重疊多種食材的鮮味來補強。而且，吃了風味不足的拉麵後，大多只會讓人留下「後味」而已。入江先生將味道分成「先味、中味和後味」，所以他在製作拉麵時，會考慮到顧客開始吃、正在吃以及吃完後各階段的感受，來調配味道。

他表示已達到理想風味的醬油拉麵，其鮮味的滋味會讓人吃完後還想再吃一碗飯。

材料

準高筋麵粉、水、鹽水、全蛋

用準高筋麵粉、全蛋、鹽水和活性鹼水製作麵條。每次製作，約有2成的麵粉是用手揉捏，來確認軟硬度。

加水率大約是47％，這包含了蛋的分量，蛋的分量占總加水量的10％。

攪拌結束後，以製麵機整理麵團，將麵團壓製成厚約1cm厚的2捲麵帶。

將兩捲麵帶合在一起，再壓製成2捲厚1cm的麵帶，如此重覆3次。

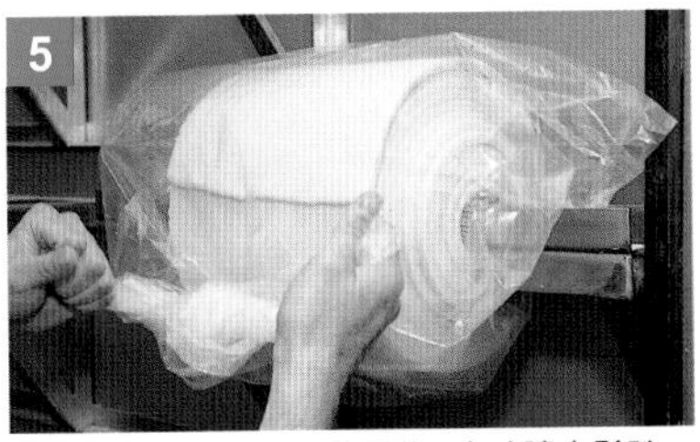

用塑膠袋包住麵帶，放置約2小時讓它鬆弛，之後進行延壓的作業。

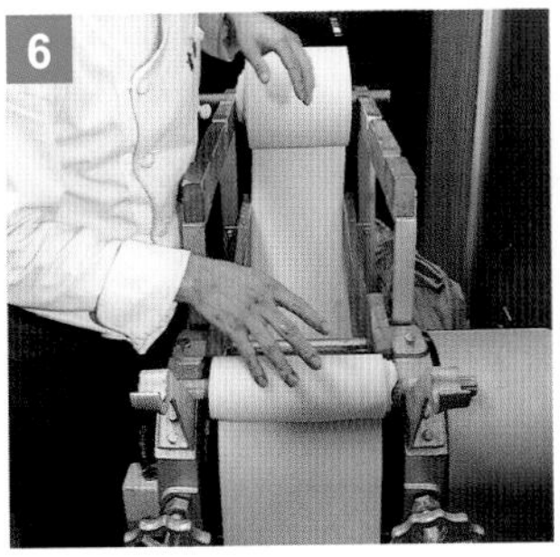

將麵帶慢慢地延壓變薄。因為製麵機沒有刻度，所以要一面作業，一面以目測確認厚度。

進行第3次延壓時，麵帶側面會出現乾燥如汗毛般的麵屑，就表示初步完成了。

進行第4次延壓後，麵帶表面會變得如肌膚般光滑。接著將麵帶通過24號切刀，完成麵條的製作。一人份110g。

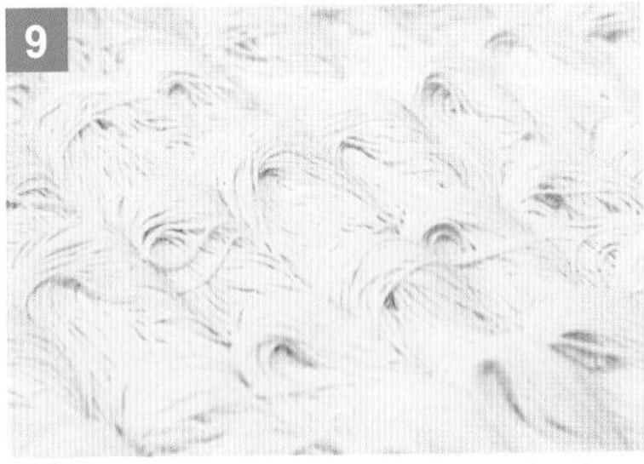

將麵條置於2℃低溫的恆溫、恆濕室中一週，讓它慢慢熟成。用於醬油拉麵中時，還會先用手壓捻後，再以沸水煮熟。

麵條

富彈性、Q韌的細麵也非常柔潤順口

入江先生自從獨立開設『玄黃』拉麵店後，便開始自製麵條。他分別為豬骨拉麵和醬油拉麵，製作出質地Q韌、富彈力又很柔軟的不同麵條。

他只使用家鄉熊本當地的熊本製粉本公司生產的「龍翔」準高筋麵粉，加水率（含蛋的分量）大約是47％。蛋汁約占總加水量的10％，並以24號切刀切出細麵條。一般多加水的細麵很難同時具有Q韌的口感。入江先生麵條完成後，會放入恆溫、恆濕室中一周讓它熟成，所以做出的細麵條呈透明感、又富有嚼勁。

不過他的麵條是用全蛋製作，這樣的麵條會加速熟成，為避免發生過熟的情形，他特地放將麵條放在2℃的低溫環境中慢慢熟成。

製麵時，全部麵粉中的兩成，入江先生一定親手揉搓混合。因為親自用手混合蛋、鹽水、麵粉和活性鹼水，才能感覺到麵粉狀態，適時調整加水量。

在『玄黃』時，他是使用22號的切刀切製麵條。

風味溫和的豬骨湯頭，搭配口感Q韌的細麵，使「玄黃豬骨拉麵」呈現獨樹一格的個性風味。

可是，有許多人都會點像過去低加水的博多拉麵般的「特硬」嚼感麵條，所以入江先生後來改用24號切刀製作更細的麵條。

話雖如此，博多拉麵大多是用26～28號的切刀，所以24號麵條還是顯得有點粗，不過因為它是多加水的細麵，所以大約只能用沸水燙煮5秒。

正如「麵劇場」這個招牌標語，該店的客席設計得如劇場中階梯式觀眾席一樣。

在客席的正面，是放著熬製湯頭用的羽釜和高湯桶鍋的「舞臺」，整個拉麵製作過程，顧客能在座位上一覽無遺，拉麵煮好從沸水中撈起的瞬間，讓人留下極深刻的印象。

這樣的設計原本讓人覺得，是為了讓客人看到舞台上拉麵的製作過程，沒想到入江先生卻表示恰好相反，他當初的用意是為了讓自己能一面製作拉麵，一面縱覽全部的客席，才設計成這樣。

醬油拉麵和擔擔麵使用的麵條，在下麵前他會先用手壓捻一下。作法是用手掌抓握全部的麵條，然後以身體的重量大力壓握，麵條經過仔細壓捻，再鬆開後，才下鍋煮熟。

麵條完成後立即用手捻壓再讓它熟成，就能產生以手捻壓的特有硬韌口感。

可是，在沸水煮麵前才用手捻壓，麵條恢復原來的形狀後，也會產生豐潤有彈性的口感，所以該店都是依據點單，在下麵前才用手捻壓。

海鮮高湯

活用海鮮味濃縮的調味醬油的湯頭

該店堅持不用化學調味料，調味醬油花費很高的成本。它是使用羅臼海帶、徽魚乾、蝦米、干貝和鮑魚乾等材料，混合無添加天然醬油再二度釀造而成。

『玄瑛』的調味醬油只要一沖熱水，就能散發濃郁的海鮮味和鮮味。比起醬油味和鹹味，是最先讓人感覺到鮮味的醬料。

加入調味醬油的醬油拉麵湯頭，只以海鮮高湯製作。

前一天在32cm的桶鍋中加滿水，放入羅臼海帶和烤飛魚浸泡一晚，烤飛魚要選用能充分熬出高湯的大型魚。

隔天，將前一天煮過的烤飛魚裝入棉布袋中，放入桶鍋中加熱。放入這個編號二號高湯的烤飛魚，目的為使味道更鮮美。

煮沸後轉小火，仔細地撈除浮沫雜質。熬煮20分鐘後，取出海帶和烤飛魚。因為烤飛魚若煮過頭，便會產生苦味。

然後依序加入脂眼鯡魚乾、青花魚乾和柴魚。等材料沉入湯中即熄火，過濾後就完成了。營業時將高湯舀

海鮮高湯

材料

羅臼海帶、烤飛魚、2號高湯烤飛魚、脂眼鯡魚乾、青花魚乾、柴魚片

1

將海帶、烤飛魚泡水一夜，再加熱。加熱前放入裝著前一天已煮過的烤飛魚的棉布袋。

2

煮沸後轉小火，仔細撈除表面的浮沫雜質。

3

熬煮20分鐘後，取出海帶和烤飛魚。

4

依序加入脂眼鯡魚乾、青花魚乾和柴魚片，熬煮到這些材料沉入湯中即熄火，過濾後即完成。營業時才倒入小鍋中加熱使用，這樣能避免高湯的香味散失。

入小桶鍋中，少量加熱味道才不會散失。

在香味濃郁，滋味鮮美的海鮮高湯中，混入特製的調味醬油，不但使醬油的深厚鮮味散布開來。海鮮高湯也使熟成的調味醬油，變得更加鮮活、美味。這種海鮮高湯每天要製作數次。

該店設立當時，便想模仿博多拉麵的傳統，準備了追加用的麵條。但是一旦追加麵條便會改變湯頭的味道，所以他改用米飯來代替，以茶泡飯的形式讓客人享用。

米飯上還會放上海苔、芥末和芝麻，剩餘的湯頭可淋到飯中一起享用。

這樣能充分運用高湯風味，呈現飯館裡的茶泡飯美味。

直到現在，點「潮薰 醬油拉麵」的客人，幾乎都會加點「茶泡飯」，而且幾乎所有的客人，都會將湯頭喝得一滴不剩。

完成

層層重疊醬汁、高湯和香油的風味

入江先生收到「潮薰 醬油拉麵」的點單後，會先用熱水溫碗。趁著溫碗時間，用手捻壓麵條。

另外在小鍋中放入香油和蔥花開火加熱。香油是取蒜油上層的澄清部分和麻油混合而成，加熱到蔥焦黃即可。

在預熱好的麵碗中，加入調味醬油、蔥花和芝麻。然後倒入煮好的香蔥油，再倒入海鮮高湯。

之後才開始正式煮麵，煮麵時間大約5秒即完成，將麵迅速撈起瀝乾水分放入碗中。

在麵上加上蘿蔔嬰、蔥白絲、肩里脊薄叉燒肉、辣椒絲和海苔等配菜才上桌。

加熱香油後，能使焦蔥更加芳香。將香蔥油倒入裝好調味醬油、蔥花和芝麻的麵碗後，更增添另一種新的芳香。

因為煮麵的時間非常短，所以當複雜、濃郁的芳香竄升四溢時，拉麵已送至客席間。當顧客吃下第一口即會感受到「這個醬油拉麵與眾不同」，美妙的滋味給人帶來極大的衝擊與震撼。

這就是入江先生所說的「先味」的要素之一。

Q韌、富彈性的細麵的美妙口感則展現出「中味」。而最後茶泡飯的吃法是「後味」。

「玄瑛」的「潮薰 醬油拉麵」，讓醬汁、麵條和湯頭之間協調對味，並運用能突顯各項特色的烹調技巧。此外，連上桌的方式都經過一番研究，也因此帶給顧客最高級的享用樂趣和拉麵風味。

潮薰 醬油拉麵完成法

趁著用熱水溫碗的時間，用手捻壓麵條。捻壓時以手掌用力握壓麵條，再鬆開，這樣麵條會收縮成最佳的口感。

在碗中加入調味醬油、蔥花和芝麻。

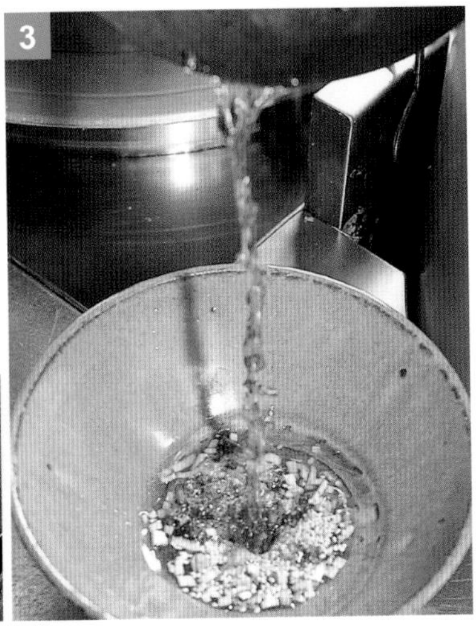

在小鍋中加熱香油和蔥花，製成香蔥油，然後全部倒入已加了醬汁等材料的大碗中。

接著倒入海鮮高湯。倒好高湯後才開始煮麵。

煮麵的時間大約僅5秒，就要迅速撈起瀝乾水分放入碗中。然後加上蔥白絲、辣椒絲、肩裡脊叉燒肉等配菜即可上桌。

製作拉麵的所有流程，可以從像觀眾席般的座位上一覽無遺。

人氣店的涼麵大考察

近年來，日本有越來越多的拉麵店開始重視涼麵。許多店都推出和招牌拉麵截然不同風味的涼麵，而且每年都在變化。豐富的創意、多變的風味組合，再加上新穎的供應方式等，產生了各式各樣的創意涼麵，吸引許多衝著涼麵而來的顧客。

在本單元介紹的31種涼麵，其中有的是店家每年夏季必定推出的，也有的已經不再販售。儘管如此，還是希望能讓讀者了解店家製作這些涼麵的想法。此外，文末（ ）中標示的價錢為該商品當時的售價。

海鮮「Juicy」涼麵　附香味滷蛋

東京・神保町　麵者　服部

這道涼麵使用獨特的香味油「Juicy」，展現出別具一格的風味，中華涼麵或油麵都不足以稱呼它。除了能享受麵條混拌「Juicy」和鹽味醬汁的美味，還能嚐到海鮮高湯凍及檸檬的風味。配菜大膽採用拉麵中絕不會用的夏季食材，使整道麵呈現沙拉的感覺。2006年時是添加扁豆、蘑菇和鮪魚混合成的配菜。到目前為止加入的配菜有蝦、蠶豆醬汁和酪梨沙拉等。（1000日圓）

「Juicy」中加入用西西里鹽製作的鹽味醬汁，讓它們直接在容器中與麵條混拌在一起。

●該店介紹請見第60頁

鹽味涼麵

大阪・堺　堺ラーメン塩専門 龍旗信

這家使用淡菜鮮味精的鹽味拉麵專賣店，每年都會推出這道人氣涼麵。它是以泉州名產水茄子為主題所開發出的產品。將生的水茄子、京水菜、芝麻、切細條的叉燒肉、薑絲一起，以加了巴薩米克醋的自製調味汁調拌後，放在麵上，再放上以沸水燙過的70～80g雪蟹肉。鹽味湯頭是將鹽味醬汁和大約17種材料熬煮的高湯混合後，再煮沸，然後放入冰箱冷藏一晚。隔天，剔除油分，以網篩過濾，加入巴薩米克醋及和歌山產的醋即完成。（1200日圓）

●地址／大阪府堺市西区浜寺石津町西4-1-19　1樓
●電話／072-245-2040

拉麵中使用充滿膠原蛋白的肉類高湯凍。

冷潮拉麵

兵庫・六甲道　麺道 しゅはり

這道鹽味拉麵基於健康，和清爽外觀的概念所研發出的，並以低熱量、高蛋白的涼拌鰹魚片取代叉燒肉。其他配菜還有山藥海帶、蝦米、薑泥等。一面混拌一面享用，能享受到風味不斷變化的樂趣。湯頭是在肉類高湯凍中，混合魚高湯和使用沖繩「生命之鹽」的鹽味醬汁。麵條是使用有三種不同粗細的「三層麵」。（850日圓）

●**地址／兵庫県神戸市灘区桜口町5-1-1 ウェルブ六甲道五番街一番館104**
●**電話／078-843-1806**

小魚乾冷拉麵

神奈川・相模原　ラァメン家 69 'N' ROLL ONE

這道冷拉麵，加入了冷雜燴作為配菜。儘管它是冷的料理，但是店家當初是以「能溫暖人心」為主題所研發出來的。湯頭是用日本鯷魚、脂眼鯡魚、竹筴魚等小魚乾及海帶熬製而成，並以溜醬油、味醂、砂糖、酒等調味。麵條是使用加入烏龍麵用的麵粉製成。雜燴菜色每天都會更換，例如包蛋的豆皮包、半片（譯注：Hanpen，類似魚板的魚漿製食品）、竹輪麩（譯注：一種將小麥加水和鹽混合，製成花形筒狀再蒸製而成的食品）、薩摩揚（即薄片形甜不辣）。（800日圓）

●**地址・電話應店家要求不刊載**

將熬煮湯頭的全雞撕成雞絲、豆瓣醬和醬油等調拌均勻，還可以作為配菜。

台灣香檬涼麵

神奈川・本厚木　麺や食堂

這道涼麵風格的拉麵，在以冷的中華醬汁為底的湯頭中，還加入台灣香檬（Citrus depressa Hayata）汁及洋芥末等特色風味。配菜包括淋上芝麻醬汁的豬肉片，以及用黃瓜、番茄、茗荷等夏蔬菜和自製滷雞混合成的涼拌菜等，十分豐富。另外還加入炸過的餛飩皮及西瓜薄片，讓這碗涼麵不論在視覺或口感上，都給人極高的享受。墊在下面的冰盤，讓人看起來更覺得清涼。（850日圓）

●**地址／神奈川県厚木市幸町9-6**　●**電話／046-228-3978**

●該店介紹請見第92頁

冷拉麵 紅
義式生牛肉片和辣味番茄醬

大阪・吹田 麵家 五大力 吹田七尾店

這道拉麵像是一道冷通心麵。以牛臀肉製作的生牛肉片（carpaccio）為主菜，其他還有以和風調味汁調拌的菠菜，以及用橄欖油炒杏鮑菇、秀珍菇、茄子、苦瓜、節瓜、生培根（pancetta）和番茄等的配菜。在用柴魚片、羅臼海帶、醬油等製作的調味醬油中，混合了該店基本的法式清燉肉湯來製成冷湯，另外還附上辣味番茄醬（arrabbiatas）佐味。可以像日式沾麵一樣的吃法，也可以將醬和湯混合後食用。（880日圓）

冷拉麵 黑
生牛肉薄片和清爽沙拉

大阪・吹田 麵家 五大力 吹田七尾店

這道拉麵，放了大量自製調味汁調拌京水菜、菠菜、紅洋蔥、蘿蔔嬰等的生菜，以及牛臀肉製作的義式生牛肉片，充滿了生菜沙拉的風味。它和上圖中的「紅」同樣是醬油味冷拉麵，但它是搭配芝麻醬汁。芝麻醬汁是該店在自製黑芝麻醬中，混入自製辣味噌和砂糖等調味料，散發極香濃的美味。各式各樣的材料層層重疊出的美味，是這道拉麵的最大的魅力。麵條是用混入粗粒小麥粉的麵粉製作的。（830日圓）

●該店介紹請見第92頁

冷義大利紅椒麵
（韓國泡菜納豆）

東京・目黑 塩らーめん あいうえお

這是用義大利麵中的「香蒜辣椒麵（Peperoncino）」改良而成的涼麵。使用特製醬汁調味是製作的重點，醬汁作法是大蒜切片後泡水一晚，隔天早上開火煮沸後，加入玫瑰岩鹽和鷹爪辣椒混合而成。麵條用沸水煮熟再以冷水使其收縮，加入特製醬汁調拌即可。麵中不使用任何油脂，讓玫瑰岩鹽特有的鮮味和甜味充分散發，呈現極清爽的風味。麵條是用特別訂購的直粗麵。除了圖中所示的配菜之外，還備有海鮮類等菜色。另外也可以不加配菜。（850日圓）

●地址／東京都目黑区目黑3-1-11

綠藻涼麵

神奈川・たまプラーザ　七志　とんこつ編　たまプラーザ店

中華麵中加入富含蛋白質、維他命和礦物質的綠藻，使這道涼麵更獨創一格。醬料有芝麻醬製成的液態「芝麻醬汁」和「千鳥醋醬汁」兩種可以選用。配菜包括用甜麵醬調味的肉味噌、萵苣、紅椒等。炸過的餃子皮當作配菜，在口感上也更添特色。（850日圓）

●地址／神奈川県横浜市青葉区美しが丘1-4-6美しが丘ルピナス（Lupinus）1樓
●電話／045-901-4977

為了讓配菜能和麵條充分交融，還費工夫地以洋菜製成凍，更添滑順的口感。

水晶雞涼麵

東京・渋谷　中華そば　すずらん

這道涼麵的配菜是將蒸雞腿肉冷藏，做成如雞凍般的叉燒雞。湯頭是像清湯般清爽的醬油味，據說幾乎所有客人都會喝得一滴不剩。以雞腿肉熬煮的湯頭中，還混入柴魚、青花魚乾、飛魚乾煮的高湯和淡味醬油等調味。麵條是用17號切刀切的細麵，麵下還藏有納豆和秋葵。上桌時還附有叉燒雞肉飯。（1000日圓）

●地址／東京都渋谷区渋谷3-7-5　●電話／03-3499-0434

剩餘的湯頭能以茶泡飯的方式來享用，加點飯為200日圓。

將泥狀梅肉和切碎的青紫蘇葉融入湯頭中。

蟹肉和豆腐的洋菜凍涼拌海鮮明太子　冷鹽味拉麵

神奈川・本厚木　本厚木　本丸亭　本店

這道涼麵是從「冷豆腐」得到的靈感，用洋菜將蟹肉、蝦子和豆腐凝結成凍，大量豪邁的放在中華麵上就完成了。以拉麵用湯來做洋菜凍，使整體的味道更統一協調。湯頭是鹽味拉麵用湯中再加上生薑風味，非常適合夏天的清爽風味。同時湯頭還額外用葛粉勾芡，讓它和麵條更能交分交融。湯葉和苦瓜等多種配料，更添豪華感。（1050日圓）

●住所／神奈川県厚木市幸町4-10　●電話／046-227-3360

梅子魩仔魚鹽味拉麵

神奈川・本厚木　本厚木　本丸亭　本店

在這道鹽味涼麵中，加了誘人食欲的梅子香，以及口感豐潤、富彈性的小魚乾，使風味更具特色，是該店的人氣商品。除了在肉類及和風高湯混合的白湯中加入梅子外，還使用大顆的南高梅和切碎的脆梅肉兩種梅子作為配菜。麵條是用手工製作的平捲麵。最後放上岩海苔，增加海鮮香味。（950日圓）

●住所／神奈川県厚木市幸町4-10　●電話／046-227-3360

●該店介紹請見第89頁

冷鹽味拉麵

大阪・上本町　自家製麺の店　麺乃家

將蝦子稍微切碎使口感更活潑，和乾香菇及青紫蘇葉混合後製成兩種蝦丸。將蝦丸以拉麵用的白湯煮熟後放涼，作為湯頭。其他配菜有黃瓜、芹菜和紅椒等切絲涼拌，以及甜味小番茄和叉燒肉。麵條使用Q潤順口的自製麵條。（850日圓）

茂司　涼麵

東京・南青山　麺亭　茂司

這道涼麵如湯頭般的醬汁是另外隨麵附上，顧客可依個人喜好，倒入碗中混拌或是沾著吃。醬汁的作法是以鱉等熬煮出富膠原蛋白的高湯為底，加入厚柴魚等，再加入涼麵專用的調味醬油、辣椒和醋混合而成。膠原蛋白的濃稠感，能使醬汁充分沾裹到麵上。麵中還加上九種配菜，看起來既豐盛又美觀。（900日圓）

●地址／東京都港区南青山3-8-3　●電話／03-3404-5858

冷魂

千葉・本八幡　魂麺　まつい

這道麵的醬油味冷湯，是利用熱拉麵的湯頭製作的。以雞為主熬製的清爽湯頭去除油脂後，放入冰箱冷藏保存。接到點單後，在雞湯裡再混入調味醬油、洋蔥油和麻油即完成。洋蔥油是用棉籽油、洋蔥、辣椒、大蒜和長蔥，慢慢加熱煮出香味。洋蔥片和京水菜的爽脆口感，使涼麵更具風味。（700日圓）

●地址／千葉県市川市南八幡3-6-17-105　●電話／047-370-5300

豆奶涼麵

東京・恵比壽　九十九とんこつラーメン　恵比壽本店

這道涼麵是在混入高級豆奶粉製作的麵條中，加入有濃郁麻油香的醬汁、蔬菜和雞肉等配菜一起享用。湯頭是將味噌調味醬、芝麻醬和砂糖混勻後，再混入香味蔬菜和海帶熬煮的高湯製成。另外附上該店自製辣油、黑醋、芝麻醬汁等三種醬料，顧客可隨喜好添加，也可混製成喜愛的口味，讓吃麵更添樂趣。（800日圓）

●住所／東京都渋谷区廣尾1-1-36　●電話／03-5466-9566

虎夏（konatu）

神奈川・相模原
らぁめん虎心房だいにんぐ

這道麵是將口感Q韌的豆奶麵，與味道香濃的自製咖哩醬充分調拌後享用。咖哩醬是在雞湯中，加入炒過的咖哩粉、辛香料、蔬菜汁和叉燒醬汁等製成。配菜也全是該店自製，包括不同調味的豬和雞的培根肉、高麗菜沙拉、番茄醬汁等。剩餘的醬汁加入米飯立即芳香四溢，另有一番樂趣。（800日圓）

高麗菜沙拉和番茄醬汁能緩和咖哩的辣味，增加甜味。

●地址／神奈川県相模原市相模原1-2-7
TNビル（大樓）1樓
●電話／042-758-0839

鮮蝦涼麵

東京・高田馬場　二代目　海老そば　けいすけ

這道涼麵和熱的「鮮蝦拉麵」使用相同的湯頭，在甜蝦高湯中加入調味醬油。麵條是混合拉麵用細麵和日式沾麵用的中粗麵，一碗就能享受兩種口感。配菜包括鮮蝦餛飩、鹽味叉燒雞、貢菜、京水菜、紫蘇醃茄、柳橙皮等。用滴管等加入辣味蝦醬汁和檸檬汁，使味道更富變化。（780日圓）

●地址／東京都新宿区高田馬場2-14-3三桂ビル（大樓）1樓
●電話／03-3207-9997

蔥絲和叉燒烤肉涼拌麵

東京・八王子　らーめん　一閑人

這是從油麵得到靈感所研發的涼拌麵，搭配北京料理師傅傳授的獨特醬汁，其作法是在自製調味醬油中，加入麻油、牡蠣油和XO醬等混製而成。其中特別增加細砂糖和黑糖的用量，讓甜味更濃，以呈現層次的美味。可視個人喜好，搭配韓國人慣吃的綠辣椒醬或黑醋等來調味。（780日圓）

●住所／東京都八王子市上壱分方町233　●電話／042-650-0348

風流麵

東京・町田　ラーメンと夢　はじまる by

這道涼麵上放著混入蔬菜的刨冰，上面還有紅葉萵苣、花柴魚、海苔、半熟滷蛋、小番茄、雞胸肉、玉米等配菜，色彩繽紛豐盛。刨冰中加入菠菜和秋葵，即使溶化味道依然濃郁，也使涼麵呈現更多變化。柴魚為主的和風高湯調味很清淡，讓人能充分享受各種食材的美味。（850日圓）

●地址／東京都町田市森野1-13-22渋谷ビル（大樓）1樓
●電話／042-728-5550

涼麵

東京・經堂　季織亭

這道涼麵是以日本產麵粉「春之戀」和「hokushi」混合製的麵條，加上各種精選食材製成的涼拌麵。調味醬油是將白湯、二年熟成的醬油、天然醋、紅酒、中雙糖等加熱後再冷卻。由於已仔細去除油分，完成後味道極清爽。配菜也十分獨特，包括炒榻菜和櫻蝦、有機筍等。（1200日圓）

●地址／東京都世田谷区經堂2-5-14　●電話／03-5477-2029

夏巻纖

東京・青山　麵屋武蔵　青山

這道涼麵是以冬天的湯品「巻纖汁（雜燴湯）」改良而成。配菜包括炒豆腐、青紫蘇葉、茗荷、自製調味汁拌白蘿蔔絲、燉豬肉等，十分豐富。湯頭的作法是將海帶、乾香菇、鷹爪辣椒等放入水中加熱，煮開後取出海帶，加入厚柴魚和蟹肉，讓蟹肉釋出鮮味。再加入溜醬油調味，最後以洋菜粉勾芡。（850日圓）

●地址／東京都港区南青山2-3-8　●電話／03-3796-8634

沙拉涼麵

東京・新三河島　麵や平蔵（HEY-ZO）

這道沙拉風涼麵，以新鮮蔬菜呈現清新健康感。麵上淋有芝麻醬，並添加萵苣、京水菜、番茄、叉燒肉等配菜，並附上美乃滋供調味用。湯頭是用冷卻的拉麵用白湯，混合調味醬油，口味清爽。白湯是用豬骨和雞骨熬製的肉類高湯，再與海帶、小魚乾、柴魚熬煮的海鮮高湯混合而成。（750日圓）

●地址／東京都荒川区東尾久1-21-8　●電話／03-3819-6260

冷中華麵

東京・大泉學園　十兵衛

這是完全沒有添加化學調味料，湯頭充滿芝麻香的美味涼麵。湯頭以芝麻醬汁為底，先加砂糖和醬油調味，再加醋和大量檸檬汁，讓它散發酸味。配菜除了黃瓜外，都和拉麵相同。麵條有細麵、粗麵、手工扁麵、中粗麵等四種選擇。尤其深受男性顧客的歡迎。（740日圓）

●地址／東京都練馬区石神井台3-24-39　●電話／03-3995-3113

容器底部鋪著以味噌醬調製的甜味醬料，上面放上雞肉和麵條後，再倒入高湯。在享用的過程中，味道會從清淡漸漸地越變越濃。

辣醬是用自製香油和辛味噌、朝天辣椒等多種辣味混合而成（左圖）。配料絞肉中使用豆瓣醬和番椒粉（Habanero chilli）（右圖）。

水之涼麵

東京・上野　麵屋武蔵　武骨

在象徵「河川」的清澄湯汁上，浮著裝有調味料的菊苣小舟，湯中還撒入山粉圓，是一道外觀看來相當涼爽的涼麵。清湯中，混合了加有蛤仔和雞精的鹽味醬汁。麵條是使用類似麵線般的細直麵，加入綠藻成分感覺更清新。三種調味料隨喜好添加，讓人百吃不食。（800日圓）

●地址／東京都台東区上野6-7-3　●電話／03-3834-6528

火之涼麵

東京・上野　麵屋武蔵　武骨

這是追求極致辣味，超級辛辣的涼拌麵。辣醬是用該店自製香油和辣味噌、朝天辣椒等多種辣味混製成而。兼用極辛辣、後勁十足的花椒，和辣味會迅速在口中漫延開來的辣椒。麵條使用特別訂的中粗直麵，以沸水煮過後放入涼水中讓它收縮，以呈現涼麵的口感。另外配菜有鑲入超級辛辣絞肉的番茄。（800日圓）

●地址／東京都台東区上野6-7-3　●電話／03-3834-6528

豆漿summer 2006

東京・町田　胡心房

這碗涼麵倒入冷湯後，又加入豆漿，然後撒入大蒜味柴魚油和紫蘇味蔥油兩種香油，所以不論從何開始吃，都會嚐到不同的味道，可以充分享受吃的樂趣。湯頭在豬大腿骨和豬皮中，加入竹筴魚及小魚乾等熬製的魚高湯一起熬煮，充分剔除油脂後，即完成充滿魚高湯風味的「海鮮豬骨濃湯」。豆漿是用生黃豆榨汁後加熱，使用濃度較濃的。配菜有燻製叉燒雞、黃瓜、紅椒、洋蔥醬汁、紅蔘的嫩芽等。麵條中也有加豆漿。（800日圓）

●地址／東京都町田市原町田4-1-1
太陽ビル（大樓）1樓
●電話／042-727-8439

該店另外備有可單點的配菜，菜色十分多樣化。圖中是肉味噌。

拉麵用魚高湯，是加入脂眼鯡魚乾熬煮的濃郁魚高湯。

冷中華麵

東京・經堂　経堂　まことや

這是該店新開發的料理，以鹽味醬汁調拌的冷中華麵。鹽味醬汁是用沖繩天然鹽、胡椒、砂糖、沙拉油、醋和法式調味汁混合而成，它使配菜吃起來非常可口。湯頭是用仔牛骨熬製的拉麵用湯頭，再與鹽味醬汁混合，淋在麵上。完成後撒上黑胡椒增加風味。（700日圓）

●**地址／東京都世田谷区經堂3-2-11**　●**電話**／03-5477-6582

特製蔥拉麵

千葉・本八幡　八幡　だんちょうてー！

這是從店中伙食衍生出來沒有湯的拉麵。在麻油、辣油和橄欖油中，加入醬油和辣椒等，再以「蓼醋」和大蒜泥調味所製成的「辣醬油」，是拉麵的特色風味。溫和的辣味讓人一吃上癮，吸引許多老顧客。粗麵用沸水煮熟，以涼水去除黏液後調拌辣醬油，再放上蔥和軟爛的叉燒肉等配菜即完成。（700日圓）

●**地址／千葉県市川市南八幡4-7-12**　●**電話**／047-370-3324

冷豆漿擔擔麵

東京・松陰神社前　めん屋　八蔵

這道麵的構思靈感來自「擔擔麵」。為了呈現適合夏天的溫和乳脂風味，將芝麻和極合味的優質豆漿混合，再混入剔除油脂的肉類高湯中。另外，混合芝麻醬、辣油、辣椒粉、蘋果汁等製成醬汁，再以含豆漿的高湯稀釋後，放入冰箱冷藏保存。配菜有肉味噌、炸馬鈴薯等。麵條是使用口感極佳的細直麵。（850日圓）

●**地址／東京都世田谷区若林3-16-1**　●**電話**／03-3418-2145

冷沙拉麵

東京・成瀨　昔らあめん　天馬

這道沙拉風的冷中華麵中，滿滿地放著蔬菜、海藻、雞肉等配菜，非常健康。冷中式醬汁中加入梅乾的酸味，在食欲不振的盛夏時期，讓人也不禁食指大動。色彩繽紛的果凍中加入小番茄、橘子等蔬果，拉麵中還混入被視為健康食材的gagome海帶。（800日圓）

●**地址／東京都町田市南成瀬5-20-1木目田ビル（大樓）1樓**
●**電話**／042-729-4637

碗中放著大量的萵苣、胡瓜、洋蔥等蔬菜，幾乎蓋住了下面的麵條。

製作美味拉麵的

食材事典

01 雞骨類
02 豬骨類
03 燻魚乾類
04 魚乾類
05 海帶
06 乾貨
07 醬油
08 鹽
09 味噌
10 海苔
11 筍乾

本單元將介紹製作拉麵主要食材的基本知識。即使使用相同食材，但因用法不同，味道也會有所差異。所以選擇食材，以及想讓拉麵呈現何種風味，都需親自品嚐加以確認。

食材事典 01

雞骨類

雞湯的鮮甜與香味充滿吸引力，它之所以如此美味，是因雞肉中含有大量的鮮味成分麩胺酸（Glutamate）。近來品牌雞在市場上大量流通，販售的店家也日益增多。雞肉中含有豐富的蛋白質，是鮮味的主要來源，而骨頭周邊也含有大量的膠質。

小骨

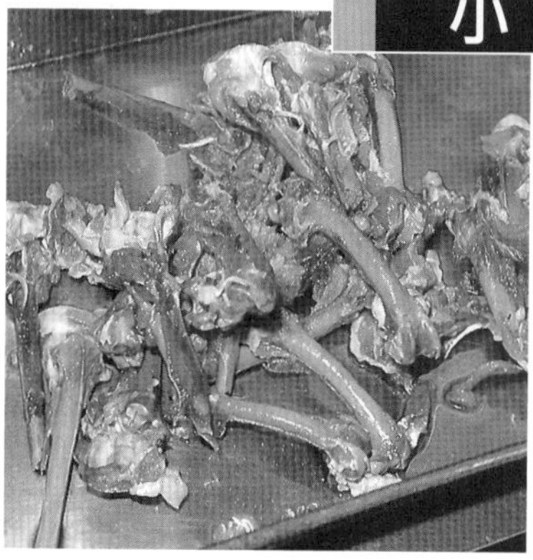

雞的腿或翅膀等部位，剔除肉之後所留下的小骨。

頸部和下肢

雞的頸部即雞脖子。頸部和下肢都有充分運動，所以能熬出好湯頭。最好將它們充分去除污血後再使用。圖中是頸骨和下肢混合的情形。

雞頭

雞頭附有脂肪，能散發獨特的香味。圖中是雞頭和雞腳混合的狀態。

雞皮

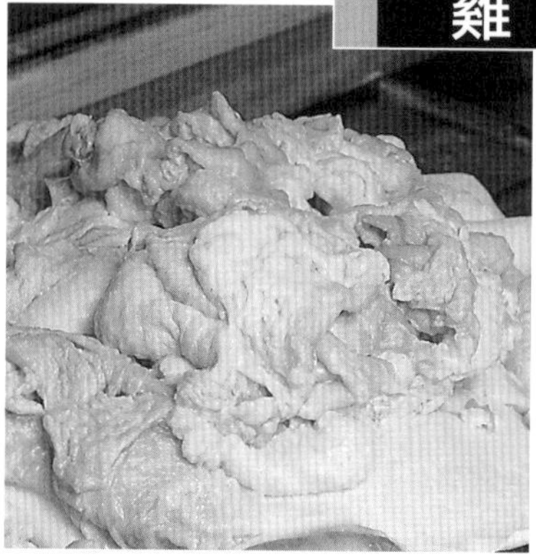

雞皮富含脂肪，特色是能產生濃郁的風味。熬煮後釋出的油脂，還具有防止湯汁氧化的作用。

全雞

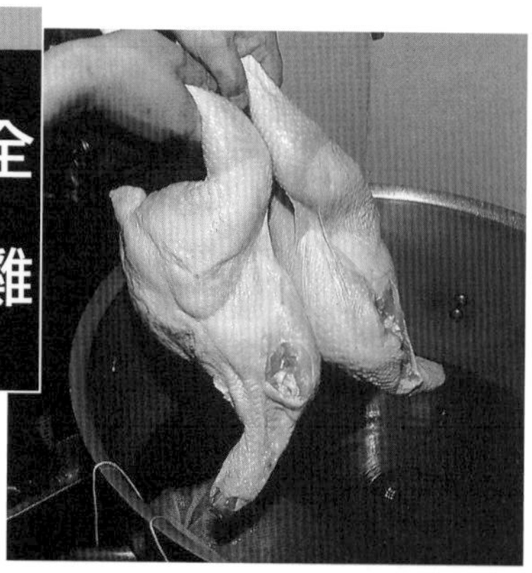

老雞：指不再產蛋的雞。儘管其肉質較硬，不適合食用，但卻能熬出香濃美味的高湯。

稚雞：顧名思義，指的是「較稚齡的雞」，熬煮的高湯有清新的味道。長時間燉煮肉質會軟爛得鬆散。

雖然購入時雞隻幾乎都已剔除內臟，不過還是會殘留少許內臟或污物，所以最好是弄乾淨後再使用。

雞骨

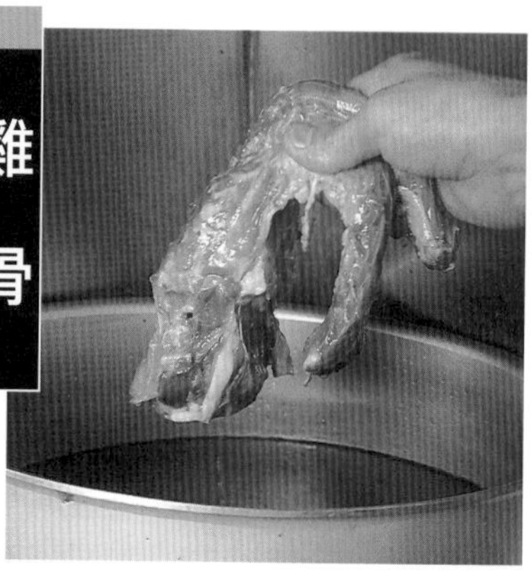

雞骨可說是最常用來熬湯的部位，有的只有雞身骨，有的還會連帶頸部和頭部。雞骨上通常附有血管、心臟和肝臟等，一定要在流水下清洗，徹底清除乾淨。如果沒有確實清理，是雞湯發臭的主因。

雞爪

是指雞的爪子部位，有些商品還會連帶雞的下肢部位。雞爪含有豐富的膠質和膠原蛋白，能熬出濃郁的高湯。由於雞爪指甲會產生臭味，所以要切除並剝除外皮後再使用。

食材事典 02

豬骨類

豬骨類是指豬骨、豬頭、豬腳等部位的總稱，是熬煮湯頭的基本材料。豬骨類所含的膠原蛋白比雞骨還要多，也富含鮮美成分肌苷酸（inosinic acid）。熬煮時表面會浮現油脂，但長時間燉煮，水和油脂會乳化成白濁色。

豬 頭

豬頭的腦髓能熬出優質高湯，許多豬骨拉麵店都使用它來熬湯。濃度較濃稠的豬骨高湯，多加入豬頭熬製。可是，如果汆燙處理不夠仔細，高湯就會散發臭味，這點需特別注意。

豬 腳

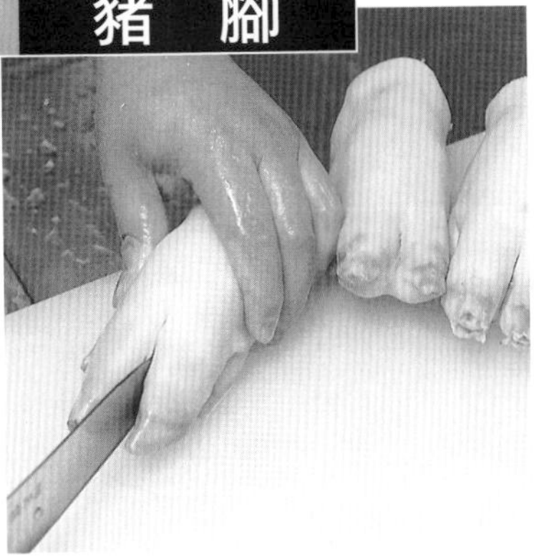

是指豬蹄的部分，能熬出富含膠原蛋白的高湯。上面的豬毛雖然事先需經過燒烤處理，但目前市面上流通的商品都已是處理好的。

豬大腿骨

指膝關節部分的骨頭。豬大腿骨中濃郁的骨髓，可以熬出高湯。但如果整支骨頭直接放入水中熬煮，會很難熬出高湯，所以最好用鐵鎚或專用工具等將它敲開或切開，讓骨髓容易釋出後才使用，因為骨頭敲開後表面積增加，這樣會更快熬出高湯。和雞骨相比，它需要較長的時間才能熬出高湯，許多拉麵店都是一開始熬湯時，就將它放在桶鍋中的最下面，以長時間來熬煮。

背 脂

是指位於背部的油脂。加入桶鍋中熬煮，乳化後湯頭會變成白濁色，有些店會將它單獨熬煮變軟後，直接過濾到湯碗中。加入大量油脂的拉麵，又稱為「背脂系拉麵」。背脂中富含油酸、亞麻仁油酸等不飽和脂肪酸，能使湯頭散發鮮美的滋味。此外，由於它的融點很低，所以很容易溶於水中。

豬 皮

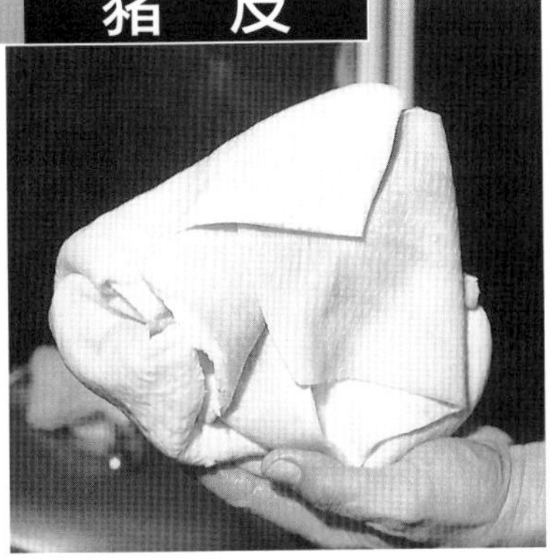

豬皮裡含豐富的膠原蛋白。加入湯中熬煮，能使湯頭散發溫潤的風味。

背 骨

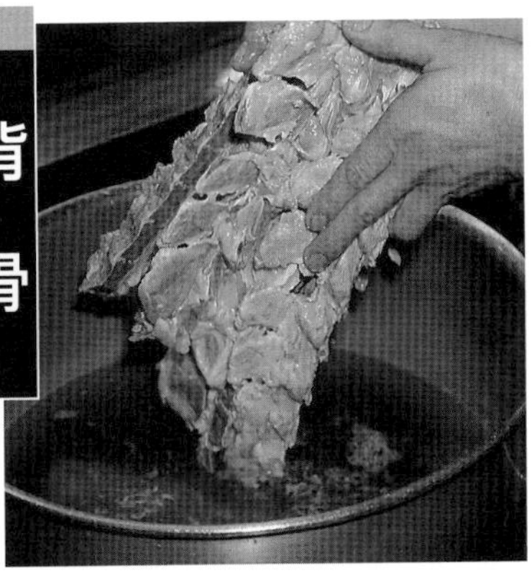

顧名思義指背骨的部分。和豬大腿骨相比，它在短時間內即能熬出高湯。熬湯前先泡水，或是先迅速汆燙，清除背骨中央的筋絡血管等，這些污物若不去除，會使湯頭產生肉腥味。

燻魚乾類

協力取材／（株）丸佐屋

在丸佐屋公司生產的許多燻魚乾中，以下將介紹拉麵店常用的七種。每家店混合的方式和用法雖然各有不同，但是想運用燻魚乾熬湯，最好先單獨使用一種，以確實了解其風味。

柴魚（鰹魚乾）

燻柴魚

捕獲的鰹魚剔除內臟、去皮後，分切成兩片魚肉和中間魚骨部分。然後將兩片魚肉從中縱向切開，分成魚背和魚腹兩部分，剔除骨頭加以乾燥（燻乾），即成為燻柴魚。燻乾時會留下濃郁的燻香味，能熬出有清爽魚香味的高湯。圖中魚乾的厚度是1mm（以下的魚乾全為1mm）。

徽柴魚

削去燻柴魚表面的燻焦處，再讓魚乾發黴，就變成徽柴魚。讓魚乾長黴的作業，要在可控制濕度和溫度的專用室中進行，長黴後讓它再乾燥，重複進行這樣的作業，直到魚乾上長滿黴為止。徽柴魚和燻柴魚相比，更加乾燥和熟成，能熬煮出滋味清爽、鮮美無比的頂級高湯。圖中是丸佐屋公司的招牌徽柴魚，作法是鰹魚在產地先花6～8個月的時間進行長黴作業，再送到該公司進行乾燥和熟成作業，經製造後2年以上的產品為「徽柴魚二年物」。

圖中是柴魚粉。能直接添加在拉麵中增加柴魚風味，十分受歡迎。右圖是燻柴魚製作的「柴魚粉」，左圖是在製作薄削的柴魚片時所產生的「柴魚屑粉」。產品開封後，請儘早用完，不論是直接加熱或放入煮開的湯中均可，用途廣泛。

脂眼鯡燻魚乾

脂眼鯡魚（Etrumeus teres）製成的燻魚乾。圖中的魚乾已去頭，但有連頭和不連頭兩種產品。它經過燻製能散發濃郁的魚香，熬出的高湯具有清爽的甜味。圖中的脂眼鯡魚乾為鹿兒島熊本周邊生產的。

秋刀魚乾

近年來，秋刀魚乾備受矚目。每年5月捕獲的秋刀魚脂肪較少，較適合製成魚乾。它能熬出味道清爽的高湯。圖中的秋刀魚乾是熊本地區生產的。

燻柴魚和徽柴魚的不同點

柴魚因作法的不同，有不同的產品。鰹魚煮熟後再經過燻製的稱為燻柴魚。而剔除燻柴魚表面的燻焦，讓魚乾長出特有的黴菌，就變成徽柴魚。由於徽柴魚的乾燥度與熟成度更高，因此味道高雅鮮美、無任何異味，另一方面，燻魚乾則較接近魚的風味，特色是散發濃郁的魚香味。不過，同樣是徽柴魚或燻柴魚，由於品質的不同（例如脂肪含量多少等），造成風味上很大的差異。選購時請依自己所需的風味，詳加辨識選用。

黃帶鰺乾

黃帶鰺（Decapterus muroadsi）作成的魚乾，和柴魚的作法相同，經煮熟再燻製的為燻黃帶鰺乾，讓它長黴的則是黴黃帶鰺乾。用它熬製的高湯，能散發獨特的圓潤甜味與濃度。

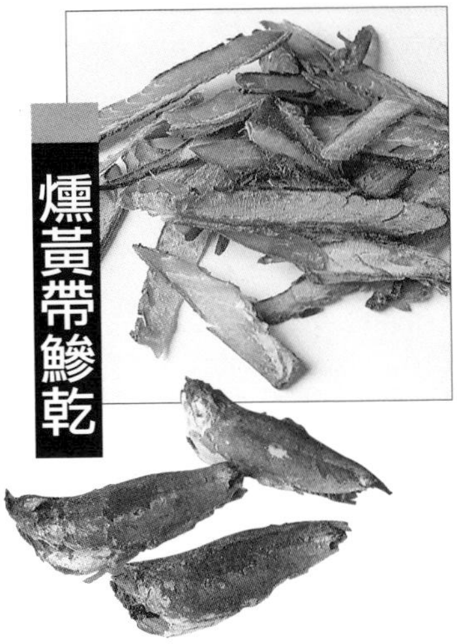
燻黃帶鰺乾

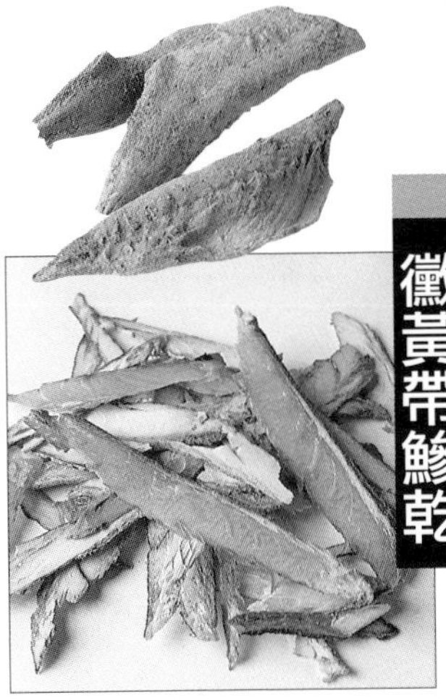
黴黃帶鰺乾

宗田鰹魚乾

燻宗田鰹魚乾

黴宗田鰹魚乾

這是用宗田鰹魚製成的魚乾。它和柴魚的作法相同，先煮熟再燻製的是燻宗田鰹魚乾，讓它長黴的則為黴宗田鰹魚乾。血合肉散發的獨特澀味，是宗田鰹魚乾最大的特色。它能熬出香味與濃度兼具的好湯。

鮪魚乾

這是以黃鰭鮪（Thunnus albacares）製成的魚乾。特點是能熬出味道非常高雅的高湯。和肉類高湯混合製成拉麵湯頭時，雖然有人覺得它的味道較清淡，不夠味，然而用小鍋分多次每次少量地混入高湯中，能使湯頭散發高雅、細緻的芳香。

青花魚乾

黴青花魚乾

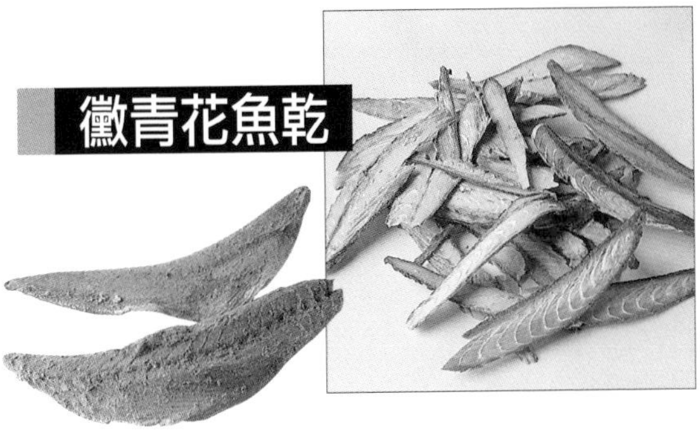

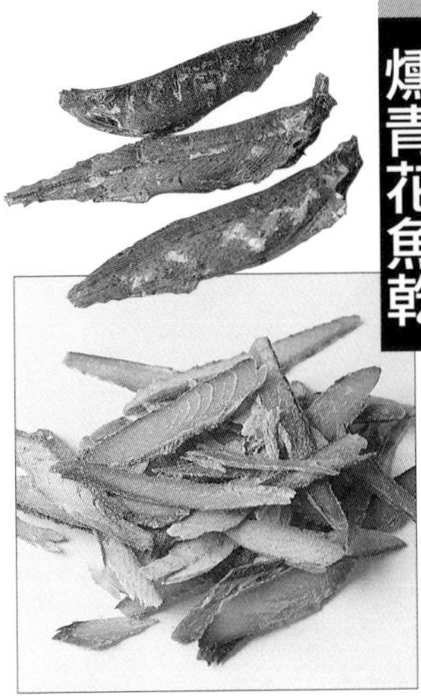
燻青花魚乾

這是以花腹鯖（scomber australasicus）製成的魚乾，它和柴魚的作法相同，經煮熟再燻製的是燻青花魚乾，讓它長黴的則是黴青花魚乾。其特點是能熬煮出充滿甜味和濃度的高湯，想要熬出和肉類高湯差不多濃度的高湯時，常會使用這種魚乾。圖中左下的粉末是青花魚乾削薄時所產生的「青花魚屑粉」。

食材事典 04

魚乾類

協力取材／（株）丸佐屋

魚乾是將魚類煮熟後予以乾燥而成。它和燻魚乾不同，並沒有經過燻乾（乾燥）的製作手續，所以和燻魚乾比較起來，乾燥度較低，熬煮出的高湯較具有魚類本來的味道。在此，從最基本的日本鯷魚乾到珍貴的烏賊乾等，將為您一一詳加介紹。

脂眼鯡魚乾

顧名思義，脂眼鯡魚具有發達的脂性眼瞼。在日本著名的產區長崎縣小佐佐及鳥取縣境港。和日本鯷魚乾相比，它的特色是頭部外觀很尖。

飛魚乾

在日本飛魚著名的產區在長崎縣五島列島和小佐佐。用它能熬煮出具有甜味的高湯。「烤飛魚」即是經過烘烤的飛魚乾。不過也有多種烤法，若以炭火一條條烘烤，就是非常高級的產品。當然各店購回後，也可以自行以瓦斯槍燒烤或平底鍋煎烤。

日本鯷魚乾

白口

黑口（青口）

這是日本鯷魚乾。在日本一般所稱的「小魚乾」，大多都是以日本鯷魚作的。上面左圖是瀨戶內海等內灣捕獲，魚身為白色的「白口」日本鯷魚。右圖是在千葉、茨城、長崎等外海捕獲，背部呈黑色的「黑口（青口）」。魚體的大小和脂肪的多寡，熬出的高湯風味和濃度都會有差異。比較起來，白口熬製的高湯風味較柔和、高雅。

鯛魚

這是以小鯛魚乾。能熬煮出非常高雅、清爽的高湯。

竹筴魚乾

竹筴魚乾。和日本鯷魚乾相比，風味較甘甜。主要產於日本海附近。

烏賊乾

和魷魚乾相比，「烏賊乾」的味道較濃郁。通常是製作沙丁魚等小魚乾時混入烏賊，完成後挑出後再販售到市場上。

食材事典 05

海帶

協力取材／（株）丸佐屋

丸佐屋公司也生產許多海帶，然而此要說明的是海帶主要的種類及其特色。不同種類、等級和形狀的海帶，味道也互異，請依據各店想呈現的風味，尋找適合的使用。此外，內文中所指的海帶「皺邊」，是指海帶邊緣被切除的部分，方框中的圖片即為各海帶的「皺邊」。

利尻海帶

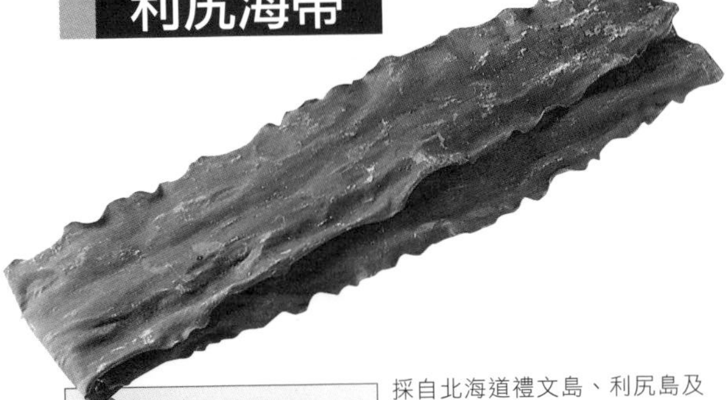

採自北海道禮文島、利尻島及道北地區的海帶。肉質緊實又有厚度。香味十足，能熬出湯色清澄、味道高雅的高湯。

道南真海帶

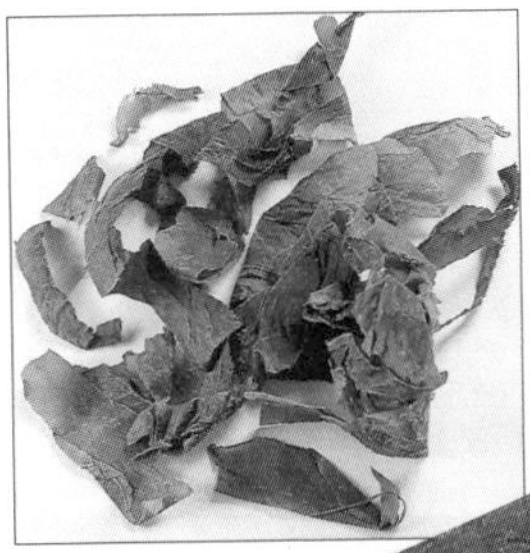

主要產於北海道函館及室蘭地區。葉體較薄、品質優良，能熬出清澄的高湯。

羅臼海帶

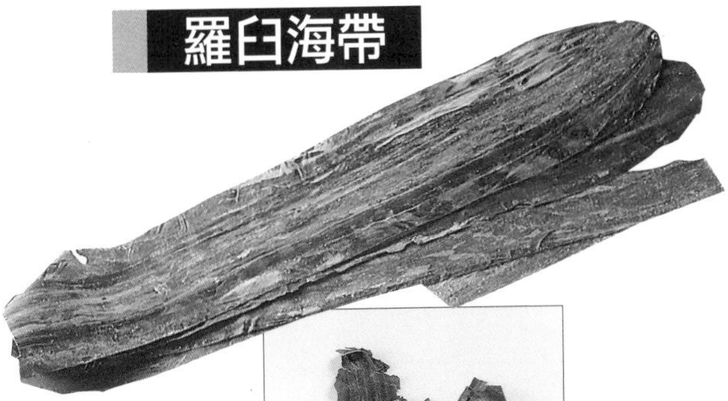

採自北海道羅臼町沿岸，葉體又寬又厚，以能夠熬出鮮濃的高湯而著名。羅臼海帶的皺邊，在日本又稱為「紅葉」。

日高海帶

又名「三石海帶」。採自北海道日高地區沿岸。特點是能熬出低濁度的高湯。由於它的價錢便宜、貨源又穩定，因此許多拉麵店都使用它來熬湯。日高海帶的兩側並沒有呈皺褶狀，所以它並沒有單賣「皺邊」的商品。

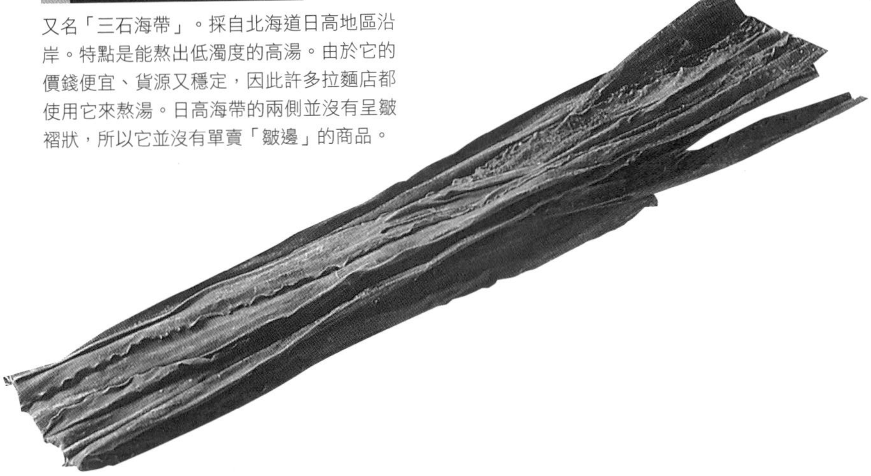

食材事典 06

乾貨

協力取材／（株）丸佐屋

本頁要介紹蝦米、干貝、魷魚乾及乾香菇等乾貨。這些食材都具有獨特、濃郁的鮮味，拉麵店熬製湯頭或製作醬汁時，常會用到這些材料。

干貝

海扇貝干貝

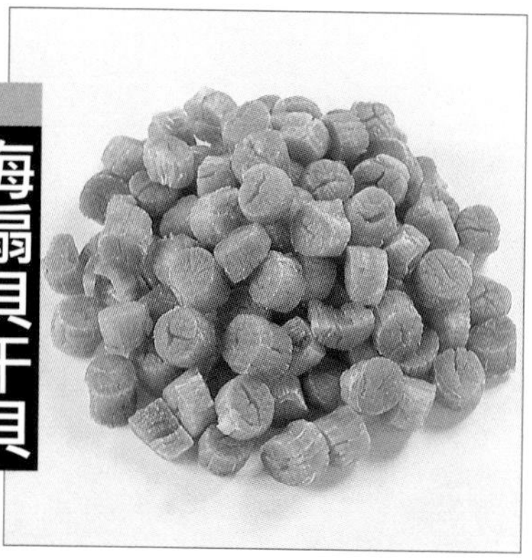

白碟海扇蛤干貝

干貝是將貝柱煮過後乾燥而成。原料以圖中的海扇貝（Patinopecten yessoensis ）及白碟海扇蛤（Pecten albicans）為主。海扇貝的干貝以貝柱較大，不會碎散，外形美觀的價錢較高。白碟海扇蛤和海扇貝同樣都是二片貝，但它的干貝比海扇貝小，不過較便宜，所以只為了增加貝類味道時，大多會選用白碟海扇蛤的干貝。

蝦米

「蝦米」是將捕撈到的小蝦直接乾燥製成，又可分成染色和沒染色兩種產品（圖中是染色產品）。而右圖是將「蝦米」磨成粉。「蝦仁乾」是蝦子煮過後，讓它乾燥製成。和「蝦米」相比蝦仁乾的香味較淡，但仍熬出更飽滿的鮮味。圖中是泰國的產品。

蝦米

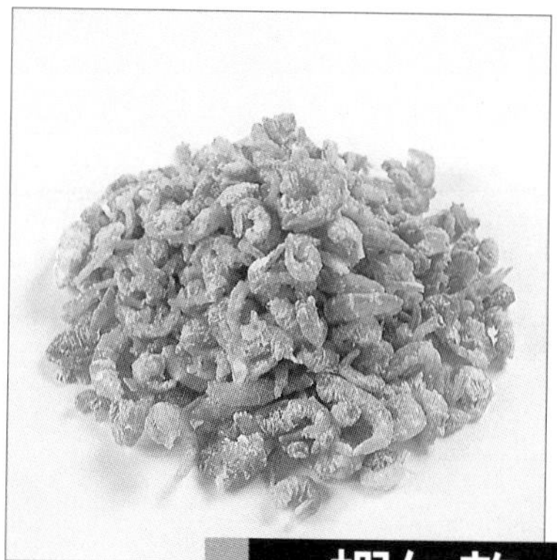

蝦仁乾

乾香菇

冬 菇

香信菇

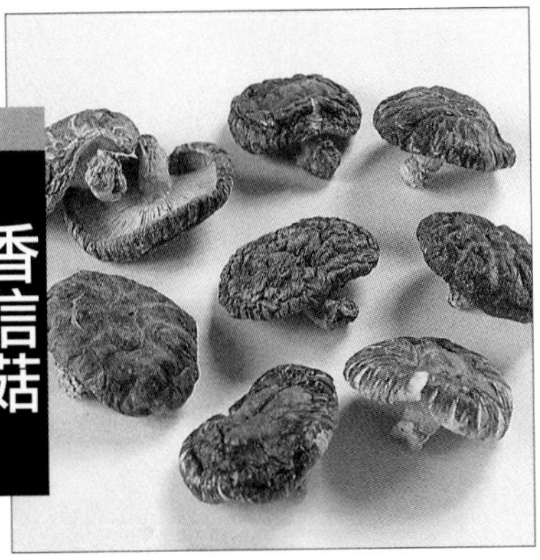

圖中的「冬菇」和「香信菇」，兩者都是以原木栽培的產品，不同處在於採收當時香菇呈現的外形。「冬菇」是在菇傘打開前即採收、乾燥，所以特點是外形呈圓潤的半球形，菇肉肥厚。而依菇傘的形狀、大小外表的狀態，又可分成許多種類。「香信菇」則是菇傘打開後才採收、乾燥，所以菇傘的面較廣，菇肉較薄。由於乾香菇不耐濕氣，包裝拆封後若需長期保存，最好能定期取出陰乾。

香菇蒂

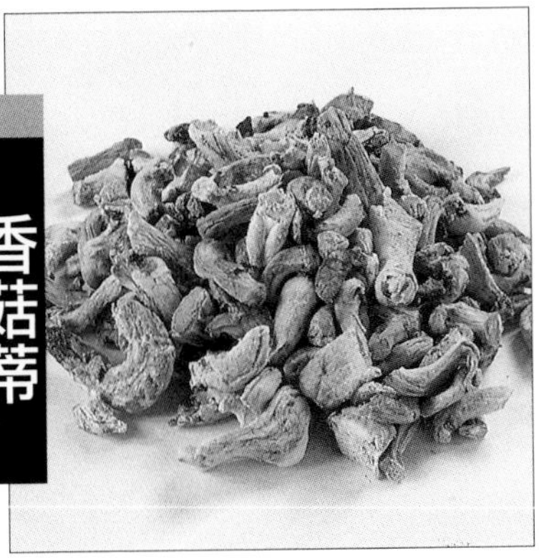

這項產品單純只是乾香菇蒂。香菇蒂中，含有和菇傘不同的香菇風味，價格也較便宜。在丸佐屋公司，另外還有香菇蒂切片，以及碎裂菇傘等不同的商品可供選用。

魷魚乾

整 隻

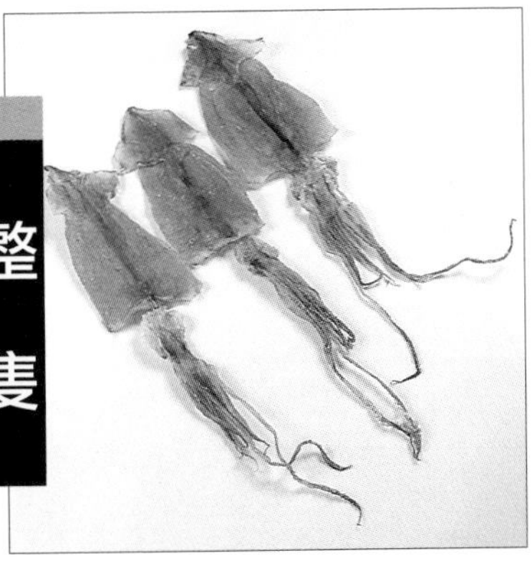

觸 足

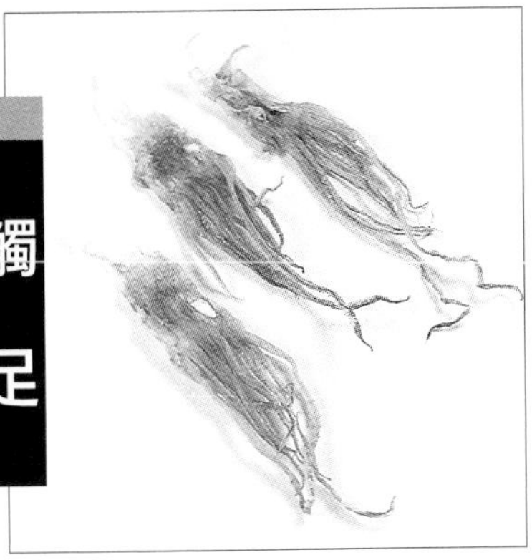

魷魚乾是剔除烏賊內臟，剖開身體後乾燥製成。上圖的整隻魷魚乾，比只有觸足（腳的部分）的產品，熬出的高湯味更高雅。下圖是觸足乾，能熬出帶有烏賊香味的高湯。

食材事典 07

醬油

取材協力／醬油情報中心

「醬油」是拉麵醬汁中不可或缺的調味料之一。近年來，市面上出現五花八門的醬油，也有越來越多店家自行混合數種醬油使用。在此，將介紹醬油的種類和特色等相關的基本知識，供您選購醬油時作為參考。

符合ＪＡＳ規格的醬油大致可分成五大類

醬油是由色、香、味三項要素所組成的調味料。能促進食欲的美麗色澤、深奧豐富的味道，以及獨特的香味，使拉麵更添魅力。尤其是醬油的鮮味和香味，對拉麵來說是相當重要的元素。醬油的原料大豆和小麥中所含的蛋白質，經過麴菌酵素的分解，約可產生20種胺基酸。此外，醬油的香味成分非常複雜，據說目前大約才研究出３００種的香味成分。其中還含有蘋果、玫瑰和香草等極微量的香味成分，而這些香味渾然融為一體形成醬油的獨特香味。

儘管都統稱為醬油，但其實細分起來有各式各樣的種類。如同左頁中所述，是依照日本農林規格（ＪＡＳ）分類，將醬油分成「濃味醬油」、「淡味醬油」、「溜醬油」、「再釀醬油（Ｓａｉｓｈｉｋｏｍｉ）」等五大類。而「減鹽醬油」和「丸大豆醬油」等，是將這五種醬油添加附加價值所衍生出的產品。此外，市售含高湯醬油及醬油露等，都是以醬油為底的加工品，依照ＪＡＳ的標準，這些都不屬於醬油。

自古以來，日本全國各地都有釀造醬油，依每個地區人們的喜好、原料和烹調法的不同，各地的味道也有很大的不同。

在日本常聽到「越往南醬油的味道越甜」的說法，實際上九州醬油中，的確使用了許多砂糖和甘草精等甜味調味料。為什麼口味會變甜，坊間流傳著各種說法。一說是那裡靠近種植甘蔗的沖繩，自古以來很容易買到砂糖。另一說是能在長崎與荷蘭人進行貿易，所以進口了大量砂糖等等。此外，據說青森、岩手、富山等沿岸地區的居民，也很喜愛甜味醬油。現在，在日本全國各地，約有１５００家醬油公司，配合各地區民眾的口味釀製各類醬油。

美味並不等於高價認清特色再選擇

如上述內容，醬油有各式各樣的種類，許多人在製作拉麵醬汁時，常為了該用哪種醬油而煩惱。

最近市場上，為因應人們追求健康及珍味的訴求，也有許多高價位產品陸續問市，例如標榜「整顆大豆」、「長期熟成」及「有機栽培」等名目的醬油。生產者強調這些產品採用更講究的素材和製作法等，可是，並非宣稱「因為是用整顆大豆」、「因為經過長時間熟成」的醬油，就算是好醬油。每種醬油都有不同的色澤、風味和香味，重點是要先充分了解各醬油的特點後，才能從店內選購適當的醬油。

以下，將介紹參加醬油品鑑會等活動時，如何辨識優質濃味醬油的方法，以供各位參考。首先，在白色小盤中倒入能廣布盤底的醬油量，讓小盤子稍微傾斜觀察其色澤。新鮮的醬油富光澤，呈現略微偏紅的透明色澤。若色澤暗沉或不帶有紅色色澤，都不算好產品。接著要聞味道，最好要有能誘人食欲的芳香氣味。最後，將極少量的醬油含入口中，即使一開始會覺得鹹，但接著就會感覺到鮮味自口中瀰漫開來，還能感覺到有一點點的甜味和酸味。像這樣在色澤、香味和風味上，都保持平衡的醬油，才稱得上是好醬油。

●依日本農林規格（JAS）區分的醬油種類●

在日本全國各地有各式各樣的醬油，依據JAS的標準，醬油可分成下列5大類。

溜醬油

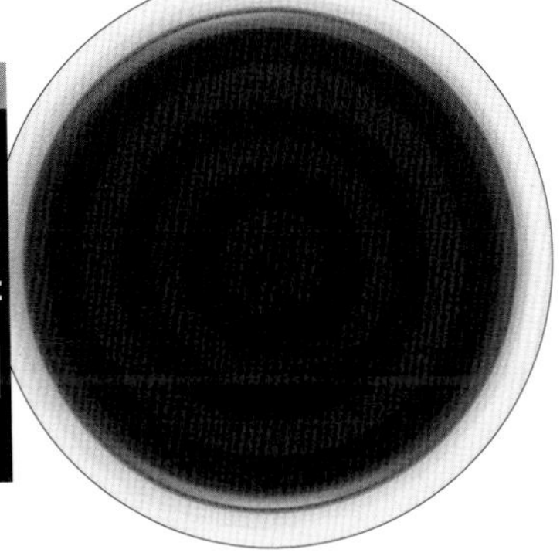

●原料和釀造法
幾乎只以大豆作為原料，只加入極少量的小麥。將大豆蒸過製成味噌圓麴，再加入食鹽水釀造。再經過約6個月～1年的時間發酵、熟成。

●食鹽含量（重量／容量） 16%

●生產地區 愛知、三重、岐阜等東海地區

●風味特色
色澤深濃，具有濃厚的鮮味和獨特的香味。

濃味醬油

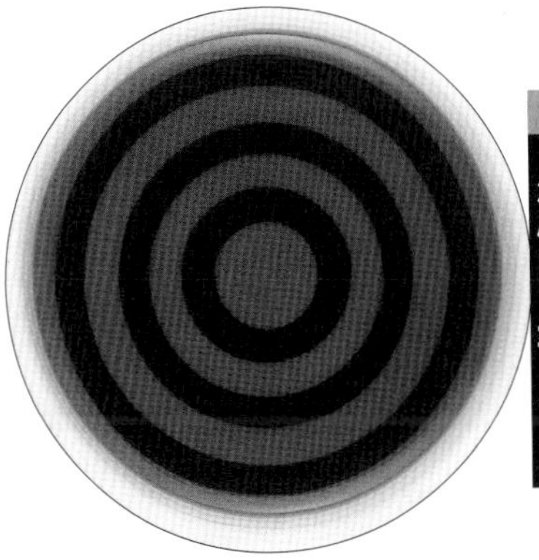

●原料和釀造法
將幾乎等比例的大豆和小麥培養出麴菌，再加入食鹽水一起釀造。經6個月左右的時間發酵、熟成。

●食鹽含量（重量／容量） 16%

●生產地區 以關東為中心的全國各地

●風味特色
它比其他的醬油都要鹹，味道中混合了圓潤的甜味、清爽的酸味，以及鮮明的苦味。

再釀醬油

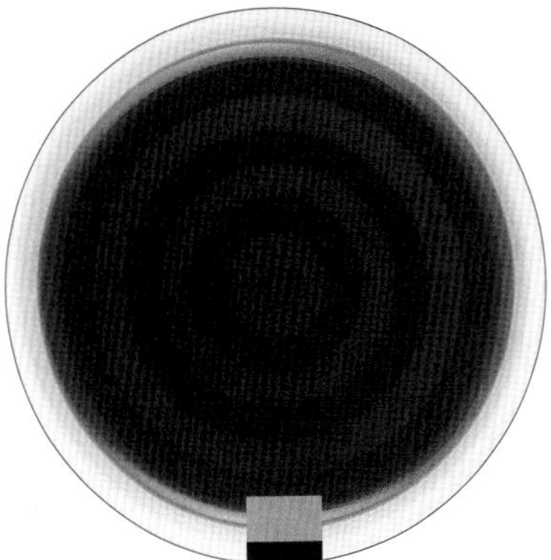

●原料和釀造法
以幾乎等比例的大豆和小麥製作，再加入醬油替代食鹽水一起釀造，又稱為「甘露醬油」。

●食鹽含量（重量／容量） 16%

●生產地區 以山口縣為中心橫跨山背到九州

●風味特色 色、香、味都非常濃厚。

白醬油

●原料和釀造法
大部分的原料是小麥。在精白小麥中，加入極少量炒過去皮的大豆，培養出麴菌，再加入食鹽水釀造，在低溫中約經3個月發酵、熟成。

●食鹽含量（重量／容量） 18%

●生產地區 愛知縣碧南地區

●風味特色 味道清淡但甜味重，具有獨特的香味。

淡味醬油

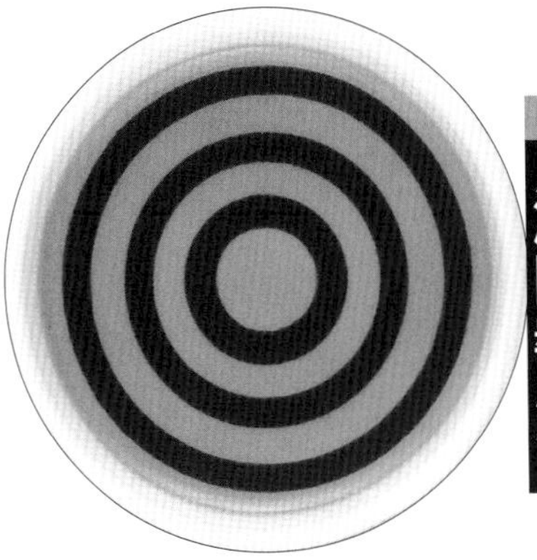

●原料和釀造法
釀造時，加入比濃味醬油約多一成的食鹽，經發酵、熟成讓風味變得更溫和。有時也會加入甜酒，使味道更圓潤。

●食鹽含量（重量／容量） 18%

●生產地區 以關西為主要產區

●風味特色 色澤較淡，鹽分比濃味醬油多。

●其他醬油●

製造商將上列五種醬油，以更講究的素材和製作法，所生產具有附加價值的醬油

減鹽醬油

運用特殊方法，保留濃味醬油的鮮味和香味，只減少其中約50%的鹽分。符合厚生勞働省的「特別用途食品」的規定，鹽分含有量在9%以下。另外，鹽分含量在一般醬油的80%以下，50%以上的醬油，稱為「薄鹽醬油」。

丸大豆醬油

醬油使用的材料分兩種，一是用剔除脂肪成分經脫脂加工的大豆製作，另一種是直接使用一般的大豆。「丸大豆醬油」屬於後者，是使用「整顆大豆」製作的醬油。脫脂加工大豆製作的醬油，特色是風味較刺激、香味較嗆鼻，相較之下，以整顆大豆製作的醬油味道較濃厚，且香味較圓潤。

生醬油

醬油製造過程中，將發酵、熟成後的材料經壓榨所得的液體，再經除菌處理後所得的醬油稱為「生（發音：nama）醬油」。這種醬油沒有經過加熱，常用來製作沾麵汁等。此外，另一種漢字同樣寫「生（發音：ki）醬油」，但發音卻不同，這種醬油是指除了食鹽外，不添加任何食品添加物，和加不加熱並無關係。

鹽

取材協力／（財）鹽事業中心

近年來，市面上許多天然鹽、岩鹽等各種名稱的食鹽，其原料全為海水，那它們有何不同？為什麼不同呢？根據不同製法、鹽的種類和鹽鹵含量等，會使鹽的觸感、顏色和味道產生不同的變化。

鹽的原料全都是海水但製法和成分不同

大家也許都知道鹽的原料全都是海水，世界的鹽資源約有六成是岩鹽，37％是海鹽，然而岩鹽是因過去地殼發生變動，海水被封入地底，而後水分蒸發所形成的。所以岩鹽也是來自於海水，所有的鹽可說都以海水為原料。

在日本沒有岩鹽礦，主要都是海水製鹽。以海水製鹽又可分為「日晒法」和「煮鹽法」兩種。

「日晒法」是將海水引進鹽田中，以太陽熱和風將水分蒸發的方法，然而日本高溫多濕，並不適合使用這種方法。所以日本也會進口墨西哥及澳洲等乾燥地區，以「日晒法」所生產的鹽。

在鹽事業中心，是採用「離子交換膜電透析法」來濃縮海水製鹽。

這種方法是將抽取含鹽濃度較高的海水，以離子交換膜和電力，使其水分蒸發並剔除鹽鹵的方法。

另外，也有使用「溶解再製法」，它是將國外進口的日晒鹽（原鹽）再溶入水中，再經蒸發濃縮剔除其中不純物質的方法。由於海水中僅占3％的鹽，所以都是抽取濃度較高的海水來製鹽。

另一方面，岩鹽大多產於美國和歐洲地區。岩鹽主要採集法有直接挖掘的「乾式採礦法」，以及在岩鹽層注入水使岩鹽溶解，再汲取的「溶解採礦法」等。

鹽製品成分值

※水分或不溶解成分較少的氯化納純度較高。

（分析範例）

	水分	不溶解份（不溶於水成分）	鈣（Ca）	鎂（Mg）	硫酸根離子（SO4）	鉀（K）	氯化鈉（NaCl）
並鹽	1.57	0.00	0.06	0.08	0.03	0.12	97.72
食鹽	0.09	0.00	0.02	0.02	0.03	0.07	99.64
精製鹽	0.01	0.00	0.00	0.00	0.00	0.00	99.99
原鹽（日晒鹽）	2.03	0.01	0.03	0.01	0.09	0.02	97.76
美國產鹽製品（日晒鹽）	0.04	0.00	0.04	0.01	0.09	0.01	99.64
德國產鹽製品（岩鹽）	0.02	0.00	0.04	0.09	0.02	0.01	98.60
法國產鹽製品（日晒鹽）	0.00	0.13	0.02	0.05	0.06	0.01	99.37

資料提供／（財）鹽事業中心

●世界資源別鹽生產量（2004年）●

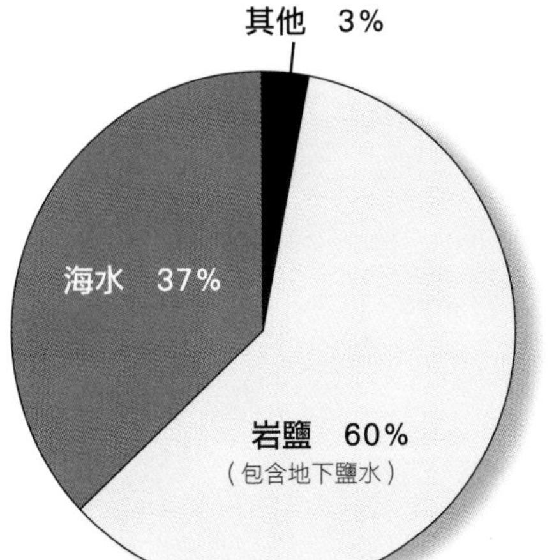

據研究，岩鹽是距今5億年～200萬年前，海水被封入地底所形成的，所以嚴格地說，所有岩鹽也全都來自於海水。
（資料提供／（財）鹽事業中心）

製作料理時，希望您能先了解不同製法和種類的鹽的特色，再依需求選用。例如，岩鹽和日晒鹽（原鹽），製作時可能會混入礦物質或沙土等。有的產品會經過再溶於水、再結晶，剔除不純物的處理，而有的則沒有經過這道手續。

鹽和鹽鹵成分外觀呈白色，因此棕色鹽等也可能是摻雜了不純物質。

若懷疑其成分是否為鮮味成分，最好詳細了解其製法、成分表，並以自己的舌頭來加以確認。

基本上要依成分表和自己的舌頭來確認

鹽的成分基本上都很類似。其中氯化鈉（NaCl）占整體成分的97～99％，其他只是微量的鎂和鈣等所形成鹽鹵成分。不過，這微量鹽鹵成分的含有量，卻能讓鹽呈現出不同的觸感和味道。

例如，鹽鹵成分具有保水用，鹽鹵含量高的鹽較潮濕。同樣是滿滿一匙鹽，鬆散乾燥的和潮濕的，在分量上會有些微的差異，這點請您留意。

鹽鹵含有量不同，鹽的風味也不同。因為鹽鹵成分是附著在鹽結晶的表面。

直接舔食時，表面的鹽鹵成分溶化後，鹽（NaCl）才溶化。這樣造成鹽鹵含量高的鹽，嚐起來味道也比較「圓潤」。

此外，不同大小的鹽結晶，舔食時給人的味道感覺也不同。

以相同作法所製作的同質量鹽，若結晶顆粒較大，相對之下質量整體的表面積則較小，所以會較慢溶化。這樣也會造成嚐起來味道較「圓潤」的效果。可是鹽溶化後，味道就沒有差別了。

最近，市面上有許多命名為「天然鹽」和「烤鹽」等的鹽，這些名稱定義和條件規定等，目前都還處於不明確的階段。最好還是一面確認其製法和成分，一面以自己的舌頭親自品嚐再選購吧！

食材事典 09

味噌

取材協力／味噌創造健康委員會

味噌拉麵中絕不可少的味噌，依麴的種類、配方和熟成期間等的不同，在日本各地產生各式各樣的種類。哪種味噌才適合自家店的湯頭和麵條，還有極大的發揮空間，因此往後應該會有更多新口味被研發出來吧。

日本傳統的調味料 深奧又有魅力的調味料

味增這項基本調味料，從古至今1200多年來，和日本飲食生活有著密不可分的關係。

日本全國各地，因不同的原料、風土氣候和口味等，發展出形形色色「故鄉風」的味噌。

味噌這項發酵調味料，因麴的種類可區分為：米味噌、麥味噌和豆味噌三大類。

使用米麴的是米味噌，這類味噌占日本味噌總生產量80％。產地遍布於北海道、東北、關東、北陸、四國等地區，但其中最有名的是長野縣的信州味噌，產量約占全國總生產量的三成。

使用麥麴的稱為麥味噌，雖然全國均有生產，但九州、中國、四國等地區的產量較多。它是甘藷湯和芥末蓮藕等鄉土料理不可或缺的調味料，其特色是比米味噌稍甜，它也被稱為「田舍味噌」。

米味噌和麥味噌的製作方法相同，一般都是在煮熟或蒸過的大豆中，加入麴（米或麥）和食鹽，讓它發酵、熟成。

另外，以愛知、三重和岐阜這三個縣為中心，以大豆為主原料製作的味噌，就稱為豆味噌。

其製法十分獨特，是在蒸過揉成球狀的大豆中，加入種麴和香煎麥粉，然後讓它發酵、熟成。

八丁味噌堪稱豆味噌的代表，由於原料全是大豆，所以富含蛋白質，具極高的營養價值。

而且其水分含量少，特色是質地略硬，散發帶有澀味和苦味的濃厚香味，經常用於紅味噌湯和味噌烏龍麵等料理。

味噌若從甜辣度和色澤來分類，可分成「甜味噌、甜口味噌、辣口味噌」，其甜辣度雖取決於食鹽的含量，但麴的比例也有一定的影響。

麴比例是指大豆和麴的比例，使用大量麴（麴比例高）的味噌，會比較甜。

使用大量麴的味噌，大豆比較快熟成。簡言之，就是熟成期較短。例如，關西的西京味噌是麴比例較高的甜味噌，它的熟成期非常短，依季節不同，大約1～2週的時間就能完全熟成。

●味噌的分類●

依原料分類	依顏色和味道分類		麴比例 範圍（一般例）	鹽分（％） 範圍（一般例）	產地
米味噌	甜味噌	白	15～30（20）	5～7（5.5）	近畿各府縣和岡山、廣島、山口、香川
		紅	12～20（15）	5～7（5.5）	東京
	甜口味噌	淡色	8～15（12）	7～12（7.0）	靜岡、九州地區
		紅	10～15（14）	11～13（12.0）	德島、其他
	辣口味噌	淡色	5～10（6）	11～13（12.0）	分布在關東甲信越、北陸其他全國各地
		紅	5～10（6）	11～13（12.5）	關東甲信越、東北、北海道、其他全國各地
麥味噌	甜口味噌		15～25（17）	9～11（10.5）	九州、四國、中國地方
	辣口味噌		5～15（10）	11～13（12.0）	九州、四國、中國、關東地區
豆味噌			（全量）	10～12（11.0）	中京地區（愛知、三重、岐阜）

資料提供／味噌創造健康委員會

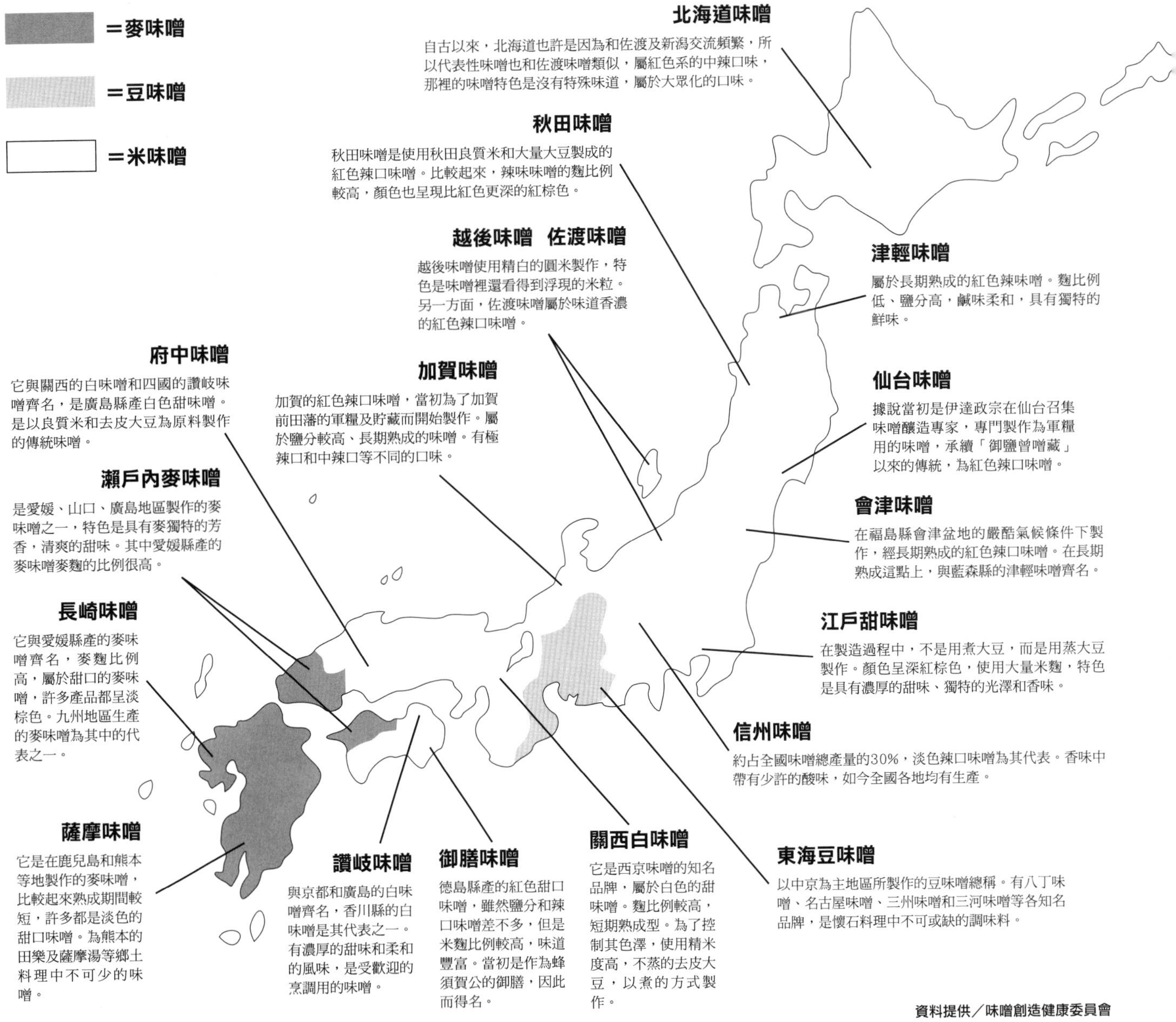
＝麥味噌
＝豆味噌
＝米味噌
北海道味噌
自古以來，北海道也許是因為和佐渡及新潟交流頻繁，所以代表性味噌也和佐渡味噌類似，屬紅色系的中辣口味，那裡的味噌特色是沒有特殊味道，屬於大眾化的口味。
秋田味噌
秋田味噌是使用秋田良質米和大量大豆製成的紅色辣口味噌。比較起來，辣味味噌的麴比例較高，顏色也呈現比紅色更深的紅棕色。
越後味噌　佐渡味噌
越後味噌使用精白的圓米製作，特色是味噌裡還看得到浮現的米粒。另一方面，佐渡味噌屬於味道香濃的紅色辣口味噌。
津輕味噌
屬於長期熟成的紅色辣味噌。麴比例低、鹽分高，鹹味柔和，具有獨特的鮮味。
府中味噌
它與關西的白味噌和四國的讚岐味噌齊名，是廣島縣產白色甜味噌。是以良質米和去皮大豆為原料製作的傳統味噌。
加賀味噌
加賀的紅色辣口味噌，當初為了加賀前田藩的軍糧及貯藏而開始製作。屬於鹽分較高、長期熟成的味噌。有極辣口和中辣口等不同的口味。
仙台味噌
據說當初是伊達政宗在仙台召集味噌釀造專家，專門製作為軍糧用的味噌，承續「御鹽曾噌藏」以來的傳統，為紅色辣口味噌。
瀨戶內麥味噌
是愛媛、山口、廣島地區製作的麥味噌之一，特色是具有麥獨特的芳香，清爽的甜味。其中愛媛縣產的麥味噌麥麴的比例很高。
會津味噌
在福島縣會津盆地的嚴酷氣候條件下製作，經長期熟成的紅色辣口味噌。在長期熟成這點上，與藍森縣的津輕味噌齊名。
長崎味噌
它與愛媛縣產的麥味噌齊名，麥麴比例高，屬於甜口的麥味噌，許多產品都呈淡棕色。九州地區生產的麥味噌為其中的代表之一。
江戶甜味噌
在製造過程中，不是用煮大豆，而是用蒸大豆製作。顏色呈深紅棕色，使用大量米麴，特色是具有濃厚的甜味、獨特的光澤和香味。
信州味噌
約占全國味噌總產量的30%，淡色辣口味噌為其代表。香味中帶有少許的酸味，如今全國各地均有生產。
薩摩味噌
它是在鹿兒島和熊本等地製作的麥味噌，比較起來熟成期間較短，許多都是淡色的甜口味噌。為熊本的田樂及薩摩湯等鄉土料理中不可少的味噌。
讚岐味噌
與京都和廣島的白味噌齊名，香川縣的白味噌是其代表之一。有濃厚的甜味和柔和的風味，是受歡迎的烹調用的味噌。
御膳味噌
德島縣產的紅色甜口味噌，雖然鹽分和辣口味噌差不多，但是米麴比例較高，味道豐富。當初是作為蜂須賀公的御膳，因此而得名。
關西白味噌
它是西京味噌的知名品牌，屬於白色的甜味噌。麴比例較高，短期熟成型。為了控制其色澤，使用精米度高，不蒸的去皮大豆，以煮的方式製作。
東海豆味噌
以中京為主地區所製作的豆味噌總稱。有八丁味噌、名古屋味噌、三州味噌和三河味噌等各知名品牌，是懷石料理中不可或缺的調味料。

資料提供／味噌創造健康委員會

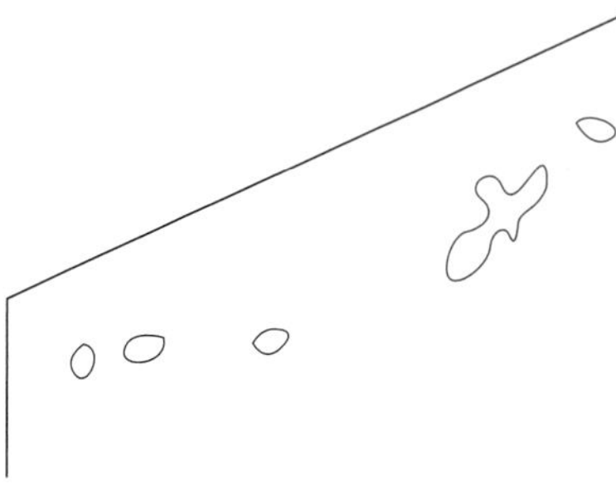

北海道東北地區有許多味噌呈紅色，稱為「紅味噌」，而近畿地區、岡山或廣島等地區的味噌略呈黃色，稱為「白味噌」，顏色居中的則稱為「淡色味噌」。

大豆的種類、是否蒸過或是煮過，都會影響味噌完成後的顏色。發酵過程中是否攪拌，也會讓它呈現不同的顏色，此外熟成期越長，味噌的顏色也越深。

味噌的原料雖然全都是大豆，然而麴的種類、麴和鹽的比例、大豆的特色及熟成期長短等，都會影響它的顏色、香味和風味。此外，我們常聽人說「製作味噌湯時，都是熄火後才加入味噌」，所以烹調方法不同，也會使味噌的味道和香味產生變化。

自古以來，懷石料理中都會使用混合兩種以上的「調合味噌」（混合味噌）。例如「米味噌＋麥味噌」、「甜口＋辣口」、「紅色系＋白色系」等，組合不同的味噌，也能產生各種獨特的風味。

此外，味噌還呈現不同的口感，有的味噌質地細滑呈糊狀，有些則殘留少許大豆顆粒，質地較粗糙。另外還有加入鮮味成分的「高湯味噌」等。

味噌是具有悠久歷史的基本調味料，目前僅有少數開發成商品，相信未來還有極大的空間能開發出更多的新口味。

食材事典 10

海苔

取材協力／（株）Yamako東京支店

日本人自古以來熟悉的海苔，是拉麵中不可或缺的食材之一。它能豐富拉麵的色彩，增加分量，是十分重要的配菜。它的營養價質很高，是備受矚目的健康食品。

生長於大自然 能增添豐富的海鮮風味

海苔的原料主要是日本養殖的條斑紫菜（Porphyra yezoensis）。海苔主要栽種在太平洋側的都道府縣，主要的漁場在宮城、愛知、三重、兵庫、香川、佐賀、福岡等地，等於遍布日本全國。

海苔的養殖方法，有「支柱式」和「浮流式」兩種。支柱式養殖法是在退潮的海灘上，以竹子豎立支柱，然後將附著紫菜孢子的網綁在支柱上，利用潮汐的漲落，讓網有機會露出水面，紫菜經陽光照射後，能形成光合作用，如此便能培育出柔軟又美味的紫菜。這是九州地區，自古以來採用的方法。

另外，浮流式養殖法，是讓附著紫菜孢子的網浮在海面，讓紫菜處在飄浮狀態的栽培法。這種受海潮衝擊的紫菜顏色較深，口感較硬，主要為瀨戶內海地區採行的方法。

目前，市場上作為「拉麵用」的海苔，並非是針對拉麵特別生產、製作的，而是採用瀨戶內海產的紫菜海苔，因為它較硬，不易溶於湯中，較符合拉麵所需的品質，因而被選用。最近，據說有越來越多的店主，開始重視海苔的風味，會選用口感柔軟拉麵專用的海苔。

海苔是在11月～3月期間，進行採收作業。這段時期的新海苔風味和香味都最優良，但因現在保存技術精良，所以平時都能購得高品質的海苔。市販海苔的賞味期限平均為6～9個月。最佳保存方式是放在密閉容器中，放入冷凍庫保存。

食材事典 11

筍乾

取材協力／（株）富士商會

拉麵的必備配菜筍乾，是中國和台灣生產的麻竹製作的發酵食品。將長至70～80cm的麻竹去皮後蒸熟，放入竹籠約發酵25天的時間。經過2～3天的日晒，使水分降至30%。這樣經過乾燥的筍乾，在市場上是作為原料販售。日本的氣候無法栽種麻竹，所以都是直接進口中國的乾燥筍乾，來烹調加工。

乾燥筍乾

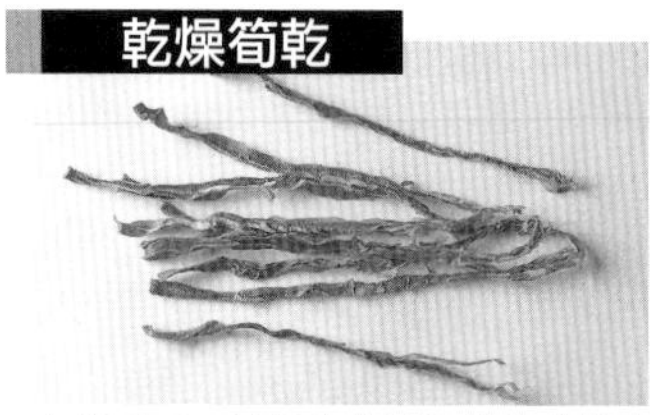

在常溫下，乾燥筍乾以這樣的狀態約可保存一年左右。由於它容易吸水，使用時要先煮一次，然後以水浸泡，一面換水，一面浸泡大約5天的時間就能回軟。由於它需耗費較長的時間才能回軟，所以拉麵店一般很少使用。也有些產品切成寬條，不像圖中那樣切成細條。

竹尖筍乾（乾燥）

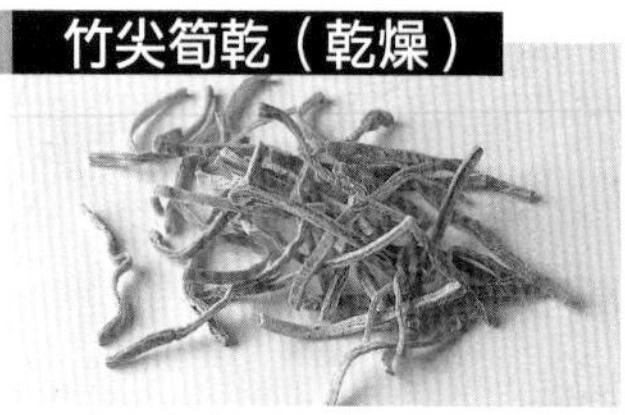

只用麻竹尖端20～30cm的柔軟部分加工而成，特色是重疊的嫩皮形成極獨特的口感。若切成細條，就會鬆散開來，所以加工時它都切成比一般筍乾還長的長度。圖中是乾燥品，和一般的筍乾處理方式相同，都是先煮一次後，再一面換水，一面浸泡約5天讓它回軟。其他也有鹽漬和水煮產品。

鹽漬筍乾

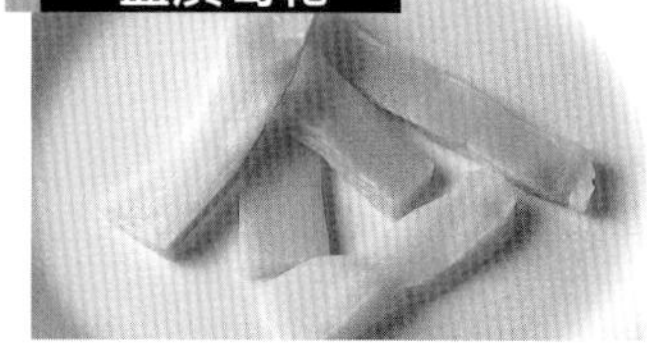

鹽漬筍乾是將乾燥筍乾泡水回軟後，再以鹽醃漬。這種狀態大約可以保存一年。要用時，將鹽洗淨泡水，一面換水，一面泡水3天～1週的時間，就能將鹽徹底除去。處理起來雖然較費工夫，但可利用泡水時間，調整出自己喜歡的硬度。此外，它也可以略微泡水，讓筍乾保留較多的鹹味，或者完全去鹽，烹調時再隨喜好調味。

水煮筍乾

這是拉麵店一般最常運用的筍乾。因為已是泡水回軟的狀態，所以只需水洗，便能烹調成自已喜歡的味道，特色是很方便使用。與其他筍乾相比，它最容易壞掉，拆封後最好一次用完。

調味筍乾

這種筍乾是已調味的水煮筍乾，完全不必烹調，直接就可作為拉麵的配菜，使用上很方便。市售商品有各式各樣的口味，最近辣口味的最受歡迎。有些店也會買來後再重新調味，拆封後不易保存，需放入冰箱冷藏保存。